U0182357

岩质边坡稳定评价与安全治理

周家文 戚顺超 李海波 蒋 楠 范 刚等 著

科学出版社
北京

内 容 简 介

本书是一本关于岩质边坡稳定评价与安全治理方面的专著，介绍了作者在大量高陡岩质边坡工程治理及典型特大滑坡灾害应急处置中的系列研究成果。全书共分 9 章，主要介绍了边坡岩体结构性状与抗剪强度参数估算、岩质边坡可靠性分析与三维稳定评价、岩质边坡强度劣化与补强加固机理以及块体失稳风险与综合治理等关键技术，可为高陡岩质边坡工程的施工治理以及特大岩质滑坡灾害的应急处置与永久治理提供技术支撑。

本书可供土木、水利、矿山、交通、铁路等相关工程领域的广大建设者和科研工作者以及大专院校师生借鉴，也可为滑坡灾害管理部门的应急决策提供参考。

图书在版编目（CIP）数据

岩质边坡稳定评价与安全治理/周家文等著. —北京：科学出版社，2021.2
ISBN 978-7-03-068139-3

Ⅰ.①岩… Ⅱ.①周… Ⅲ.①岩石–边坡稳定性–研究 Ⅳ.①TU457

中国版本图书馆 CIP 数据核字（2021）第 032312 号

责任编辑：韩 鹏 张井飞 / 责任校对：张小霞
责任印制：吴兆东 / 封面设计：北京图阅盛世

科学出版社 出版
北京东黄城根北街 16 号
邮政编码：100717
http://www.sciencep.com

北京建宏印刷有限公司 印刷
科学出版社发行 各地新华书店经销

*

2021 年 2 月第 一 版 开本：787×1092 1/16
2021 年 11 月第二次印刷 印张：13 1/2
字数：320 000

定价：188.00 元
（如有印装质量问题，我社负责调换）

前　　言

　　岩质边坡是由尺度各异的岩体构成的，而岩体则是由完整岩块以及切割完整岩块的各类结构面组成的，也正是由于其结构组成的复杂性，岩质边坡的变形破坏与稳定性受结构面影响显著。边坡岩体的地质演化过程通常受控于内部结构面（如层面、断层、节理、裂隙）的产状、连通性、粗糙程度和填充物性质，导致岩质边坡变形破坏演化从孕育发展到最终失稳的过程不仅取决于外部的诱发因素，更受控于岩体内部结构面的发育和力学性态，这给岩质边坡稳定性分析与工程治理带来了巨大的挑战。

　　本书立足于西南地区独特的地质环境，依托向家坝、锦屏Ⅰ级、毛尔盖等水电工程边坡/滑坡工程以及 2008 年汶川地震唐家山滑坡、2014 年云南鲁甸地震红石岩滑坡、2017 年四川茂县滑坡、2018 年金沙江白格滑坡等特大滑坡灾害，在前人研究成果的基础上，采用野外调查、室内试验、现场监测、理论分析以及数值模拟等方法对岩质边坡稳定评价与安全治理等问题开展系统研究。全书围绕岩体结构性状与抗剪强度参数估算、岩质边坡可靠性分析与三维稳定评价、岩质边坡强度劣化与补强加固机理以及块体失稳风险与综合治理技术等展开：第 1 章在提出本书研究背景的基础上，简要回顾了岩质边坡失稳破坏模式、岩质边坡稳定性分析方法以及岩质边坡工程治理措施等方面的研究现状；第 2 章系统总结了岩体结构面分类、工程岩体质量评价以及岩质边坡稳定响应特征，并介绍了三维激光扫描技术在震损边坡岩体质量评价中的应用；第 3 章在对岩体结构面力学特性以及影响因素总结分析的基础上，详细介绍了基于 Mohr-Coulomb 准则和 Hoek-Brown 强度准则的岩体结构面强度参数估算方法；第 4 章提出了基于结构面强度参数不确定性的岩质边坡可靠性分析方法，并且提出了岩质边坡平面破坏和楔形破坏两种典型破坏模式的岩质边坡可靠性计算方法；第 5 章建立了一种理论体系较为严密的岩质边坡三维极限平衡分析方法，开发了相关算法程序，采用经典算例验证了该方法分析"受空间组合结构面控制的岩质边坡稳定性"的合理性和正确性，本章最后介绍了该方法在红石岩震损边坡三维块体稳定分析的应用实例（本章内容为戚顺超博士在浙江大学攻读硕士学位期间部分研究成果基础上的拓展与应用）；第 6 章详细分析了影响岩质边坡稳定性的长期效应和短期效应，探讨了地质环境、水文活动以及人类活动干扰等因素的长期作用在边坡岩体强度劣化及滑坡孕育过程中所起作用，进而揭示了降雨、库水位波动以及地震动力作用下岩质边坡的失稳机理；第 7 章系统梳理了灌浆、抗剪洞以及喷锚支护等措施在岩质边坡补强加固中的力学机理，重点研究了基于 Hoek-Brown 强度准则的灌浆补强评价方法和基于传压原理的边坡安全系数计算方法；第 8 章着重研究了三维滚石运动概率路径模拟，提出了岩质边坡块体失稳风险评价和拦挡措施优化设计方法，并归纳总结了岩质边坡浅表层综合治理措施；第 9 章在总结本书研究成果的基础上，对岩质边坡问题后续相关研究发展进行一定的展望分析。

　　随着"川藏铁路"和"西部大开发"等国家战略的实施，一大批交通、水电与生命线工程已相继在西南地区开工建设。在复杂脆弱的地质环境中修建大型工程，不仅面临频发地质灾害所带来的安全威胁，同时工程建设扰动也会诱发落石、崩塌、滑坡等复杂的岩质边坡安全与稳定问题。本书研究成果可为高陡岩质边坡施工建设以及岩质滑坡灾害的应急处置提供技术支撑。

　　全书共 9 章，参与本书撰写的主要人员有：周家文、戚顺超、李海波、蒋楠、范刚、邢会歌、张仕林、杨兴国、胡宇翔、周月、焦明远、郝明辉、杨玉川、白志华、胡炜等。特别感谢国电大渡河流域水电开发有限公司、中国水利水电第七工程局有限公司、雅砻江流域水电开发有限公司、中国电建集团成都勘测设计研究院有限公司、中国安能集团第三工程局有限公司、中国电建集团昆明勘测设计研究院有限公司等单位在基础资料收集以及研究工作开展方面提供的大力支持。

　　由于作者水平有限，书中难免有不足之处，恳切希望读者予以批评指正。

　　本书部分研究工作获得了国家重点研发计划课题（2017YFC1501102）和四川省青年科技创新研究团队项目（2020JDTD0006）的资助。

作　者

2020 年 9 月于四川大学（成都）

目　　录

第1章 绪 论

1.1 岩质边坡与滑坡灾害

中国是一个多山的国家,高山、高原和丘陵等山区约占陆域面积的2/3,是世界上滑坡灾害最严重的国家之一,尤其我国西南山区更是滑坡灾害的重点区域(张玉成等,2007;黄润秋,2012;许强,2020;Zhou et al.,2020a)。西南山区位于青藏高原与次一级的高原和盆地之间的接触带附近,山高谷深、边坡陡峻、构造作用强烈,斜坡浅部岩体通常较为破碎且卸荷风化严重,在地震、降雨、冰雪消融、水位变动等外部因素的作用下,极易触发落石、崩塌、滑坡等边坡灾害问题,给人民的生命财产及基础设施安全带来极大的威胁。例如,2017年6月24日,四川省阿坝州茂县叠溪镇新磨村发生特大高位山体滑坡[图1.1(a)],掩埋了山下的新磨村,造成10人死亡,73人失联,直接经济损失超过5.4亿元(许强等,2017;陈骏等,2020)。2018年10月11日和11月3日,金沙江上游四川省白玉县与西藏自治区江达县交界的白格村同一位置连续两次发生特大滑坡灾害[图1.1(b)],两次滑坡均堵塞了金沙江干流并形成堰塞湖,尤其是第二次滑坡形成的堰塞湖最大库容可达7.7亿 m^3,后虽经人工开挖泄流槽排除了溃决风险,但因泄流引发的超万年一遇的洪水淹没了下游的迪庆、丽江等城镇,对下游在建电站和已有桥梁、道路等基础设施造成了严重破坏,直接经济损失超过70亿元(周礼等,2020;Li et al.,2019c)。大型滑坡灾害及其灾害链的防灾、减灾、救灾工作受到了各级政府部门以及研究人员的高度重视,表1.1列举了近20年中国境内发生的典型特大滑坡灾害。

图1.1 近年来发生的典型特大岩质滑坡灾害

(a)茂县特大滑坡灾害(2017年,四川省阿坝州茂县叠溪镇新磨村);(b)白格村特大滑坡灾害
(2018年,西藏昌都市江达县波罗乡白格村)

表 1.1　近 20 年中国境内发生的典型特大滑坡灾害

地点/名称	发生时间	主要诱因	灾害损失
西藏波密/易贡滑坡	2000 年 4 月 9 日	长期冻融循环+短期冰雪消融	堵塞帕隆藏布江并形成易贡堰塞湖，堰塞湖溃决后造成下游巨大损失
云南兰坪/兰坪滑坡	2000 年 9 月 3 日	暴雨	搬迁 5000 人
湖北秭归/千将坪滑坡	2003 年 7 月 13 日	水位变动+强降雨	14 人死亡、10 人失踪
四川宣汉/天台滑坡	2004 年 9 月 5 日	暴雨	2 万人受灾
四川丹巴/丹巴滑坡	2005 年 2 月 18 日	长期蠕变+人工扰动	经济损失 1066 万元
四川北川/唐家山滑坡	2008 年 5 月 12 日	2008 年，"5·12"汶川地震	堵塞湔江并形成唐家山堰塞湖，给下游构成巨大威胁并紧急转移数万人
四川青川/东河口滑坡	2008 年 5 月 12 日	2008 年，"5·12"汶川地震	七个村庄被埋，约 400 人死亡
重庆武隆/鸡尾山滑坡	2009 年 6 月 5 日	长期不利地质条件	87 人被埋，已发现 26 人遇难
云南保山/保山滑坡	2010 年 9 月 1 日	降雨	12 人死亡、36 人失踪
西藏拉萨/墨竹工卡矿区滑坡	2013 年 3 月 29 日	长期冻融循环+降雨	83 人被埋
云南鲁甸/红石岩滑坡	2014 年 8 月 3 日	2014 年，"8·3"鲁甸地震	堵塞牛栏江并形成红石岩堰塞湖，后经整治利用变废为宝成水利水电工程
四川茂县/新磨滑坡	2017 年 6 月 24 日	多期地震劣化、长期冻融循环+短期降雨	掩埋山下的新磨村，造成 10 人死亡、73 人失联
西藏昌都/白格滑坡	2018 年 10 月 11 日	长期累积大变形+短期强降雨	堵塞金沙江干流并形成白格堰塞湖，泄流洪水造成下游巨大经济财产损失
贵州水城/水城滑坡	2019 年 7 月 23 日	持续强降雨	43 人死亡、9 人失踪
四川甘洛/甘洛滑坡	2019 年 8 月 14 日	强降雨	成昆铁路中断数月
四川汉源/汉源滑坡	2020 年 8 月 21 日	强降雨	8 人失联，1 人受伤

同时，一大批水电、交通与生命线工程相继在西南地区开工建设。在复杂脆弱的地质环境中修建大型工程，一方面，面临频发的地质灾害带来的安全威胁；另一方面，工程建设扰动也会诱发落石、崩塌、滑坡等复杂的边坡安全与稳定问题。例如，已修建的锦屏 Ⅰ级水电站，其坝址区左岸坝肩自然边坡坡高超过 1000m，开挖边坡高达 540m，断层、层间挤压错动带、节理裂隙发育，复杂的地质条件给边坡和建基面开挖带来了前所未有的难度和挑战，其地质条件之复杂、锚固工程规模之大、施工难度之高为国内外水电工程所罕见（图 1.2）。正在规划修建的"川藏铁路"国家战略工程，设计线路沿线已查明的滑坡有 200 多处、崩塌 300 多处、溜砂坡 30 多处，给工程建设与建成后的运营安全带来极大的安全威胁。

相较于土质和堆积层边坡，岩质边坡是由尺度各异的岩体构成，而岩体是由完整岩块以及切割完整岩块的结构面组成，也正是由于其结构组成的复杂性，岩质边坡的变形、破坏、孕育、演化过程极具特色。岩质边坡的孕育、演化过程是在内外动力交织作用下，经历了较为复杂的改造作用，其改造的效果与岩体赋存的构造环境和历史过程密切相关（张

图 1.2　锦屏 I 级水电站左岸特大高边坡工程

倬元，1981），而改造的结果是以岩块和结构面变形破裂或扩张贯通的形式呈现，并且具有明显的渐进性。此外，研究和工程实践均表明岩体的演化过程常常受控于内部结构面的产状、连通性、粗糙程度和填充物性质（孙广忠，1988），如层面、断层、节理、裂隙等，致使岩质边坡的演化过程更具"生命体"特质，即其孕育、发展、失稳到最终的运动堆积取决于地质作用下岩体内部结构面的发育和力学性状，这对岩质边坡稳定性分析与评价带来了巨大的挑战。

　　近年来，"西部大开发"、"西电东输"和"川藏铁路"等国家战略的实施，为青藏高原腹地及其周边的西南地区经济社会发展带来了新的契机（黄润秋等，2007）。与此同时，人口增加、城市发展、工程建设规模和数量急剧膨胀与西南地区复杂的工程地质背景形成了鲜明对比。复杂脆弱的工程地质条件，高应力、活跃构造活动、地震等内外动力为大型岩质失稳的孕育提供了基础。大型岩质边坡稳定问题已经严重阻碍了"川藏铁路"、"中巴经济走廊"和"藏区水电资源开发"等国家重大战略的实施。

　　本书立足于西南特殊的工程地质背景,依托锦屏Ⅰ级水电站坝肩特高边坡、毛尔盖水电站库区渔巴渡边坡、向家坝水电站马延坡、长河坝水电站泄洪洞出口环境边坡等大型工程边坡以及2008年汶川地震唐家山滑坡、2014年云南鲁甸地震红石岩滑坡、2017年四川茂县滑坡、2018年金沙江白格滑坡等特大滑坡灾害,从岩质边坡的孕育、发展和破坏演化过程出发,在边坡结构面特征及强度估算、可靠性分析、三维稳定计算、补强加固及综合治理等方面开展了较为系统性的研究,可为我国高陡岩质工程边坡治理以及滑坡防灾减灾工作等提供相关理论依据和技术支撑。

1.2　岩质边坡失稳特征与影响因素

　　滑坡是斜坡经长期地质演化(自重、冰川消融、冻融循环、卸荷风化等)并在短期外部激励(强降雨、地震等)作用下的自然产物,如何更好地应对滑坡灾害是全球面临的一个共同难题。岩质滑坡作为一种最常见的滑坡灾害类型,因其分布广泛、规模巨大,且往往具有隐蔽性、突发性,严重威胁着人类的生产和发展,给人类生命安全和财产安全带来了巨大的威胁。岩质边坡的失稳破坏过程不仅受外界作用力的扰动影响,同时也受控于内部结构特征,导致岩质边坡失稳破坏机理十分复杂。

　　岩质边坡主要由岩块及分割它们的结构面构成(图1.3)。岩石按形成成因的不同,主要包括沉积岩、岩浆岩和变质岩;按强度的不同,包括软岩、中硬岩和硬岩三种。结构面也非常复杂,包括不同规模的结构面(断层和节理等)、强度差异较大的结构面(硬性的及夹泥的)和不同成因类别的结构面(扭性、压性及张性)。因此,岩质边坡的组成结构也较为复杂,基本包括层状结构、块状结构、碎裂结构及散体结构四种类型(李建林,2013)。不同类型的边坡失稳破坏模式差异性较大,大致可以按表1.2概括为四种模式。

图1.3　岩质边坡的构成图

表 1.2　岩质边坡失稳破坏模式

结构示意图	边坡结构特征	控制因素及失稳破坏模式
层状结构	坡体与岩层面同向，倾向夹角小于 30°，岩体多呈互层及层间错动带，常为贯穿性结构面	失稳破坏模式为：①层面或软弱夹层的滑动失稳；②溃屈（倾角较陡）；③倾倒（倾角较缓）；④节理及节理组容易楔形体滑动
块状结构	岩体呈厚层状及块状，无发育的结构面，一般为刚性结构面，且软弱结构面贯穿的情况较少	由结构面抗剪强度和岩体抗剪断强度决定。失稳破坏模式为：①沿某一结构面或者复合结构面滑动破坏；②节理及节理组容易楔形体滑动；③当发育陡倾结构面时，常发生崩塌失稳
碎裂结构	结构面较为发育，多短且呈无规则的分布，岩块之间存在咬合力	坡度由岩块间的镶嵌情况与岩块间的咬合力控制，稳定性由断裂结构面控制。失稳破坏模式为：易发生剥落、崩塌
散体结构	由碎屑泥质物夹不规则的岩块组成，软弱结构面呈网状	坡度由岩体强度控制。失稳模式为：易发生弧面形滑动和沿其底面的滑动失稳

随着人们对边坡失稳研究的不断深入和对边坡失稳认识的不断加深，相应地对边坡失稳模式提出了不同的分类。1973 年，Hoek 等将边坡的变形破坏细分为四种模式：圆弧破坏、平面破坏、楔体破坏和倾倒破坏，并详细阐述了每一种破坏模式的发生条件及破坏机理（Hoek and Bray，1981；Zhou et al.，2010；卢坤林等，2012）。20 世纪 80 年代，国际工程地质与环境协会（IAEG）滑坡委员会按岩体运动方式将边坡失稳分为 5 种基本类型：崩塌、倾倒、滑动、侧向扩展和流动（郑颖人等，2010）。1988 年，孙广忠（1988）按照边坡岩体的运动方式将边坡失稳细分为 8 大类：圆弧滑动、沿层面滑动、块体滑动、追踪节理面破坏、倾倒变形、溃屈破坏、崩塌和水平层滑动。1991 年，黄润秋等（1991）基于大量工程实测数据，深入分析了边坡失稳方式，提出了 6 种边坡滑动模式：蠕滑-拉裂、滑移-压致拉裂、滑移-拉裂、弯曲-拉裂、塑流-拉裂和滑移-弯曲，揭示了边坡变形发展

内在的力学机理。2000 年，金德濂（2000）根据边坡的破坏特征将边坡失稳模式分为 6 类：滑动变形、蠕动变形、张裂变形、崩塌变形、坍滑变形和剥落变形，并在此基础上划分了 17 个亚类。对于岩质边坡失稳模式和灾变机制，范文等（2000）结合岩体的工程地质特征及其力学特征，将边坡分为直立边坡弯折-崩塌型、弯折-倾倒-滑移型、弯曲-溃曲型和楔形体型四种。王恭先等（2004）在分析滑坡发育过程及其受力状态的基础上，将坡体结构划分为 6 个大类及若干亚类，并总结了 18 种针对不同坡体结构形态的灾变机制。左保成等（2005）以某反倾向层状边坡为研究对象，通过模型试验方法探讨岩质边坡的灾变机制。卢增木等（2006）依据相似原理，建立了相应的三维地质模型，以此为基础探讨反倾向岩质边坡失稳的力学机制。黄润秋等（2007）通过对实际工程地质的调研，深入研究了边坡岩体结构的类型、结构面与边坡坡面的组合方式，并基于数值仿真方法，计算分析边坡的灾变机制。李安洪等（2009）依据岩层组合方式、岩层倾角、走向和层面形态特征等因素，将顺层岩质边坡的失稳模式归结于顺层滑移式和滑移拉裂式等 8 种。不同学者对于岩质边坡失稳模式有相应的分类，但大体上是从岩质边坡在受结构面作用下的变形破坏发展过程角度出发的。

岩质边坡作为一种常见的岩体结构，影响岩石边坡稳定的因素多种多样，包括岩体内部结构面的分布、发育程度和结构面的物理力学性状，以及外界地质环境因素、水文因素与人工活动影响，这些因素控制着边坡的变形、破坏和稳定。主要影响因素可以归纳为以下几方面。

1. 岩性

岩性即岩体中各类岩石的分布情况及其相互关系，它为边坡稳定最重要的影响因素之一。一般而言，石灰岩、花岗岩等坚硬完整的岩石能形成坡度较陡的高边坡，而含软弱夹层边坡或土体只能形成坡度较缓的低边坡。由岩浆岩形成的边坡通常稳定性较好，但由于岩浆岩中包括原生节理，坡体失稳的可能性也较大，且岩浆岩极易风化，风化作用使得岩石的强度降低。对于沉积岩形成的边坡，由于该类岩体中一般含有软弱面，对边坡的稳定状况构成不利的威胁。由变质岩形成的边坡一般坡体稳定性较好，常常高于沉积岩形成的坡体结构，如石英岩、片麻岩等深变质岩的性质基本与岩浆岩接近，但依据矿物组成成分的不同，力学性质也有较大的差异，如角闪片岩和石英片岩的岩体强度通常较高，而绢云母片岩、滑石片岩和绿泥石片岩的岩体强度较低（吕庆，2006）。

2. 岩体结构

岩体结构为岩体内结构面与结构体的组合形式，岩层的主要构造面层理、节理、片理、不整合面、断层等的产状及其与路线的关系，有无软弱夹层，结构面的发育程度、规模、连通性、充填程度及充填物成分等。不同地质区内的岩质边坡，其稳定程度也各不相同。如地质作用较小的地区，岩层比较完整，边坡稳定性也较好；而岩层经过褶皱、断裂等强烈地质作用的地区，岩层一般会因大量次生的构造面切割而变得破碎，从而降低边坡的稳定性。结构面与边坡面的组合不同，边坡的稳定性也不同。岩质边坡通常依据层面、贯通的节理面等滑动。在其他条件相同的情况下，逆层边坡较顺层边坡稳定。

3. 水文因素

水不仅是边坡失稳的直接诱发因素，而且深刻影响着岩质边坡的发育和失稳过程。

岩质边坡通常发生在具有一定坡度的山地，在长期地质演化中，以冲刷侵蚀为主的河流的切割作用导致了山势的陡峻和深谷地貌，为边坡结构面的发育提供了基础条件。降雨或冰山融雪等形成地表径流并冲刷侵蚀坡面，或通过坡面节理裂隙渗入坡体，导致干湿性交替变化和脉动水压力的出现，降低岩土体的力学强度，破坏岩土体内部结构等，破坏岩土体的完整性和连续性，增加边坡失稳的可能性（周家文等，2008；Zhou et al.，2013；Chen et al.，2018）。

4. 人为因素

随着经济的快速发展，人类不断地扩大自己的活动圈，在地质敏感区开展了大规模的工程建设和资源开采，在获得巨大经济效益的同时，也破坏了生态环境，严重影响了边坡的稳定性。首先，人类的不合理开垦、破坏植被和回填堆载等行为恶化了生态环境。其次，工程中的开挖爆破，会扩展延伸原有的节理裂隙并产生新的节理裂隙，使得岩土体的结构变得更加松散，在开挖面形成应力集中、产生更有利于滑动的力学行为。此外，工程扰动，如坡脚的开挖会使上部岩土体失去支撑，更容易发生坍塌。

1.3　岩质边坡稳定性分析与评价方法

岩质边坡稳定性的分析与计算是评价边坡安全性、预测边坡失稳风险的最主要手段。随着人们实践经验的积累和理论水平的提高，人们对边坡的稳定性分析主要经历了 3 个阶段，第一阶段（20 世纪 50 年代）主要是对人工边坡的类型进行划分，采用工程地质类比法给出稳定边坡角，作为边坡设计的依据。基于土力学原理，对单个边坡的稳定性分析，忽视了岩体的结构特性。第二阶段（20 世纪 60 年代），随着岩体结构面概念的提出，实体比例投影法被引入岩体的稳定性分析中，并基于块体的破坏方式进行稳定性评价；同时开展大型野外岩体力学试验，在边坡稳定计算方面也有了很大进展。第三阶段（20 世纪 70 年代）开始研究边坡变形破坏机理。在稳定计算方面，应用极限平衡原理及弹塑性力学理论，并且随着岩体力学的发展、边坡变形机制研究的深入与计算机的发展，各种数值方法被用于分析边坡变形破坏条件及边坡稳定性分析评价。

目前，关于边坡稳定性分析与评价的方法主要分为定性分析方法、定量分析方法和不确定性分析方法等。

1. 定性分析方法

定性分析方法是通过对工程地质情况进行勘察和对可能影响到边坡稳定性的主要情况、可能发生的变形破坏及可能引起边坡失稳的力学机理等进行分析，对已经发生变形的地质体的变化原因及其变化过程进行分析，针对分析的结果，给出边坡的稳定性状况以及将来可能发展趋势的定性说明，能够综合考虑影响边坡稳定性的多重因素，快速对边坡的稳定性做出评价。定性分析方法主要采用工程类比法评价边坡稳定性，内容主要包括自然（成因）历史分析法、图解法和工程数据库法等。

1）自然（成因）历史分析法

自然（成因）历史分析法主要用于天然斜坡的稳定性评价，通过对边坡发育的地质环境、历史中变形破坏迹象及其基本规律和稳定性影响因素等的分析,追溯边坡演变的全过程,预测边坡稳定性发展趋势。

2)图解法

图解法包含诺模图法及赤平投影分析法,前者主要用于土质或全风化的,具有弧形破坏面的边坡稳定性分析;后者目前主要用于岩质边坡的稳定性分析。图解法在简化计算过程中做出的假设会造成与实际情况的误差。

3)工程数据库法

工程数据库法包括工程类比法和专家系统法。工程类比法是把已有的边坡研究经验,应用到类似条件的边坡中,通过广泛调查研究,分析二者的相似性和差异性,从而快速准确预估边坡的稳定性及其可能的失稳模式。专家系统法是按学科及相关学科专家的水平进行推理和解决问题,并能说明其缘由的一种计算机程序,是人工智能众多分支的一部分。其不仅能预测边坡的失稳模式,而且可对边坡的稳定性进行定性评价。

定性分析法的优点是能够比较全面地考虑影响边坡稳定的因素,迅速地对边坡的稳定状况做出评价和预测。其缺点是主观因素较强,依赖于工程经验,且只能用于定性的判断边坡稳定状态。

2. 定量分析方法

边坡稳定性定量分析方法与定性分析方法是相互联系的,定性分析是进行定量分析的基础,而定量分析是定性分析的补充。定量分析的基本思想就是在进行地质分析的基础上,将边坡系统这一复杂问题通过合理的抽象,得到简化的模型,并通过参数的调节选取,最终得到一个适宜可行的边坡模型进行边坡稳定性的定量计算(周家文等,2006)。随着计算机技术的快速发展,相关定量分析理论和数值模拟手段得到进一步提升。目前,定量分析方法主要指的是极限平衡法和数值分析方法。

1)极限平衡法

极限平衡法是边坡稳定性分析中十分重要的一种方法(张帆宇,2007;徐卫亚等,2007a),它概念清晰、易于被理解和掌握,在工程界中一直被广泛使用。极限平衡法主要通过假定多组滑动面的位置和形状,计算沿不同滑动面的稳定性系数,取其中最小者作为该边坡的稳定性系数。因为极限平衡法历史悠久,在实际工程中积累了丰富的经验,所以目前仍然被广泛采用。

极限平衡法是通过计算潜在滑裂带上抗滑力(矩)和下滑力(矩)的比值,来定义边坡的安全系数,并作为边坡稳定评价指标。1916 年,Petterson(1955)率先提出了边坡稳定分析的瑞典条分法;20 世纪 50 年代中期,Bishop(1955)和 Janbu(1957)在此基础上对瑞典条分法进行了完善;60 年代,Morgenstern 和 Price(1965)基于相关假设对条分法进行改进;之后,Sarma(1973)提出了垂直条分法;Hoek(1974)首次提出了关于边坡楔形滑裂体的稳定分析方法;Goodman 和 Bray(1976)提出了倾倒分析方法(陈祖煜,2000);Revilla 和 Castillo(1977)提出了剩余推力法等,常用的极限平衡法的力学条件和适用条件见表 1.3。

表1.3 常用的极限平衡法

方法	力学条件	适用条件
瑞典圆弧法	不考虑分条之间的力，沿圆弧滑动	滑动面是近圆弧
Bishop 法	分条间合力水平	同上
传递系数法	分条力平衡	任意滑裂面
Janbu 法	力矩和力平衡	同上
Morgenster-Price 法	力矩和力平衡	同上
Sarma 法	滑体内部有剪切，整体力和力矩平衡	同上

经过将近一百年的发展，二维极限平衡法已经发展成为一套理论体系较为完备、计算成果相对可靠的边坡稳定性分析方法。相应地，也有许多成熟的商业化软件可供科研人员和工程人员使用，如加拿大 GeoSlope International 公司开发的 Slope/W 软件，SoilVision Systems 公司开发的 SVSlope slope stability modeling 软件以及我国陈祖煜院士组织开发的 STAB 程序。

然而，几乎所有的边坡失稳都呈现三维特征，不少学者都指出使用三维方法进行边坡稳定分析在理论上的必要性和实践中的迫切性（Leshchinsky and Huang, 1992；Gens et al., 1988；Stark and Eid, 1998；Griffiths and Marquez, 2007；Chen et al., 2006）。因此，研究者基于二维极限平衡法的思想陆续提出了许多三维极限平衡法。从20世纪70年代左右开始，已经形成数十种不同的方法（表1.4）。

表1.4 各种三维稳定分析方法包含的假定和满足的力（矩）平衡条件

作者	条间剪力假定					三个整体力的平衡			三个整体力矩的平衡			滑动面形状
	条柱底面在 z 轴的分量	行界面		列界面		x 轴滑动方向	y 轴竖直方向	z 轴垂直滑动方向	x 轴滑动方向	y 轴竖直方向	z 轴垂直滑动方向	
		y 轴竖直	z 轴水平	x 轴水平	y 轴竖直							
Hungr 等（1989）（Bishop 法）	×	×	×	×	×	×	√	×	×	×	√	对称旋转面
Hungr 等（1989）（Janbu 法）	×	×	×	×	×	√	√	×	×	×	×	对称
Zhang（1988）	×	条柱间所有作用力简化为一个平行 xoy 平面且具有相同倾角的作用力				√	√	√	×	×	√	对称
Chen 和 Morgenstern（1983）	×	√	×	合力与条柱底面平行		√	√	√	×	×	√	对称
Lam 和 Fredlund（1993）	×	√	×	×	√	√	√	√	×	×	√	任意
冯树仁等（1999）	×	×	×	×	×	√	√	√	×	×	×	对称
陈祖煜等（2001）	√	√	√	×	×	√	√	√	×	×	√	任意

续表

作者	条柱底面在z轴的分量	行界面 y轴竖直	行界面 z轴水平	列界面 x轴水平	列界面 y轴竖直	整体力 x轴滑动方向	整体力 y轴竖直方向	整体力 z轴垂直滑动方向	力矩 x轴滑动方向	力矩 y轴竖直方向	力矩 z轴垂直滑动方向	滑动面形状
Huang 和 Tsai (2002)	√	√	×	×	√	√	√	√	√	×	√	任意
李同录等 (2003)	√	√	×	合力与条柱底面平行		√	√	×	×	×	×	对称
张均锋等 (2005)	√	√	×	×	√	√	√	√	√	×	√	任意
陈胜宏和万娜 (2005)	√	合力平行于上一行或列条柱的底滑面				√	√	×	×	×	×	任意
Cheng 和 Yip (2007)	√	√	√	√	√	√	√	√	√	√ (a)	√	任意
顾晓强和陈龙珠 (2007)	√	√	×	×	√	√	√	×	×	×	√	任意
张常亮等 (2007)	与滑动面倾向相反	√	×	合力与条柱底面平行		√	√	×	×	×	×	旋转椭球体
张奇华 (2008)	×	√	×	×	√	√	√	√	√	×	√	任意
陈昌富和朱剑锋 (2010)	√	√	×	×	√	√	√	√	√	×	√	任意
朱大勇等 (2007)	√	无										任意
郑宏 (2007)、郑宏和周创兵 (2009)	√	无				√	√	√	√	√	√	任意

注：(a) 表示需要强制实施各剖面力平衡条件才能满足此平衡条件。

值得肯定的是，与早期的研究相比，近十年来提出的模型能考虑更多的条间力，满足更多的平衡条件，理论体系也日趋严密。但是，不同方法所采用的假定的合理性既没有得到理论上相对严密的证明，也还没能在大量的工程实践中得到验证。此外，绝大多数方法仍仅能满足部分力的平衡条件，这不但降低了其解答精度和可靠性，也限制了其适用范围。

本书第5章针对现有三维极限平衡法的缺点和不足，借鉴二维 Morgenstern-Price 法对条间力的假定形式，采用 Huang 和 Tsai（2000）、Huang 等（2002）对条间剪力的处理方式，提出了一个满足所有条柱3个力的平衡、滑坡体整体3个力矩平衡的三维极限平衡法。新方法理论体系更加严密，能考虑所有条间剪力对安全系数的影响，并采用 C++ 为方法编制了相应的分析程序。

2）数值分析方法

数值分析方法是随着数值仿真技术发展起来的，其根据岩体的荷载水平和非线性本构关系，得到边坡内部的应力应变水平、变形大小以及塑性区分布，从而确定边坡潜在危险滑动块体，数值分析方法可分为有限元法（FEM）、有限差分方法（FDM）、离散元分析法等。

数值分析方法中，有限元法是应用最广泛的一种方法，它以连续介质力学为基础，在岩土工程稳定分析中得到了大量使用（Booker and Small，1977；王泳嘉和邢纪波，1991；潘别桐和黄润秋，1994；徐卫亚等，2007b）。该方法的基本思想是将一个连续体离散化，变换成有限数量的、有限大的单元集合，这些单元之间只通过结点来连接和制约，用变换后的结构系统代替实际的系统，采用标准的结构分析来进行处理（林晓烽，2015）。这种方法避免了极限平衡法中将滑体视为刚体而过于简化的缺点，能近似地从应力应变去分析边坡的变形破坏机制，分析最先、最容易发生屈服破坏的部位和需要首先进行加固的部位等。

有限差分方法是数值模拟中使用最早的分析方法，其基本思想是将连续的定解区域用有限个差分网络来代替，把连续定解区域上的连续变量函数用网格上定义的离散变量函数来近似，利用插值方法从离散解中得到定解问题在整个区域上的近似解。该方法可以考虑材料的非线性和几何学上的非线性，适用于求解非线性大变形，求解速度较快（刘建华等，2006）。

离散元分析法是 Gundall 提出的（黄运飞和冯静，1992），实质上就是用一组有限的离散点来代替原来连续的空间，通过结构面的非线性本构关系，建立单元间的应力应变关系，从而进行稳定分析。对于解决非连续介质大变形问题非常适用，在分析被结构面切割的岩质边坡的变形和失稳过程也比较适用。

数值分析方法是利用既有的方法来处理非均质、非线性、复杂边界边坡的应力分布和变形问题，并用以研究岩体中的应力应变过程，据此求得局部的稳定系数，从而判断边坡整体的稳定程度，并且能够模拟边坡的开挖、支护及地下水渗流等工况，分析岩土体结构间的相互作用。本书第 6 章将详细介绍数值分析方法在工程实际中的应用。

3. 不确定性分析方法

边坡失稳风险评价是复杂的综合评价过程，影响因素众多，基于已有一定假设基础的边坡稳定分析对其进行了大量的简化，这在很大程度上影响了分析结果的可靠性和精确度，随着工程界中人们对不确定性的接受，不确定性分析被引入边坡稳定分析中来。不确定性分析方法的核心是认为岩土体的力学参数、地下水、变形破坏形式等是不确定的，需要引入相应的数学模型来模拟边坡工程的可靠度，或者是结合结构工程理论计算坡体稳定性相关的概率指标。不确定性分析方法在确定性分析的基础上发展起来，运用已有的数学分析方法，例如：模糊数学方法、层次分析法、遗传算法、人工神经网络法等，对边坡稳定进行定量或半定量分析，来评判边坡的安全程度（赵建军，2007）。

其中，可靠度分析法在工程中应用广泛。影响岩质边坡工程稳定性的诸多因素常常都具有一定的随机性，且多是具有一定概率分布的随机变量，因此可以通过现场调查获得影响边坡稳定性因素的多个样本，然后进行统计分析，求出其各自的概率分布及其特征参数，再利用某种可靠性分析方法来求解边坡岩体的破坏概率即可靠度。针对边坡工程评价和设计中的物理不确定性、统计不确定性、模型不确定性，在边坡系统稳定性的研究中引入可靠性分析理论和方法，以传统安全系数法为基础，互为补充、互为印证，更好地为工程实践服务。本书第 4 章将详细介绍一种基于二次二阶矩法计算边坡可靠度的方法，并研究其在边坡稳定分析中的应用。

1.4　岩质边坡综合治理措施

近年来，大批水电、铁路、公路工程相继在我国西南地区开工建设，伴随而来的是高陡岩质边坡开挖对工程加固治理技术带来的巨大挑战。岩质边坡工程治理是多种加固技术综合运用的系统工程，选择合理有效的加固措施成为决定工程成败与否的关键，保证边坡稳定是综合治理的前提，同时需兼顾施工的便捷性和经济性，加固技术的选用与边坡的地质环境条件、潜在的失稳模式及边坡现有的稳定性等息息相关（徐卫亚等，2008）。本节将对各种岩质边坡治理手段及发展情况进行简要的介绍。

1. 截排水工程

水是诱发边坡产生变形破坏的关键因素，所谓"治坡先治水"，排水工程是所有边坡工程首先选用的治理措施。对岩质边坡稳定造成不利影响的水荷载主要为地下水，而地表水对边坡稳定的影响来自对地下水的补充，可视为一种间接影响因素。对此，可将岩质边坡排水分为坡面防渗排水措施与地下排水措施两大类（吴宝和，2003）。

地表排水主要为截/排水沟［图1.4（a）］，通常在距离稳定性欠佳的边坡后缘以外的稳定斜坡面上设置截/排水沟，以阻断地表径流汇入边坡。截/排水沟断面通常采用梯形、矩形或三角形等，尺寸及沟底纵比降以防治设计标准为准。平面上依地形而定，多呈"人"字形展布。截/排水沟通常与地表防渗一起配合使用，在开挖坡面，通常采用喷射混凝土防护的方法，厚度一般为8~15cm［图1.4（b）］，在天然岩体风化较为严重的部位可以采取挂网喷射混凝土的防护方法，可同时在喷射混凝土防护区布置排水孔。

图1.4　地表防渗截/排水工程

(a) 边坡截/排水沟；(b) 混凝土护面

排水洞常用于重要大型边坡的加固工程。排水洞分为截水隧洞和排水隧洞。截水隧洞修筑在危险斜坡外围，用来拦截旁引补给水；排水隧洞布置在危险斜坡内，用于排泄地下水。将横向拦截排水隧洞修于滑坡体后缘滑动面以下，与地下水流向基本垂直；将纵向排水疏干隧洞建在滑坡体内。在两侧设置与地下水流向基本垂直的分支截排水隧洞、仰斜排水孔，将汇流的地下水通过排水洞排除到坡外。仰斜式排水孔重力式水存在地下水进入地下水位线以上孔段后，会重新回渗到坡体的问题。对于水电工程库岸边坡这一问题尤其常见，水库蓄水后，水位抬升导致边坡地下水无法在重力条件下排泄，为此通过水泵抽水、排水来降低地下水位的方法被广泛使用。20 世纪 80 年代末，意大利工程技术人员首次将沟渠排水中的虹吸排水技术和抽水泵引入 Zandila 滑坡治理中，有效地解决了边坡地下水回流问题（Cambiaghi and Schuster，1989）。国内于 1996 年首次采用虹吸排水技术对湘黔线 K93 路堑滑坡治理取得了良好效果（张永防和张朝林，1999）。由于裂隙地下水渗流场干扰（任姗姗等，2013）、虹吸排水管内空气积累（孙红月等，2014）等问题限制了工程应用，边坡虹吸排水技术仍然处于探索阶段。

2. 削载与反压

削载与反压主要用于中小规模的岩质滑坡防治。滑坡体可分为下滑段和阻滑段，当下滑段产生的下滑力大于阻滑段的抗力时边坡发生破坏。对下滑段进行削坡减缓坡度，以减小滑坡体体积，降低下滑力。当高而陡的岩质斜坡受节理缝隙切割，比较破碎，有可能崩塌坠石时，可剥除危岩，削缓坡顶部。当斜坡高度较大时，削坡常分级留出平台（图 1.5）。反压是将滑坡体下滑段削减的部分堆压在抗滑段，以增加抗滑力。20 世纪 50 年代以前，削载与反压由于其简单实用，在边坡治理中得到广泛的应用，但是随着工程边坡规模的不断扩大，削载与反压具有很大的局限性，比如工程开挖量巨大、受到外界条件的变化而失效等。目前在高陡岩质边坡的治理中削载与反压通常与其他加固技术联合使用。

图 1.5 澜沧江黄登库区削坡工程

3. 锚杆、锚索深层加固技术

锚杆是岩体加固的杆件体系结构，使用钢绞线或钢丝束作为杆体材料时也称为锚索，施加了预应力的锚杆又称为预应力锚杆。锚杆于 20 世纪 50 年代后期起开始应用在矿山巷道支护领域，锚杆具有支护效果好、用料省、施工简单、有利于机械化操作、施工速度快等优点，在 60 年代以后开始在铁路隧道、工程边坡、大坝加固等领域大量运用。锚杆加固技术能较充分利用岩体的自身强度，有效控制岩土工程的变形，已经成为提高岩土工程稳定性最经济有效的方法之一。图 1.6 为锅浪跷电站锚索加固坝基边坡。

图 1.6　锅浪跷电站锚索加固坝基边坡

　　国内外岩土锚固理论的研究主要围绕以下两个方面进行：①锚杆黏结应力分布特征与锚杆荷载传递机制研究；②从锚固体加固效果的角度出发，研究岩土铺固的作用机理（彭宁波，2014）。对于锚杆的传力机制，尤春安和战玉宝（2005）根据 Kelvin 问题的位移解，推导了内部锚固型锚固段的剪应力和轴力分布规律。类似的还有，张季如和唐保付（2002）提出了锚杆荷载传递的双曲函数模型，获得了锚杆摩阻力和剪切位移沿锚固长度的分布规律及其影响因素，并通过与实测数据对比得到了验证。黄生根等（2020）认为理论分析或是连续介质力学分析都难以真实反映在集中荷载作用下锚固界面的真实细观力学行为，于是利用离散元在模拟胶结颗粒堆积物方面的优势，采用颗粒流数值模型，探究了锚固系统在集中张拉荷载作用下锚固界面的应力分布特征以及周边岩土体的细观力学特性。此外，还有众多学者通过室内相似试验在锚索抗拔承载力、锚索破坏特点和形式、注浆体在承载体附近的压应力集中现象、锚索锚固段剪应力的分布规律等方面取得了大量研究成果（夏元友等，2010；刘鸿等 2012；于贵等，2017）。锚杆及其作用下的围岩可以看作一个整体，即锚固体，则锚杆作用的力学本质可概括为提高锚固体的黏聚力、弹性模量、减小锚固体的泊松比以及改善锚固体所处的应力状态（杨双锁和张百胜，2003）。杨玉川等（2014）提出利用力的等效原理把锚杆的集中力转化为作用于边坡坡面的面力，结合极限平衡原理将简化后的面力用于边坡的稳定性计算，得到了锚固力均化后的边坡稳定计算公式。朱维申和何满潮（1995）在室内相似试验发现岩体经系统锚杆加固后，岩体的弹性模量、抗压强度、黏聚力和内摩擦角均得到提高，且锚杆的密度与锚固岩体强度、弹性指标持线性关系。

　　4. 抗滑桩

　　抗滑桩是穿过滑动面嵌入滑床一定深度的桩柱，通过桩身将部分下滑力传递到滑体以下稳定部分并提供额外的抗滑力使坡体稳定。20 世纪 60 年代，抗滑桩首先应用到铁路边坡中，具有布置灵活、施工技术简单、承载力大等的优点。使用抗滑桩，土方量小，施工需有配套机械设备，工期短，是广泛采用的一种抗滑措施。抗滑桩应布置在滑带埋深较浅、滑坡推力较小地段，抗滑桩的桩长宜小于 35m，当滑带埋设大于 25m 时，应充分论证抗滑桩阻滑的可行性。

桩身—滑体—滑床之间的相互作用十分复杂，目前抗滑桩的设计具有很强的经验性。对于软质岩层，锚固深度一般为设计桩长的三分之一；对于硬质基岩，锚固深度一般为设计桩长的四分之一。为保证滑动土体不从桩间挤出，桩间距一般是去桩间距的三至五倍。针对抗滑桩设计计算中的缺陷和不足，Shadunts 和 Matsii（1997）基于刚塑性模型和边界单元法，推导了土体应力和桩体位移变形的关系。Shooshpasha 和 Amirdehi（2015）采用有限元强度折减法，研究了桩位、桩长、桩距和坡角等对加固边坡稳定性的影响。另外，众多学者通过物理模型试验对抗滑桩加固边坡进行了研究。涂杰文（2015）利用离心振动台试验研究了地震作用下桩侧土压力、桩身弯矩的分布规律，同时分析了抗滑桩体型、间距和刚度等因素对承载能力的影响。郑桐等（2016）研究了锚索抗滑桩加固边坡在不同地震加速度作用时的土体加速度、桩身应变、桩侧土压力的变化规律。还有一些学者在汶川地震后对抗滑桩加固边坡震损情况进行了实地调查，周德培等（2010）发现锚索地梁和预应力锚索抗滑桩加固边坡具有很好的抗震性能面，并建议在边坡抗震加固中尽量采用此结构。

5. 注浆加固技术

注浆加固技术常用于软弱地基处理，并取得了成功的经验，因此这一技术被推广应用到边坡加固上（郑颖人等，2010）。边坡注浆加固就是利用压送的手段通过注浆钻孔或注浆管把具有一定凝胶时间的浆液注入岩体软弱结构面中，浆液凝结后充填在裂缝中，使岩体的物理力学性质得以改善，这种通过注浆来改变岩体状况的方法称为岩体注浆加固工法。

目前已有上百种灌浆材料在工程中得到应用，主要可分为水泥和化学两大类。相比于水泥浆液，化学浆液黏度低，最小可注入 0.01mm 的裂隙中，同时，凝结时间从几秒到几十小时易于控制，可满足工程的多种要求。但是化学浆液大多有毒、污染环境、价格高、强度低，工程应用受到限制。而水泥浆液凝固后具有强度高、造价低、无毒、不污染环境等优点，一直是加固灌浆中应用最为广泛的材料。但由于普通水泥颗粒较大，这种浆液一般只能灌入岩石的裂隙或孔隙大于 0.2mm 的岩土中。因浆液的稳定性较差，浆液析水后使结石体体积收缩，甚至产生裂缝而构成渗漏的通道。为改善水泥的工程性质，通过对水泥浆液的高速搅拌、掺入化学分散剂、悬浮剂或添加其他灌浆材料，如黏土、粉煤灰、硅粉等来改善浆液的稳定性和流变性（葛家良，2006）。比如，水泥-化学复合灌浆在锦屏 I 级电站 F_2 断层加固中取得了良好效果（郝明辉等，2013）。

灌浆材料是影响边坡加固的重要因素之一，加固效果同时还受到其他多种因素的影响，如工程地质环境、劈裂注浆施工工艺和荷载传递机制等。为了更好地揭示劈裂注浆机理与指导工程实践，国内外众学者对注浆加固机理开展了大量试验研究。张连震等（2017）设计了一种一维可视化渗透注浆扩散模拟试验系统，研究了不同介质渗透率及不同注浆速率条件下水泥-水玻璃浆液注浆压力随时间的变化规律，发现不考虑浆液黏度变化会高估注浆压力和低估扩散范围，并建议在注浆设计中应充分考虑速凝浆液黏度空间分布不均匀性。Zhang 等（2015）基于流固耦合理论及正交分析法对灌浆加固周期的最佳参数选择进行了研究，得出渗透性是影响注浆加固周期的主要因素，其次是加固周期厚度和岩体的弹性模量。另外也有学者基于裂隙渗流理论对注浆机理进行了大量研究。李术才等（2014）基于广义宾汉流体假定，建立单一平板优势劈裂注浆扩散模型，发现注浆速率、注浆压力及浆液黏度是影响注浆扩散的 3 个主控因素，提出了注浆压力差异控制、控制液动态调节及注浆速率梯度控制 3 项关键技术。邹金锋等（2006）在达西定律和均有宽度裂缝假设前提下，推导出劈裂注浆压力沿裂缝的衰减规律以及裂缝的扩散规律，同时分析了多孔注浆时的相互影响，得出最优注浆孔数量及其布置方式。随着数值分析理论的发展和计算能力的提高，数值模拟技术逐渐发展为研究注浆技术的主要手段之一。陈金宇和杜泽生（2011）利用离散元方法 UDEC 模拟和分析注浆对变形破坏巷道的原锚索支护的改善作用，并提出了对坏巷道采取注浆后打设锚索的加固方案。Zhang 等（2013）结合离散单元法 PFC2D 与孔隙网络流体流动，研究了流体在密实颗粒介质中的耦合运移过程，结果发现提高注入速度和侵入流体的黏度、降低介质的模量和渗透率，导致流体的流动行为表现为由渗流控制向渗流限制的过渡，同时还揭示了流体通道生长的尖端发展模式。

6. 柔性防护技术

柔性防护技术主要分为主动防护和被动防护两大类。主动防护网指以锚杆和横、纵向张拉绳作为固定物，通过缝合绳将钢丝网覆盖在岩石边坡表面上，并施以一定的预拉力对边坡进行加固和限制表层破碎岩块剥落。

图 1.7 为主动防护网示意图。被动防护网设置在崩塌落石源区与保护目标间的斜坡，通过拦截边坡崩塌落石消除落石冲击对保护目标的威胁。使用防护网的目的不一定是为了防止灾害的发生，其主要作用是防止落石带来的危害，起到被动防护的作用。被动防护网由钢丝绳网、高强度铁丝格栅网、锚杆、工字钢柱、上下拉锚绳、消能环、底座及上下支撑绳等部件构成。当落石冲击防护网时，冲击力可以通过网的柔性消散，剩余的能量将传递给锚基础和稳定的底层，传递给锚杆和基础的剩余荷载变得非常小。图 1.8 为成昆铁路边坡落石防护使用的多级被动防护网。

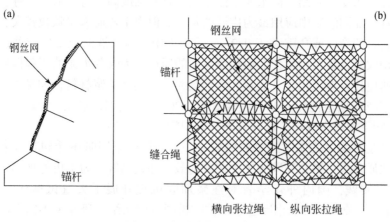

图 1.7　主动防护网示意图

（a）侧面图；（b）平面图

图 1.8 成昆铁路边坡多级被动防护网

边坡柔性防护技术在工程实践中大范围应用的同时，国内外学者也进行了大量的研究，包括物理实验、数值模拟等。Muhunthan 等（2005）总结了柔性防护系统的性能特征、测试关键系统组件、反分析系统故障、评估典型负载条件，同时给出了系统在各种荷载条件下的设计建议。Peila 等（1998）进行了完全尺度下的落石被动防护试验，利用摄像装置监测砌块对围栏的冲击，分析了护栏的冲击能量及相应的力和位移之间的关系。Sasiharan 等（2006）采用有限元技术模拟了落石冲击小钢丝网系统的整体稳定性，发现内部水平支撑绳的加入并没有降低网格内的应力，垂直绳索的使用消除了锚支架周围的应力集中，并降低了顶部水平绳索上的应力。周晓宇等（2012）采用 Ls-dyna 分析了柔性防护网在滚石撞击下的响应，结果发现拦石网最大变形、冲击力峰值和接触时间均表现出与撞击速度和滚石半径较好的线性相关性，小半径滚石穿透拦石网所需动能明显小于大半径滚石。

1.5 本书主要内容

岩质边坡是自然界中最常见的岩体结构之一，与人类活动和工程建设息息相关。边坡岩体经历了大小不等、方向各异的多次构造应力的长期作用，以及岩体材料本身的不均一性，导致边坡岩体内部广泛存在大小不一、产状不同、性质各异的结构面。这些结构面成为岩体的薄弱部分，在很大程度上影响了岩体的变形、破坏及应力传递，极大地增加了岩质边坡稳定分析的复杂性和工程治理的难度。因此本书从边坡岩体结构面特性出发，较详细地分析总结了岩质边坡失稳特征与影响因素、稳定性分析与评价方法以及综合工程治理措施等关键科学问题。全书共分为九章，具体研究内容如下。

第 1 章 绪论：该章主要介绍本书相关的背景和意义，简要回顾了边坡失稳破坏模式、边坡稳定性分析方法和边坡工程治理措施的研究现状，针对目前研究中存在的一些问题，提出了本书的主要研究内容和研究思路。

第 2 章 岩体结构与边坡稳定特征：该章基于结构面性状和规模特征，系统性总结归纳了结构面分类和质量评价方法，在此基础上介绍了基于三维激光扫描的震损边坡岩体质量评价方法，同时分析了岩质边坡失稳的几种主要模式，为边坡稳定分析奠定了基础。

　　第 3 章　岩体结构面抗剪强度参数估算：该章首先分析总结了结构面的表面形态、填充状况、水文地质条件、软弱夹层等因素对结构面物理力学性能的影响，在此基础上介绍了基于 Mohr-Coulomb 准则、Hoek-Brown 准则的岩体结构面强度参数估算方法，为边坡稳定性计算和治理方案设计的相关岩体力学参数选取提供了科学依据。

　　第 4 章　岩质边坡可靠性分析方法与应用：该章基于结构面强度参数取值难以准确确定的难题，并且在不同条件下存在一些不确定性和随机性的特点，介绍了边坡可靠性分析方法，并且建立了基于平面破坏和楔形破坏两种典型破坏模式的岩质边坡可靠性计算方法。

　　第 5 章　岩质边坡三维稳定性分析理论与程序：该章建立了一种理论体系较为严密的岩质边坡三维极限平衡分析方法，开发了相关算法程序，采用经典算例验证了该方法分析"受空间组合结构面控制的岩质边坡稳定性"的合理性和正确性，并在红石岩震损边坡三维块体稳定分析中进行了实际应用。

　　第 6 章　岩质边坡强度劣化与失稳机理：该章主要介绍了影响岩质边坡稳定性的长期效应和短期效应，揭示了地质环境、水文活动以及人类活动干扰等因素的长期作用在边坡岩体强度劣化及滑坡孕育过程中所起作用；在此基础上，研究了降雨、库水位波动以及地震动力作用下岩质斜坡失稳机理，为滑坡的稳定性评价、预警预报和滑坡防治措施的制定提供了理论依据。

　　第 7 章　岩质边坡补强加固机理与稳定提升技术：该章系统性梳理了灌浆、抗剪洞以及喷锚支护等措施在岩质边坡补强加固中的力学机理，重点研究了基于 Hoek-Brown 准则的灌浆效果评价方法和基于传压原理的边坡安全系数计算方法，并结合锦屏 I 级左岸坝肩特高边坡和长河坝环境边坡的处置实例，说明了岩质边坡补强加固与稳定提升的效果。

　　第 8 章　岩质边坡块体失稳风险与综合治理：该章主要探讨了开挖边坡或者环境边坡表层孤块石、危岩体的失稳破坏模式，重点研究了三维滚石运动概率路径模拟，并且形成了块体失稳风险评价和拦挡措施优化设计方法，在此基础上进一步归纳总结了边坡浅表层综合治理措施。

　　第 9 章　结论与展望：该章系统性总结概括了本书的研究内容、取得的成果和存在的不足之处，并结合岩质边坡的最新研究现状，指明了三维激光扫描、近场动力学模拟等高新技术在未来岩质边坡稳定性研究中的发展方向。

第2章 岩体结构与边坡稳定特征

2.1 概 述

岩质边坡主要由岩块和分割它们的结构面（structural plane）构成（Goodman and Bray，1976；谷德振，1979；Stead and Wolter，2015）。结构面是边坡岩体内部发育的、具有不同规模、不同方向以及不同性态的面状地质界面，包括物质的分界面和不连续面（Hoek et al.，1973；王堃宇，2018）。由于岩体一般经历了大小不同、方向各异的多次构造应力的长期作用，同时由于岩体材料本身的不均一性，岩体内部广泛存在大小不一、产状不同、性质各异的软弱结构面，成为岩体的薄弱部分（图2.1）。结构面是控制岩体稳定性的重要因素之一，在很大程度上影响了岩体的变形、破坏以及应力传递（Dunning et al.，2009），是大型边坡工程建设所面临的重要工程地质问题，增大了工程建设的难度（L'Heureux et al.，2013）。

图2.1 典型岩质边坡及结构面

岩质边坡作为一种常见的岩体结构，内部往往包含大量随机分布的结构面，这些软弱结构面的分布、发育程度以及结构面的物理力学性状，控制着边坡的变形、强度和稳定性。影响结构面力学强度的因素相当复杂，除了与结构面自身物理性态有关外，还受人工扰动、降雨、地震等外部因素的影响（吉锋，2008；路为等，2011；白志华等，2018）。为了准确掌握结构面的力学性质，首先必须要对结构面进行科学合理的分类和分级，准确掌握影响结构面强度的各种因素，从而根据不同性状的结构面，有针对性地采取相应的方法和手段，研究其强度变形特性，以使对岩石边坡的稳定评价更接近于实际情况。

2.2　边坡岩体结构面

结构面是岩体形成和地质作用的漫长历史过程中，在岩体内形成和不断发育的地质界面，在连续介质力学理论中视为不连续面（李云鹏等，2000）。为便于掌握结构面的分布规律、物理力学性质及其对工程稳定性的影响，可按其地质成因、受力条件、延伸尺寸和性状等方面对结构面进行分类，本章着重介绍结构面的性状分类。

2.2.1　结构面的分类

1. 按地质成因分类

结构面按其形成的地质历史成因分为原生结构面、构造结构面、次生结构面三类。其中原生结构面是岩体在成岩过程中形成的结构面（盛建龙，2001）；构造结构面是岩体形成后在构造应力作用下形成的各种破裂面；次生结构面是在地表条件下，由于外力（如风化、地下水、卸荷、爆破、应力变化等）的作用而形成的各种界面。

2. 按受力条件分类

结构面按受力条件可分为张性结构面、压性结构面、扭性结构面、压扭性结构面、张扭性结构面。张性结构面是岩体受一定张力作用而产生，结构面张开，面壁粗糙起伏大，因此，易被充填，常含水丰富，导水性强；压性结构面是受压应力挤压而成的结构面；扭性结构面是由纯剪应力或压张应力引起的剪应力所形成的结构面；压扭性结构面是既有压性结构面特征又有扭性结构面特征的结构面，但通常以其中一种为主；张扭性结构面则兼有张性和扭性结构面的双重特征，往往呈锯齿状（欧阳畿，1998；向波等，2008）。

3. 按延伸尺寸分类

按考察范围内结构面的贯通情况，可按延伸尺寸将结构面分为非贯通性结构面、半贯通性结构面和贯通性结构面，如图2.2所示。

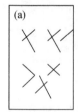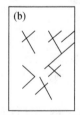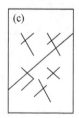

图2.2　岩体内结构面贯通性类型

（a）非贯通性；（b）半贯通性；（c）贯通性

4. 按性状分类

结构面的力学性质主要由结构面的粗糙起伏度、夹层物质的物质成分及力学性能和两侧岩体的力学性质所决定，因此，根据结构面的粗糙度、有无夹层物质，将结构面细分为刚性结构面和软弱结构面。

1）刚性结构面

刚性结构面属于裂隙型，刚性结构面的摩擦系数较大，多数没有充填物，根据其几何特性，可细分为平直无充填结构面、粗糙起伏无充填结构面和非贯通断续结构面（杜太亮等，2006；刘明维等，2007）。

从现有的大量研究文献可以看出，刚性结构面的力学性质与结构面的粗糙起伏度和两侧岩壁强度密切相关。

2）软弱结构面

软弱结构面的摩擦系数相对较小、延伸较长，且普遍充填黏土、泥、岩石碎块等物质，根据其物质组成和结构特征，以及其充填物中不同粒组的相对含量，可以细分为岩块岩屑型、岩屑夹泥型、泥夹岩屑型 3 个亚类（徐磊和任青文，2007；徐盛林，2011）。软弱结构面是岩土体中力学性质最软弱的部分，通常由岩屑和黏泥构成，构成岩质边坡中的潜在滑裂带，对岩体稳定极为不利。

软弱结构面的强度主要由软弱夹层本身的力学性质、两侧岩石的力学性质以及充填物厚度和结构面的粗糙度等控制，因此可以看出，其力学性质主要与充填物的物质组成、厚度、结构面表面形态有关。

2.2.2　结构面的规模分级

边坡岩体的稳定性能主要由结构面的延展规模、地质条件、力学特性等决定（Grasselli et al.，2002；周火明等，2004；钟林君，2010），其中，结构面的延展规模是稳定控制的关键因素，根据结构面的延伸长度、切割深度、破碎带宽度及其力学效应等地质力学条件，将结构面细分为 5 级，如图 2.3 所示。

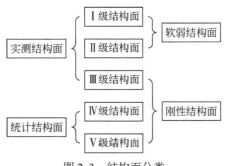

图 2.3　结构面分类

1. Ⅰ 级结构面

Ⅰ 级结构面是指决定区域构造的特大型断裂带，延展长度可达到数十千米，是地理环境中的特大型地质结构面。规模宏大，在工程范围内其倾向、走向、倾角、基本保持不变。这样的大型结构面决定了一定区域内的地质构造，并对该区域内的岩土体稳定性具有不同程度的影响。

2. Ⅱ级结构面

Ⅱ级结构面相对Ⅰ级结构面规模小，是具有一定宽度，延展性强的大型构造带，这种类型的结构面在工程区域内的地质构造基本保持不变，也是工程岩体中对稳定起决定作用的结构面。

3. Ⅲ级结构面

Ⅲ级结构面主要是指岩体中的局部断裂带，延展规模在数百米左右，宽度通常小于1m，如岩体中的挤压破碎带、层间错动带、风化夹层等，其控制了边坡岩体的稳定，决定了岩体的破坏模式。

4. Ⅳ级结构面

Ⅳ级结构面主要是指岩体中的节理或层理。其规模小，纵向长度在数米左右，数量较多，断续分布，局部地将岩体划分为若干小块体，造成了岩体的各向异性和非连续性，直接影响岩体的物理力学性质，很大程度上决定了岩体的失稳模式。

5. Ⅴ级结构面

Ⅴ级结构面主要是指岩体中的细微结构面，是岩土体中规模最小的一类结构面，数量多、随机分布、延展性差，如岩体中的裂隙、节理、劈理等，在一定程度上降低了岩体的力学性能，但由于其规模小，对岩体稳定性能影响不大。

上述5级结构面中，Ⅰ级、Ⅱ级结构面为软弱结构面，Ⅲ级结构面多数为刚性结构面，Ⅳ级、Ⅴ级结构面为刚性结构面。不同规模级别的结构面对岩体力学性质及工程稳定的影响不同：Ⅰ级结构面延伸很广，对工程建设所在地区的地壳稳定、地质构造特性起控制作用；Ⅱ级、Ⅲ级结构面控制着工程区域岩体地质力学的作用边界和破坏形式，它们的组合往往构成可能滑移岩体（如滑坡、崩塌等）的边界面，直接威胁工程的安全稳定性；Ⅳ级结构面主要控制着岩体的结构、完整性和物理力学性质，是工程岩体结构研究的重点和难点，因为相对于工程尺度来说，Ⅲ级以上结构面分布数量少，甚至没有，且规律性强，容易搞清楚，而Ⅳ级结构面数量多且具随机性，其分布规律不太容易搞清楚，需用统计方法进行研究；Ⅴ级结构面通常包含在岩块内，主要控制岩块的物理力学性质。值得注意的是，各级结构面是互相制约、互相影响，并非孤立的，在实际工程中应综合考虑、综合分析。

2.3　边坡工程岩体质量分析与评价

2.3.1　工程岩体质量评价方法概述

工程岩体质量是复杂岩体工程地质特性的综合反映，是工程设计与施工方案制定的重要基础。边坡岩体作为工程岩体的其中一种，如岩体质量好且稳定性高的边坡基本不需要采取相关加固措施，可以大大节省施工成本；岩体质量差、风化程度高、稳定性差的边坡则需要烦琐的加固支护措施，而且在施工过程中还会遇到诸多对施工不利的挑战（陈祥等，2009）。因此，边坡岩体的质量直接关系到边坡的稳定安全及施工质量，边坡岩体的质量评价是否合理决定了该工程施工支护措施的合理性和施工的安全性。

目前，对岩体进行质量评价的方法有很多。国外岩石质量评价起步较早，最早由苏联学者于 1926 年提出岩石坚固性系数法，该方法主要依据小尺寸岩块的单轴抗压强度，评价比较片面。1964 年迪尔（Deer）提出了 RQD 分类法，在该方法中，岩体质量等级是通过修正岩心采取率划分的。因为岩体结构面发育特征和岩块性质的影响未被该分类法考虑，所以 RQD 分类指标一般不能全面反映岩体的实际质量（瞿生军，2017），在之后比较完善的岩体质量评价体系中，该指标一般只是众多考虑参数中的一个。RMR 分类法（Bieniawski，1973）是由比尼奥斯基于 1973~1975 年提出，使用岩块强度、RQD 岩石质量指标、节理条件、节理间距、地下水、节理方向对工程影响修正系数等因素对岩体进行综合评分，在岩体分类领域产生了较大影响。Q 系统分类法（Barton et al.，1974）是在1974 年被挪威岩土工程研究所巴顿（Barton）等提出，该方法综合考虑了 RQD（Deer）质量指标、节理组数、节理粗糙系数、节理蚀度程度或充填情况、裂隙水折减系数和应力折减系数等 6 项参数。Q 系统分类法结合了定性分析和定量评价广泛应用于软弱地层的岩体质量评价，但当考虑节理方向时，该方法就不再适用（Liu and Dang，2014）。Romana（1985）把 RMR 分类体系运用到边坡岩体质量评价中提出了 SMR 分类法，该方法结合了边坡节理产状和边坡破坏模式两方面因素，可以比较系统地对边坡岩体进行质量评价。

我国于 2014 年颁布实施了《工程岩体分级标准》（GB/T 50218—2014）（BQ 系统分类方法），该方法分为三步，首先通过 BQ 指标对岩体质量进行初步分类，然后再考虑结构面、天然应力和地下水等因素的影响对该指标修正，最后依据规范具体分级。BQ 系统分类方法作为我国颁布实施的岩体质量评价方法，适用于国内大多数岩体工程，单轴饱和抗压强度和岩体完整性系数是该方法最基本的两大参数（Shen et al.，2017）。

在岩体质量评价过程中，结构面的发育情况的识别与统计是整个技术的关键所在，目前最常用的是采用地质罗盘的现场人工统计法，该方法需要耗费大量的人力物力，且统计结果不可避免地会引入人为误差；更重要地是，对于强卸荷高陡边坡，尤其是震损边坡，频繁发生落石、崩塌等地质灾害，技术人员难以到达现场开展工作。三维激光扫描提供了一种新地质调查方法，它可以远距离非接触获取边坡表面高精度几何信息，为结构面的识别统计与岩体质量评价提供了一种新技术手段。

2.3.2　岩体质量评价方法与指标

2.3.2.1　岩体质量评价指标

根据现场工程地质勘探资料，结合室内岩石力学试验，使用《工程岩体分级标准》（GB/T 50218—2014）对边坡岩体进行质量评价。公式如下：

$$BQ = 100 + 3R_c + 250K_v \tag{2.1}$$

式中，BQ 为岩体基本质量评价指标；R_c 为岩体单轴饱和抗压强度；K_v 为岩体完整性系数。

计算过程中，①当 $R_c > 90K_v + 30$ 时，应该以 $R_c = 90K_v + 30$ 和 K_v 代入计算 BQ 的值；②当 $K_v > 0.04R_c + 0.4$ 时，应该以 $K_v = 0.04R_c + 0.4$ 和 R_c 代入计算 BQ 的值。

式（2.1）对于大部分工程岩体具有普遍适用性，但针对具体的不同工程背景，应对该式进行修正。在对工程边坡岩体进行具体分级时，应当考虑结构面的类型、产状、延伸性及地下水的发育程度来对 BQ 进一步修正，最后按照规范确定最终岩体级别（徐卫亚等，2000）。

边坡工程岩体质量 BQ，可以按照如下公式计算：

$$BQ = BQ - 100(K_4 + \lambda K_5) \tag{2.2}$$
$$K_5 = F_1 \times F_2 \times F_3 \tag{2.3}$$

式中，K_4 为地下水的修正系数；λ 为结构面类型和延伸性修正参数；F_1 为边坡倾向和结构面倾向之间的影响系数；F_2 为结构面倾角影响系数；F_3 为结构面倾角和边坡倾角之间的影响系数；K_5 为结构面产状的修正系数。

2.3.2.2　岩体完整性系数的确定

岩体完整性系数（K_v）一般用来表示工程岩体相对于边坡岩块的完整程度，既可以利用岩体和岩块的纵波速度进行计算得到，也可以通过获取岩体体积节理数（J_v）来间接得出岩体完整性系数。

在通过统计岩体体积节理数来获取岩体完整性系数时，应该充分考虑岩体结构面的张开程度和充填情况，利用岩体体积节理数和岩体完整性系数的对应关系，在相应的数值范围内选取合适的岩体完整性系数。根据《工程岩体分级标准》（GB/T 50218—2014），岩体体积节理数 J_v 与岩体完整性系数 K_v 的对应关系，如表 2.1 所示。

表 2.1　岩体完整性系数与岩体体积节理数的对应关系

J_v	<3	3~10	10~20	20~35	≥35
K_v	>0.75	0.75~0.55	0.55~0.35	0.35~0.15	≤0.15
完整程度	完整	较完整	较破碎	破碎	极破碎

人工识别岩体节理裂隙和岩体结构面比较烦琐，且识别误差较大，因此可以通过使用三维激光扫描技术（TLS）来获取岩体浅部的体积节理数，从而来间接得出岩体完整性系数。

2.3.2.3　工程岩体级别确定

根据《工程岩体分级标准》（GB/T 50218—2014），工程边坡岩体的质量等级可以通过 BQ 值进行最终确定，表 2.2 为 BQ 分级的阈值。

表 2.2　工程岩体质量分级标准

工程岩体质量级别	工程岩体质量定性特征	分级指标（BQ）
I	坚硬岩，岩体完整	>550
II	坚硬岩，岩体较完整；较坚硬岩，岩体完整	550～451
III	坚硬岩，岩体较破碎；较坚硬岩，岩体较完整；较软岩，岩体完整	450～351
IV	坚硬岩，岩体破碎；较坚硬岩，岩体较破碎-破碎；较软岩，岩体较完整-较破碎；软岩，岩体完整-较完整	350～251
V	较软岩，岩体破碎；软岩，岩体较破碎-破碎；全部极软岩及全部极破碎岩	<250

2.3.3　基于三维激光扫描的震损边坡岩体质量评价

高陡岩质边坡在经历强震过后，其浅部岩体受地震动力瞬时循环载荷作用而导致岩体质量下降，即所谓的震损边坡。震损边坡的工程岩体质量对施工措施的制定和边坡安全评价至关重要。针对震损边坡岩体的实际特点，以工程岩体质量评价的 BQ 分级体系为基础，应用三维激光扫描技术来识别岩体结构面和节理裂隙，并结合岩块单轴抗压强度试验，建立了震损边坡工程岩体质量评价方法。

2.3.3.1　基于三维激光扫描的结构面测量原理

三维激光扫描（terrestrial laser scanning）技术又称为"实景复制"技术，是继 GPS 空间定位技术之后又一项测绘技术新突破。它利用激光测距的原理，通过高速激光扫描测量的方法，大面积、高分辨率、快速地获取物体表面几何信息。在岩体结构面识别与评估方面，三维激光扫描可以远距离快速获取岩体边坡表面的高分辨三维几何信息（图2.4），通过三维建模和信息提取，可以在室内精细化获取其表面发育的节理、裂隙、断层等结构面信息，计算或评估它们的方向、间距、连续性和粗糙度等参数，从而为岩体稳定性分析评估提供可靠的基础数据（Li et al.，2020）。

边坡岩体结构面是沿空间展布具有一定起伏和变化的"面"，在一定空间范围内可以视为一个平面，因此，可以采用平面的几何信息来近似描述结构面的空间展布特征。在获取的边坡三维点云数据中，可以对出露的结构面所包含的点云进行手动识别和提取，采用平面拟合法获取结构面点云的特征平面，并通过平面参数方程来计算结构面的产状信息。

1. "三点"拟合法

理论上，不在同一条直线上的三个点即可构成一个平面，因此，在结构面点云上选取三个不在同一直线上的坐标点即可拟合出结构平面，从而实现结构面的手动识别。岩体结构面在边坡表面一般呈现为出露的迹线或者暴露的光面。由于物质组成、几何形态、反射率等的差异，这些结构面在点云数据中都有着较为明显的影像特征，较易区分。因此，通过人工识别，选取结构面点云上不在同一直线上的三个坐标点即可完成结构面识别。

由于结构面表面粗糙不平整，尤其是受风化侵蚀或强烈地质构造作用的结构面，其表

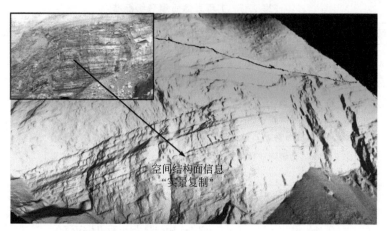

图 2.4　三维激光扫描获取的边坡几何模型中包含了详细的结构面空间信息

面起伏甚至弯折扭曲，结构面上三个点位置选择的不同，所构成的结构平面参数往往存在一定差异，甚至差异性很大。因此在结构面上选取的三个坐标点应具有空间代表性，应尽量在结构面出露明显且产状稳定的区域选择坐标点，且所选的坐标点相互间不要太靠近。同时需要检验拟合的平面与实际结构面是否匹配，观察其在空间上是否具有宏观代表性。

对于层状边坡，其层理面在边坡表面往往只出露一迹线，难以找到一个完整暴露的平面。如图 2.5 所示，对于此类结构面的识别，可借助地形地貌特征，有效利用拐角部位，分别选取拐角点和拐角两侧的点构成三角形，从而实现结构面的"三点"拟合。

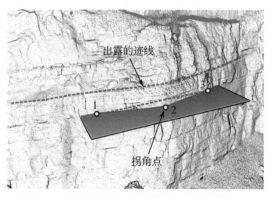

图 2.5　利用拐角点实现结构面"三点"拟合

2. "多点"最佳平面拟合法

"多点"最佳平面拟合法适用于出露有完整光面的结构面。在工程上，由于风化卸荷、崩塌滑坡或者人为改造边坡等原因，边坡表面常常会出露较为完整光面的结构面，这些结构面在三维点云中往往有着较为明显的影像特征，形态轮廓清晰。采用人工识别，较容易选中出露光面所包含的点云，通过这些选中的点云采用最佳平面拟合法，可以得到一个与出露结构面高度拟合的结构平面，该平面能够较好地反映结构面的宏观展布情况。"多点"最佳平面拟合法弥补了传统地质罗盘和"三点"拟合法测量结构面存在随机性误差的不足。

图 2.6 给出了采用"多点"最佳平面拟合法计算得到的两个结构平面,由图可知该方法拟合的平面与结构面空间展布情况吻合很好。该方法能够克服结构面粗糙、扫描点云存在噪点等引起的结构平面计算误差,适用于分布范围广、有一定起伏度或重要控制性结构面的调查。在选择点云时应尽可能多地选中结构面所包含的点云,但要注意在结构面边界处,宁可少选择点云也不可超过结构面边界。

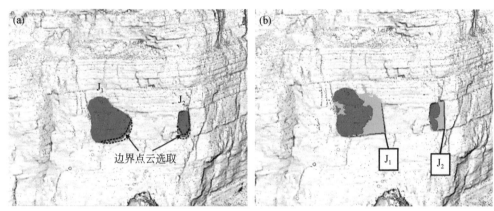

图 2.6　"多点"最佳平面拟合法
(a) 选中的结构面所包含的点云;(b) 拟合的最佳结构面

工程地质中,结构面的空间形态通常用产状三要素来描述,即走向、倾向、倾角。通过扫描点云的手动识别和平面拟合,可以得到一个表征结构面空间展布特性的几何平面,而且这个平面的空间方位由该平面的法向量唯一确定。通过该平面的法向量计算,即可换算出相应的走向、倾向、倾角等产状信息。

2.3.3.2　震损边坡结构面识别与计算

红石岩震损边坡是红石岩堰塞湖改建工程的进水口边坡。由于红石岩边坡位于鲁甸地震高烈度区域,其浅部岩体发生了较大程度的损伤,卸荷裂隙发育,各组优势结构面相互组合,表面破碎,频繁发生落石、掉块等现象,在进行岩体表面的相关测量时,技术人员不易到达测量点,因此,三维激光扫描技术为该测量工作提供了方便。

根据工程特性、岩体结构特点、强度及地质条件等情况,同时便于工程施工,当地施工单位将该滑坡体分为三个区,分别为Ⅰ区、Ⅱ区、Ⅲ区 (图 2.7)。其中,Ⅰ区揭露岩体主要为黑色碳质灰岩,强度低,饱和抗压强度约为 25MPa,为软岩、岩体破碎;Ⅱ区揭露岩体主要为白云岩,饱和抗压强度约为 35MPa,为较坚硬岩、岩体破碎;Ⅲ区揭露岩体主要为白云岩,饱和抗压强度约为 40MPa,为坚硬岩、岩体较破碎。因此,根据三个区域的不同特点便于采取相应的加固支护(如不同区域对应不同的支护参数)等工程措施。这里以Ⅱ区(Ⅱ区为本次三维激光扫描区域,图 2.7)为例对红石岩震损边坡浅部岩体进行质量评价。

利用三维激光扫描技术对该震损边坡Ⅱ区进行扫描,得到了其边坡三维精细化实体模型 [图 2.8 (a)]。采用三维激光扫描对边坡岩体进行识别拟合。首先将要测产状的结

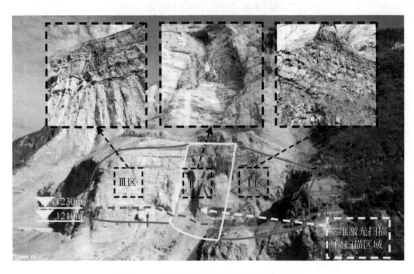

图2.7　红石岩边坡开挖分区示意图

构面点云数据选中，然后采用最小二乘算法将选中的点云拟合成平面，接下来通过该平面在系统中的方程参数求出结构面产状信息［图2.8（b）］。由图2.8（b）可知，结构面主要分成三组，其中与岩层层面近乎平行的结构面最为发育，且产状稳定，为N40°E，NW∠22°；其次为陡倾向卸荷节理，产状在N32°～80°E，SE∠80°～85°；以及横河向构造节理，产状为N23°～87°W，SW∠76°～84°。采用三维激光扫描并结合现场地质调查，在Ⅱ区共识别出113条结构面，统计结果如图2.9所示。

图2.8　基于三维激光扫描的结构面测量
（a）三维激光扫描获取的边坡三维精细化实体模型；（b）岩体结构面识别与产状计算结果

2.3.3.3　震损边坡岩体质量评价

根据结构面的识别结果，并结合现场开挖揭示的节理裂隙情况的调查，进一步统计出Ⅱ区岩体结构面情况如表2.3所示。

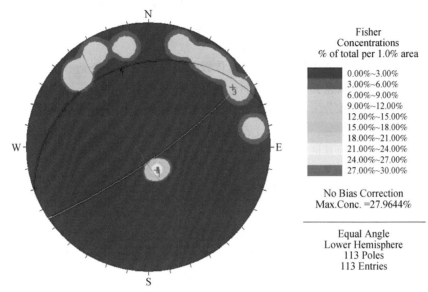

图 2.9 Ⅱ区结构面识别结果统计示意图

表 2.3 岩体体积节理数 J_v 统计表

节理裂隙		节理间距和频率变化			
		最小间距/m	最大间距/m	最大频率/m⁻¹	最小频率/m⁻¹
实测	节理 J_1	0.06	0.12	16.7	8.3
	节理 J_2	0.16	0.3	6.25	3.3
	节理 J_3	0.24	1.5	4.2	0.67
	随机节理	/		2	
计算值		/		29.1	14.27
岩体体积		14.3 ~ 29.1			

　　由前面的计算可知Ⅱ区岩体体积节理数 J_v 为 14.3 ~ 29.1，根据岩体体积节理数与岩体完整性系数的对应关系（表 2.1），岩体的完整性指标可取值为 0.55 ~ 0.15，岩体完整性程度为较破碎–破碎。

　　通过现场钻孔取心获取了Ⅱ区的典型岩样，并将获取的岩心制成直径为 50mm，高度为 100mm 的圆柱体试样。采用饱和单轴抗压强度试验测量Ⅱ区岩体强度参数，采用轴压变形控制方法，加载速度均为 0.05mm/min。试验前需对试样进行完全饱和处理，本试验试样数量为 3 个，试验结果分别为 33.6MPa、35.9MPa、33.2MPa，平均值为 34.2MPa。

　　岩体基本质量分级根据分级因素的定量指标 R_c 的兆帕数值和 K_v，按式（2.1）计算。对于Ⅱ区，R_c 和 K_v 取值为 34.2MPa 和 0.35，代入式（2.1）计算得到 BQ 为 290.1。

　　在本章描述的工程边坡岩体中，应当依据边坡倾角、结构面及地下水实际情况对 BQ 进行修正，进而确定该边坡岩体的最终级别。

　　边坡工程岩体质量 BQ 按照式（2.2）计算，根据边坡层面结构、倾向、倾角以及地下水情况，Ⅱ区的参数选择为 $\lambda = 0.85$、$K_4 = 0.1$、$F_1 = 0.15$、$F_2 = 0.15$、$F_3 = 0$。将以上相关数值代入式（2.2）和式（2.3）得 BQ 为 280.1。根据表 2.2，确定Ⅱ区揭露的浅部工程岩体质量为Ⅳ类，较坚硬岩，岩体破碎。

由上述结果可知，震损边坡Ⅱ区浅部岩体较为破碎，受长期卸荷和地震扰动影响，节理裂隙发育，运用三维激光扫描技术识别、统计岩体结构面情况，再结合常规的岩体质量分类方法，最终确定岩体分级为Ⅳ类，结果较符合实际情况。该方法能够远程非接触式地识别统计岩体的结构面信息，尤其适合岩体破碎或坡面高陡而技术人员无法到达的危险边坡的岩体质量评价，可为其他类似工程提供参考。

2.4　岩质边坡失稳类型及特征

在边坡的演变过程中，由于受外界环境的影响，如降雨、植被、地震、人类活动等，边坡岩体很可能沿着潜在危险结构面发生滑动，当变形累积到一定程度后发生失稳。对岩质边坡来说，存在的失稳破坏类型有边坡浅层风化卸荷松弛岩土体的平面滑移、楔形滑移、倾倒破坏和圆弧形破坏（胡厚田和赵晓彦，2006；Francesca et al.，2014）。

2.4.1　平面滑移

平面滑移破坏是指沿边坡后缘陡倾裂隙拉裂张开，顺着边坡中缓倾结构面发生滑移的一种边坡失稳模式，是顺层边坡中发生最多、规模较大的一种边坡失稳方式。

2.4.1.1　破坏成因

岩质边坡的平面滑移破坏通常是滑体沿与山坡倾向大致相近的单一滑面滑移（图 2.10），滑面可以是岩体内发育的构造结构面，如岩层层面、层间软弱夹层和长大断层节理裂隙面等，缓于地形坡度，潜在危险滑裂面近似为平面，或是呈阶梯形，其中阶梯形的高度明显低于缓裂段长度，平面破坏的发生取决于顺层边坡中缓倾角结构面的发育规模（Zhang et al.，2018）。

图 2.10　平面滑移破坏（2009 年重庆鸡尾山滑坡）

相对于土质边坡，平面破坏多发生在岩质边坡当中，发生平面破坏时，其必须满足的地质条件有：

（1）滑动面应该平行或大体平行（±20°以内）于边坡坡面；

（2）滑动面必须在坡面出露，也就是说滑动面倾角必须小于边坡坡面倾角，且小于其内摩擦角；

（3）滑动面的上端要么贯穿于边坡的上部，要么与边坡上部张裂缝相交；

（4）岩体中必须存在释放面，这种释放面对岩体滑动的阻力可忽略不计，并且会成为滑体的侧面边界，或破坏沿着滑动面发生并且通过边坡凸起的"鼻坎"。

在实际计算过程中，通常采用边坡面对应的日照包络线（daylight envelope）来约束潜在滑动平面与边坡面的相对关系，确保岩体有沿自由空间滑动的可能性。即如图 2.11 所示，由日照包络线和摩擦圆围成的新月形区域即平面滑移区域，任何落在该区域内的结构面极点都表示有可能沿着该结构面发生平面破坏。

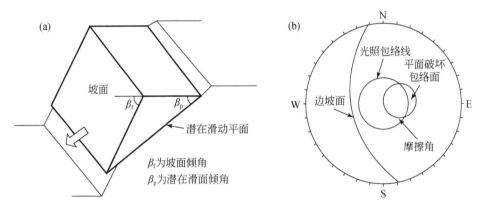

图 2.11　平面破坏

（a）平面破坏示意图；（b）平面破坏赤平投影包络图

2.4.1.2　破坏机理

当结构面为顺层结构面，其倾角小于边坡坡角的情况下，极易发生平面破坏，当边坡岩体中存在原生或次生的软弱带时，该软弱带易成为边坡中的潜在滑动面，在一定外部环境的影响下，极有可能失稳。因此，在顺层边坡中，其失稳模式主要为顺层面的平面滑移。对于顺层边坡中倾向坡外的缓倾角结构面，岩体自重作用下产生的下滑分力将成为层面上指向坡外的剪切力，使岩体沿着结构面产生剪切变形，当变形累积到一定程度将使层状岩体拉断，从而形成与层面陡交的结构面。在降雨条件下，雨水沿着各种结构面入渗，不仅软化结构面，还降低了结构面上的有效正应力，促使滑动变形破坏的发生。重力的下滑分力引发的结构面蠕动变形和雨水的入渗作用对平面滑移来说是一个恶性循环过程，蠕动变形使结构面更加松散破碎，增加了雨水的渗透路径，雨水的入渗作用降低了结构面的有效正应力，从而变相增加了下滑力，因此，顺层外缓倾角结构面是平面滑移形成的内部条件，而水的渗透作用则是外部条件和诱发因素。

2.4.2　倾倒破坏

当边坡中存在陡倾或直立的板状岩体，并且岩层走向与边坡坡面走向几乎一致时，在岩层自重应力作用下，临空岩层发生弯曲、折裂，并一层层往坡内发展的现象称为倾倒破坏，如图 2.12 所示。

图 2.12　典型倾倒破坏边坡

2.4.2.1　破坏成因

发生倾倒破坏时，边坡临空面坡度陡，岩层厚度薄，结构面发育，几乎直立。当岩层下伏基座性质软弱时，在岩层自重应力作用下，软弱基座发生压缩变形，岩层向边坡外部发生弯曲；当岩层下伏基座力学性质较好时，岩层被横向结构面切割成岩块，向坡面翻倒（周家文等，2009）。

倾倒破坏的发生的必须满足如下条件［图 2.13（a）］：

（1）潜在发生倾倒破坏的结构面必须倾向坡内，且它的倾向与边坡面倾向的夹角必须为 $150° \sim 210°$（即 $\pm 30° + 180°$）。

（2）潜在发生倾倒破坏的结构面之间必须能够发生层间滑动，即该结构面的法向量必须小于斜坡倾角与该破坏面的摩擦角之差。

如图 2.13（b）所示，以这些曲线包络的区域即倾倒破坏区，任何落在该区域内的极点都表明可能发生沿着该结构面的倾倒破坏。值得注意的是，结构面法向量倾角越小，表明结构面越陡倾，即越是陡倾角的结构面越可能发生倾倒破坏。

2.4.2.2　破坏模式

倾倒破坏是层状岩质边坡变形破坏的一种典型形式，主要包括弯曲倾倒、块状倾倒、块状–弯曲倾倒 3 种破坏模式，如图 2.14 所示。

1. 弯曲倾倒

弯曲倾倒变形主要发生在边坡坡面近乎陡直的层状岩体中，由于卸荷作用，结构面间的联结大大减弱，在自重应力作用下，层状岩体沿着陡直结构面发生正错滑移并向临空面

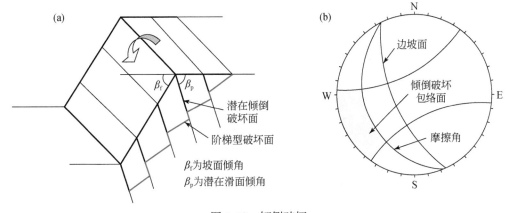

图 2.13　倾倒破坏

（a）倾倒破坏示意图；（b）倾倒破坏赤平投影包络图

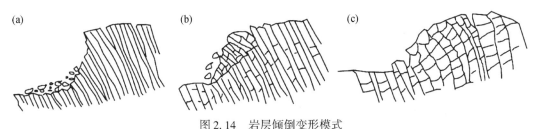

图 2.14　岩层倾倒变形模式

（a）弯曲倾倒；（b）块状倾倒；（c）块状–弯曲倾倒

倾倒变形。总体上看，弯曲倾倒为柔性变形，其破坏规模主要受边坡地质结构面和临空条件的控制，整体上属于一种稳定的变形破裂形式。弯曲倾倒变形边坡属于自稳型，边坡变形发展较慢，一旦破坏，规模通常很大。

2. 块状倾倒

块状倾倒为脆性破坏，在硬岩中，由一组不连续面与结构面垂直相交，从而形成单独的岩柱，第二组排列稀疏的垂直节理决定了岩柱的高度。坡脚处的短岩柱被其后的倾倒长岩柱施加推力使其往临空面倾倒变形，因此，坡脚处的滑动将导致进一步的倾倒变形，并往边坡更高处发展。破坏的底面一般由一个阶梯面组成，破坏过程中，失稳底面从一个交叉节理面上升到下一个交叉节理面。

3. 块状–弯曲倾倒

块状–弯曲倾倒破坏模式是指在上硬下软型的陡倾反向坡体中，下部基础岩性软弱，在自重应力作用下，发生不均匀压缩，从而使得上部岩体产生轻微倾倒的一种变形模式。在下部坡体中，有时表现出一定程度的屈曲，而上部岩体中，常沿已有中等倾坡外节理产生张剪破裂。从某种程度上，这种变形模式是一种复合模式。块状–弯曲倾倒的特点是沿着被许多交叉节理分割的长岩柱连续弯曲，以及连续岩柱的弯曲破坏导致弯曲倾倒。不同的是，这种情况下岩柱的倾倒是由交叉节理的累积变形而引起。

2.4.3　楔形滑移

失稳边坡存在着与坡面明显倾斜的两组不连续面，岩体沿着这两个面的交线发生楔形失稳，这种类型的破坏称为楔形破坏（图 2.15）。

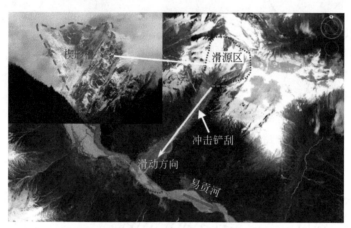

图 2.15　楔形破坏（2000 年易贡滑坡）

2.4.3.1　破坏成因

边坡发生楔形破坏时的地质条件和几何条件比平面破坏范围更广，当边坡中存在 2~3 组节理，并与临空面形成不利组合时，边坡就可能存在楔形危岩体。楔形危岩体形成以后，重力作用、风化作用以及降雨入渗作用，都可能导致节理进一步扩张、结构面软化、强度降低，从而沿结构面交线向临空面发生剪切滑移，形成楔形破坏。

在实际工程边坡中，发生楔形失稳的情形相对较少，但一旦发生楔形失稳，都具备一定规模，因此，在工程边坡的支护设计中应加以重视。发生楔形破坏的一般条件可概括为 3 点：

（1）两组结构面交线的走向应与边坡的倾斜方向相近；

（2）结构面交线的倾角必须小于坡面倾角；

（3）结构面交线的倾角必须大于结构面的摩擦角。

如图 2.16（b）所示，倾向坡外，被摩擦圆包围的新月形区域表示楔形体破坏区，落在这个区域内的任何两个结构面交叉点（图中红色点）都表明有可能发生楔形体破坏。

2.4.3.2　破坏表现形式

楔形滑动有两种破坏模式，一种是结构面由 2~3 组节理和开挖坡面构成不利组合，从而形成楔形不稳定体。一般来说，这种块体规模较小，发生概率随机，称为随机块体。另一种是至少有一组不利软弱结构面（Ⅱ~Ⅳ级结构面）参与构成不利组合，从而形成确定性块体或半确定性楔形滑移块体。

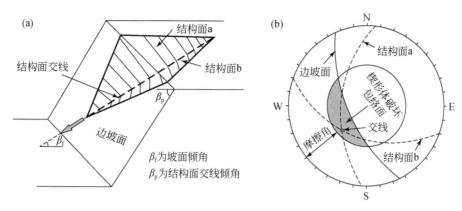

图 2.16　楔形体破坏

(a) 楔形破坏示意图；(b) 楔形破坏赤平投影包络图

2.4.4　圆弧形破坏

在裂隙发育或强风化岩体中，边坡的破坏模式不再由结构面来决定，而是沿着边坡阻力最小的滑动路径决定，这种类型的破坏称为圆弧形破坏。

2.4.4.1　破坏成因

岩质边坡的破坏主要由岩体内部的结构面来控制，如将岩体划分为若干不连续块体的层理面和节理，在这种条件下，滑动面的形态通常由一组或多组不连续结构面来决定。而在强风化或裂隙发育的岩体中，边坡的破坏模式通常为圆弧形破坏模式。

对于破碎岩质边坡，其形状类似于土体，当边坡尺寸远远大于岩块大小时，就会发生圆弧形失稳。在风化和发生过剧烈改变的岩体中，岩石间隔紧密，结构面方位随机并且不连续，也往往会发生这种方式的破坏。

2.4.4.2　滑动面形状

岩质边坡中圆弧形滑动面的形状主要由边坡的地质条件来确定，如在均质软弱或风化岩体中，往往会沿着张力裂缝从坡顶延伸到坡脚，形成一个浅层的、大半径的滑动面 [图 2.17 (a)]；与此相反，在黏土这样的高黏聚力、低摩擦的岩土体中，滑动面往往较深，半径小，并且离坡脚较远 [图 2.17 (b)]，由此可见，在风化岩体中形成的圆弧形滑动面主要是沿着靠近岩基的微倾、完整岩体截断而成。

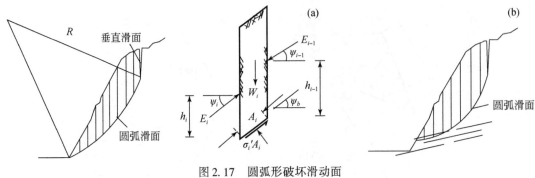

图 2.17　圆弧形破坏滑动面
（a）岩质滑坡中常见的圆弧形破坏模式；（b）土质滑坡中常见的圆弧形破坏模式

2.5　本 章 小 结

　　边坡的失稳破坏，一般都受到冻融、暴雨、人工扰动等外界激发作用，但最主要的原因来自内部结构。作为构成岩体主要部分的岩石，其内部或多或少地存在一些空洞和裂缝，影响了岩体的整体性，同时，由于不同岩体在漫长的地质时期遇到不同的构造运动，造成永久的变形和构造破坏，形成褶皱、节理、断层、裂隙等一系列不连续面，又由于各种结构面的切割，岩体性质呈现明显的不均一性。结构面规模大小不一，小的只有几毫米，大的达到几百公里，大大降低岩体的力学性能，并控制岩体的变形和破坏，在外界环境的刺激下，随时可能演化为大规模边坡失稳和滑坡。边坡工程岩体质量对施工措施的制定和边坡安全评价至关重要，采用三维激光扫描技术能够远程非接触式地识别统计岩体的结构面信息，尤其适合岩体破碎或高陡而技术人员无法到达的危险边坡的岩体质量评价。

　　岩质边坡滑动面的形态通常由一组或多组不连续结构面来决定。因此，岩体中结构面的分布及其组合特征决定了岩体的工程地质性质和力学性状，同时也构成了各类岩体工程地质问题的重要控制因素。本章简要分析了各类边坡失稳模式，介绍其失稳的成因和机理，根据各种结构面的性质从不同方面对结构面进行了分类并简要分析了各类结构面的特性及影响因素，从而使岩石边坡的失稳风险评价更接近于实际情况。

第3章 岩体结构面抗剪强度参数估算

3.1 概 述

在岩质边坡中，结构面作为边坡岩体的重要组成部分，其类型、规模、延展方向等控制着边坡的安全稳定和破坏模式。结构面的力学性质明显低于岩体本身，导致边坡的安全稳定主要受结构面所控制。结构面抗剪强度是表征结构面力学性质的重要指标之一，抗剪强度的取值决定了边坡失稳风险评价的准确与否。边坡力学参数取值研究的重点就是准确合理取得潜在滑动面的力学参数，即潜在滑动面的抗剪强度参数：黏聚力和内摩擦角（司富安等，2010）。在岩体工程中，结构面的存在对边坡及地下工程的安全稳定构成了巨大的威胁，其抗剪强度参数的合理取值对边坡安全分析的可靠性起决定性作用，进而又会对工程的设计过程、安全建设、运行管理以及投资成本产生极大影响。如何确定合理的岩体结构面抗剪强度参数一直是困扰工程师和研究人员的基础难题（许传华等，2002；周莲君等，2009）。现阶段常用的结构面抗剪强度参数估计法包括以下方面。

（1）原位试验及室内试验法：一般可划分为室内中小型直剪试验及现场大型原位试验两大部分，其试样代表性、原状性及试验数据分析方法的选择等都直接影响了试验结果（丁金刚，2003；刘明维等，2005a）。

（2）工程类比法：在试验数据量严重不足的条件下，参照如《工程岩体分级标准》（GB/T 50218—2014）、《水利水电工程地质勘察规范》（GB 50487—2008）、《建筑边坡工程技术规范》（GB 50330—2013）等行业规范或者查阅《岩体力学》、《岩石力学参数手册》等工具书，对岩体结构面力学参数通过工程类比法进行参数取值（胡卸文和黄润秋，1996；伍佑伦和许梦国，2002）。

（3）经验公式法：通过对大量室内外试验及数值模拟研究成果的归纳总结，提出适用于估算结构面强度的经验公式，主要有 Patton 剪胀公式及双线性公式、Jeager 负指数剪切强度公式、Barton 公式、Ladanyi 公式和 Jeager 公式（Jeager，1971）。在工程中主要应用的是 Barton 的 JRC-JCS 模型（刘明维等，2005b）。

（4）反演分析法：以现场测量的有关系统力学行为的物理信息量，如应变、应力等为基础，通过建立参数反演模型推算系统的初始参数的方法（杜景灿和陆兆溱，1999；吉林等，2003；赵洪波和冯夏庭，2003；梁宁慧等，2008）。

以上方法可以直接估算岩体结构面抗剪强度参数，但未考虑到结构面抗剪强度在外部条件下的变化。外部条件对结构面抗剪性能的影响大体可以分为两大类：强化效应和弱化效应。不同的外部因素影响下，结构面的抗剪力学性能演化规律大有不同，其中弱化效应主要指降雨和地震条件对岩体结构面强度参数的弱化作用。在岩土工程中，很多岩体边坡往往是由于软弱结构面中充填物含水率变化而破坏失稳的，据统计，90%以上的岩体边坡失稳与地下水有关，30%～40%的水电工程大坝失事是水的作用引起的（王继华，2006；齐云龙等，2010）。地震对岩体边坡稳定性的影响主要是通过地震荷载产生的，地震产生的拉压荷载能破坏岩体内部结构面的完整性，导致岩体整体抗剪强度降低。另外，地震荷载会改变岩体内部应力分布，导致边坡失稳。边坡的失稳模式、分布、规模取决于地震能量和边坡的物理几何特征，最典型的是2008年"5·12"汶川特大地震，其诱发了数以万计的岩质边坡失稳破坏，造成重大人员生命财产损失。本章重点研究降雨及地震条件对岩体结构面抗剪强度参数的弱化作用，确定不同含水率及岩屑含量和地震条件下力学参数的弱化规律。

3.2　结构面强度的力学特性

结构面的力学性质由多种因素决定，不仅与结构面本身的力学条件有关，还在一定程度上受外部环境的影响，抗剪强度参数是衡量岩体结构面力学性能极为重要的参数。结构面在受剪切力作用时，构成其抗剪强度的因素是多方面的，根据结构面的受力特征及破坏形式，可将结构面细分为四种：平直无充填结构面、不规则无充填结构面、非贯通断续结构面、有充填物的软弱结构面，如图3.1所示，从结构面的力学性质分类上可以看出，前三种属于刚性结构面（黄洪波，2003），第四种为软弱结构面。

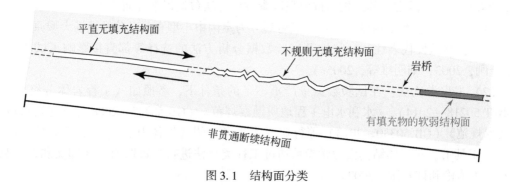

图3.1　结构面分类

3.2.1　平直无充填结构面

平直无充填结构面是结构面中最简单的一种，其表面几乎平直，粗糙起伏度低，在岩质边坡工程中，剪应力作用下形成的剪性破裂面都可以视作平直无充填结构面。其特点为结构面平直、光滑，只有微弱的风化蚀变。坚硬岩体中的剪切破裂面还发育镜面、擦痕及应力矿物薄膜等。这类结构面的抗剪强度与人工磨制面的摩擦强度接近（吉林等，2003）。对这种结构面进行直剪试验时，在垂直结构面方向施加一定法向应力，随着施加的水平剪应力的不断增大，结构面两侧的相对位移也会不断增大，剪切变形曲线如图3.2所示。

从图3.2中可以看出，在曲线的前半部分，剪切位移相对较小，应力位移曲线几乎为直线，此时岩土体处于弹性状态，随着剪应力的不断增加，大到足以克服移动摩擦阻力之

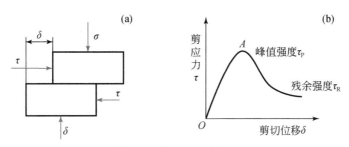

图 3.2　剪切变形示意图

（a）剪切试验示意图；（b）剪切变形曲线

后，剪应力和剪切位移开始呈现非线性关系，进入塑性状态；当剪应力达到最大值（即峰值强度 τ_P，图中的 A 点）并继续增大时，剪切位移突然增大，表面试件已沿结构面破坏，此时，位移继续增加，但剪应力逐渐降低，最终趋于一定值，即岩土体的残余强度 τ_R。

平直无充填结构面的抗剪强度可分别用两个公式来表达，其中峰值剪切强度为式（3.1），残余剪切强度为式（3.2）。

$$\tau_P = c_P + \sigma \tan\varphi_P \tag{3.1}$$

$$\tau_R = \sigma \tan\varphi_R \tag{3.2}$$

式中，σ 为结构面上的正应力；c_P 为峰值黏聚力；φ_P 为峰值内摩擦角；φ_R 为残余内摩擦角，对于材料性质相同的结构面，通常有：$\varphi_R < \varphi_P$。

3.2.2　不规则无充填结构面

平直无充填结构面在实际工程岩体中并不多见，在实际工程中，结构面由于受历史地质作用，大多具有一定的粗糙起伏度、表面不规则、平整性差。粗糙节理面剪切强度主要由三部分组成：接触面上的黏聚力、爬坡角和突起处剪断阻力。针对这种不规则无充填的刚性结构面，国内外学者已进行了大量的研究工作，并提出了若干经验或半经验公式（陶振宇等，1992；Jeong-gi，1997）。

1. Patton 剪胀公式

Patton（1966）认为，当法向应力较低时，不规则结构面的两侧岩体会沿着结构面水平方向滑移，同时在法向方向也势必产生一定位移，即发生结构面的剪胀现象。在这种情况下，结构面的抗剪强度可用如下公式表示：

$$\tau = \sigma \tan(\varphi_b + i) \tag{3.3}$$

式中，φ_b 为结构面的内摩擦角；i 为剪胀角。

随着法向应力的逐渐增加，直到超过结构面上突起的抗剪强度时，结构面上的锯齿状突起被剪断，从而发生剪切破坏，由此可以看出，这种情况下，结构面的抗剪强度主要由结构面两侧岩体的抗剪强度所决定，即

$$\tau = \sigma \tan\varphi + c \tag{3.4}$$

式中，φ 为两壁岩石的内摩擦角；c 为两壁岩石的黏聚力。

2. Barton 公式

自然界岩体中绝大多数结构面的粗糙起伏形态是不规则的，Barton 根据大量试验数据，提出了不规则无充填结构面峰值强度的计算公式。

当正应力水平较低或中等时：

$$\tau = \sigma \tan \left[\mathrm{JRC} \cdot \lg \left(\frac{\mathrm{JCS}}{\sigma} \right) + \varphi_b \right] \tag{3.5}$$

当正应力水平较高时：

$$\tau = \sigma \tan \left[\mathrm{JRC} \cdot \lg \left(\frac{\sigma_1 - \sigma_2}{\sigma} \right) + \varphi_b \right] \tag{3.6}$$

式中，JRC 为结构面粗糙度系数，其取值可对照 Barton 提出的典型曲线对比图选取，$\mathrm{JRC} \in (0,20)$；JCS 为结构面两壁表面岩石的抗压强度；φ_b 为残余摩擦角；σ 和 τ 为结构面上的正应力和抗剪强度。

3.2.3 非贯通断续结构面

在实际工程岩体中，结构面并非都是贯通的，对于非贯通的断续结构面，其抗剪强度由结构面和岩桥共同决定。假定结构面上的应力是均匀分布的，据 Jennings（1970），剪切作用下的非贯通裂缝抵抗剪切破坏时的强度计算公式为

$$\tau = k(c_j + \sigma_n \tan \varphi_j) + (1-k)(c_r + \sigma_n \tan \varphi_r) \tag{3.7}$$

式中，τ 为结构面整体抗剪强度；c_j、φ_j 为裂隙的黏聚力与内摩擦角；c_r、φ_r 为岩桥的黏聚力和内摩擦角；σ_n 为裂隙法向应力；k 为贯通率。

Jennings 准则还可以被表示为

$$\sigma_1 = \frac{(2/\sin 2\beta)\left[kc_j + (1-k)c_r \right] + \sigma_2 \{1 + \left[k\tan\varphi_j + (1-k)\tan\varphi_r \right] \cot\beta\}}{1 - \tan\beta \left[k\tan\varphi_j + (1-k)\tan\varphi_r \right]} \tag{3.8}$$

Ladanyi 和 Archambault（1970）把影响峰值强度的各种因素综合起来，推导出有岩桥的结构面的峰值剪切强度公式：

$$\tau = \frac{\sigma(1-\alpha_s) \cdot (V + \tan\varphi_b) + \alpha_s \tau_r}{1 - (1-\alpha_s)V\tan\varphi_b} \tag{3.9}$$

式中，σ 为结构面上的正应力；α_s 为被剪断的凸起体的面积占结构面总面积的比率；V 为峰值剪切应力下的剪胀率；τ_r 为岩壁的剪切力；φ_b 为滑动表面的内摩擦角；

从上述公式中可以看出，非贯通断续结构面的抗剪强度相对贯通不规则结构面高，但在实际工程当中，结构面的强度特性要复杂地多，其应力并非均匀分布，结构面的剪切受力情况也较复杂。

3.2.4 有充填物的软弱结构面

对于具有一定充填厚度的软弱结构面，其抗剪强度主要由结构面粗糙起伏度、充填物质的厚度及其物理力学性质所决定。因此，结构面的力学性质主要取决于充填物本身的力学性质、结构面两侧岩石的力学性质以及结构面壁的粗糙起伏度等（Wang et al., 1998）。

根据填充物的胶结情况，可以将结构面分为胶结结构面和非胶结结构面，二者呈现的力学效应大不相同。

1. 胶结结构面

胶结结构面根据胶结物成分的不同，可分为泥质胶结结构面、溶盐类胶结结构面、钙质胶结结构面、铁质胶结结构面和硅质胶结结构面。其中泥质胶结结构面的强度最低，遇水时强度明显降低；硅质胶结结构面的强度最高，力学性质相对较稳定；硅质胶结结构面和部分钙质胶结结构面的力学性质与平直无充填结构面较为相似，都可用 JRC-JCS 模型估算其强度（Seidel and Haberfield, 1995）。由此可见，随着胶结物成分的不同，胶结结构面的力学性能有很大差异。

2. 非胶结结构面

非胶结结构面分为有充填物的结构面和无充填物的结构面。对于无充填物的结构面，其强度主要取决于结构面两侧岩石的力学特性及结构面自身的粗糙起伏度。对于充填结构面，其强度不仅取决于充填物和结构面两侧岩石的力学性质，还取决于充填物的成分和厚度，充填物强度越高，结构面的力学性能越好，充填厚度越低，结构面强度越高。

3.3　影响岩体结构面抗剪强度的因素

3.3.1　刚性结构面的表面形态

对于刚性结构面来说，表面形态是控制结构面力学性能的决定性因素。天然裂隙的表面形态是不同起伏度和粗糙度的组合，结构面的表面形态可用起伏度和粗糙度来衡量，用以表征结构面的形态和结构面本身形状，如图 3.3 所示。

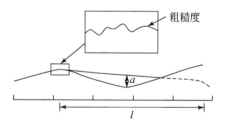

图 3.3　结构面的起伏度与粗糙度

起伏度通常用爬坡角或起伏角表示，包括起伏波的幅度和长度。起伏波的幅度是指相邻两波峰连线与其下波槽的最大距离 a，起伏波的长度是指两相邻波峰之间的距离 l，是影响结构面力学性质的主要因素。粗糙度是岩体结构面表面最小一级的粗糙起伏形态，表征小规模的不规则凹凸点，当发生剪切位移时，这些不规则凹凸点将被剪坏，可以用壁岩的残余摩擦角 φ_R 来表示。对于刚性结构面及充填度较小的软弱结构面来说，结构面的表面形态越粗糙、起伏度越大，当作用有剪切应力时，结构面的咬合作用越明显，抗剪能力越高，越有利于结构面的稳定。

3.3.2　非贯通结构面的贯通率

结构面的贯通率是评价岩体质量等级的重要指标之一，反映了岩体的完整性与破碎程度。对于非贯通结构面，除了裂隙的粗糙度和起伏度外，岩桥（即非贯通部分）的长度也是决定结构面抗剪强度的重要因素之一，如图 3.4 所示。岩桥是结构面中未被破坏的岩石，其力学性质与岩体本身相同，其抗剪强度通常远大于结构面。因此岩桥的存在会提高结构面的整体抗剪强度，岩桥越长则结构面的完整性越好，抗剪强度越高。

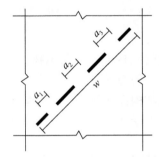

图 3.4　岩体裂隙、岩桥示意图

贯通率是结构面中裂隙的占比，其公式如下：

$$k = \frac{\sum a_i}{w} \qquad\qquad (3.10)$$

式中，k 为结构面的贯通率；$\sum a_i$ 为结构面裂隙总长；w 为结构面总长。k 越大，说明结构面越破碎，岩体整体性越差。

3.3.3　地震作用

地震施加给岩体的动荷载通常可分为水平方向与竖直方向。对于刚性结构面，地震会导致岩体在较短时间处于循环的拉压状态，对结构面具有较大的破坏作用，主要体现在三个方面：①地震的附加荷载改变了岩体原本较稳定的应力状态，使岩体处于拉压循环状态，降低了岩体的稳定性；②地震荷载作用下，非贯通连续结构面的岩桥被破坏，导致结构面被贯通，进而使结构面抗剪强度参数降低；③地震荷载破坏了结构面裂隙中的凹凸点，降低了结构面的咬合力，进而降低了抗剪强度。对于软弱结构面，除了上述原因以外，强烈的地震还可能会导致结构面内的软弱填充物液化，从而降低结构面抗剪强度（周家文等，2007）。

3.3.4　水的作用

1. 刚性结构面

水对刚性结构面的弱化作用主要通过一系列的物理的、化学的、力学的作用过程导致岩体发生变形破坏。由于随机分布的节理裂隙、断层等软弱面或不连续面等结构面的存在，岩体失去连续性而表现为非线性大变形的力学特性。这些裂隙在水的长期浸泡作用下，岩体化学成分将被溶烛，岩体性质大大劣化，对岩体的力学性能产生重要影响，同时水或者含某些溶液导致岩体发生化学反应，主要包括溶解作用、沉淀作用、水解作用、水化作用、吸附作用、氧化还原作用以及碳酸化作用等，其中水溶液的成分及化学性质、流动状态和温度、岩石的矿物与胶结物的成分及亲水性质、结构、裂隙裂纹的发育状况及透水性在其中起关键性作用（刘文平等，2005；谢小帅等，2019）。

虽然水对刚性岩体的力学性能有较大的影响，但由于刚性结构面体的强度较高，相对而言，稳定性影响并不明显，同时由于其化学反应的作用，一定程度适应岩体的变形，即一定程度上抑制岩体的破裂，对岩质边坡稳定性危害相对较小。但是，如果岩体长期处于水中，由于水的软化作用，形成泥化效应，刚性结构面也会转变为软弱结构面。经过漫长的地质作用，坚硬的岩体在地下水、温度、地应力以及相应的化学作用下，其内部或多或少地存在大小各异的节理、裂缝、断层、褶皱等结构面，产生穿透裂纹、表面裂纹、埋藏裂纹等各种裂隙。水的作用对这类刚性结构面都有一定程度的劣化作用。

2. 软弱结构面

水对软弱结构面抗剪强度的影响主要表现在对结构面充填物质的软化以及对岩石表面摩擦系数的影响（柴贺军等，2001）。对填充物质的软化主要体现在两个方面：①软化夹层物质，使其强度显著降低，恶化岩壁和夹层的物理力学性质；②沿岩体裂隙形成渗流，从而使结构面内部孔隙水压力升高，因此降低了结构面上的有效正应力，减小抗滑力，从而削弱了岩体结构面的抗剪强度。对岩石表面摩擦系数的影响包括：①改变岩石表面矿物颗粒间的摩擦性能；②降低各晶体的表面能以及晶体的强度；③在岩体内部产生孔隙水压力，在特定情况下，由于滑动硬化壳的形成，水可有效改变岩体的失稳模式。

对于边坡岩体中的软弱结构面，除了要研究它们的几何形态、结合状况、空间分布和填充物质等方面，还要特别注意在水作用下，软弱结构面的物质组成、厚度、微观结构、在地下水作用下工程地质性质（潜蚀、软化）的变化趋势、受力条件和所处的工程部位，以及它们的力学性质指标等，并对其进行专门的试验研究，定量分析评价水作用下软弱结构面的强度参数的演化规律。

3.4　软弱结构面抗剪强度遇水软化

岩壁和夹层的物理力学性质的恶化作用，主要是指水的渗入对岩壁和夹层物质的软化作用，从而导致结构面抗剪强度参数的显著降低；沿岩体裂隙形成渗流，水压力的存在使结构面岩体的有效应力降低，导致结构面岩壁抗剪强度降低，易于变形和破坏。本章以锦屏 I 级水电站 F_2 断层灌浆后黑色炭化片岩为例，基于岩块压缩试验数据和 Hoek-Brown 强度准则，采用数据拟合的思路提出地质强度指标 GSI 的取值方法，并结合 Mohr-Coulomb 准则建立断层岩体抗剪强度参数的估算公式。该方法不仅可以估算天然状态，还能估算饱水状态下断层岩体的抗剪强度参数，针对缺乏现场力学实验和地质信息的情况，为断层岩体抗剪强度参数的估算提供了一种新途径。

3.4.1　计算方法

Mohr-Coulomb 准则和 Hoek-Brown 强度准则作为目前确定岩体力学参数的两种常用方法，均有不同的适用范围。Mohr-Coulomb 准则主要用于表征岩石所处应力状态与岩石破坏的关系，其表示当应力状态越接近极限应力状态时，其发生破坏的可能性越高，并且该理论主要表征岩石某个特定面上受到的正应力与剪应力达到临界状态时二者的关系。而 Hoek-Brown 强度准则通过考虑岩体的地质力学性质，建立不同的力学参数 m_b、s、a、D 来反映工程的实际情况，从而建立出最大主应力 σ_1 和最小主应力 σ_3 二者之间的关系式，最后通过 Mohr-Coulomb 准则建立起岩体强度参数黏聚力 c 与内摩擦角 φ 的数学表达式。

3.4.1.1　Mohr-Coulomb 准则

在强度理论中，当岩石所处的应力状态越接近极限应力状态时，其发生破坏的可能性越高。众多强度理论中，Mohr-Coulomb 准则是岩石力学中应用最广泛的强度理论之一，该理论认为岩石不在简单的应力状态下发生破坏，而是在不同的正应力和剪应力组合作用下，才能使其丧失承载能力（张月征等，2014）；或者说当岩石某个特定的面上受到的正应力与剪应力达到一定数值时即发生破坏（图 3.5），岩石的强度值与中间主应力的大小无关。

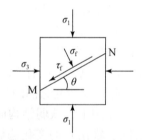

图 3.5　临界应力状态受力图

如图 3.5 所示，破坏面 MN 上剪切应力 τ_f 和法向应力 σ_f 之间应当满足下面的数学表达式：

$$\tau_f = c + \sigma_f \tan\varphi \tag{3.11}$$

式中，τ_f 为法向应力 σ_f 作用下的极限剪应力，MPa；c 为岩石的黏聚力，MPa；φ 为岩石的内摩擦角，°。

由式（3.11）可以看出，岩石的破坏状态只发生在大小主应力 σ_1 和 σ_3 作用的平面内，而与垂直于此平面的中主应力无关。该公式同样可以用 Mohr 应力圆与强度包络线的几何关系表示，如图 3.6 所示。

$$\sigma_1 = \frac{1+\sin\varphi}{1-\sin\varphi}\sigma_3 + \frac{2c\cos\varphi}{1-\sin\varphi} \tag{3.12}$$

由式（3.12）可知，处于临界状态的应力单元体，其最大主应力 σ_1 与最小主应力峰值 σ_3 线性相关，因此在进行岩石试样的三轴压缩试验中，可以采用线性来拟合压缩试验的计算结果，从而得出岩样的强度力学参数黏聚力 c（MPa）和内摩擦角 φ（°）。

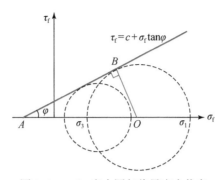

图 3.6　Mohr 应力圆与临界应力状态

3.4.1.2　Hoek-Brown 强度准则

Hoek-Brown（H-B）强度准则是由 Hoek 和 Brown（Hoek and Borown，1997；Hoek et al.，2002）于 1980 年首次提出，是估计完整岩石或节理岩体剪切强度的半经验公式，现已成为岩体强度预测与稳定性分析领域应用最广泛的准则之一。最新的 Hoek-Brown 强度准则是建立在地质强度指标 GSI 基础上的，对于节理岩体，Hoek-Brown 强度准则定义（吴顺川等，2006；盛佳和李向东，2009）如下：

$$\sigma_1 = \sigma_3 + \sigma_{ci}\left(m_b\frac{\sigma_3}{\sigma_{ci}} + s\right)^a \tag{3.13}$$

式中，σ_1 为破坏时的最大有效主应力，MPa；σ_3 为破坏时的最小有效主应力（或三轴试验中的围压），MPa；σ_{ci} 为完整岩块的单轴抗压强度，MPa；m_b 为岩体的 Hoek-Brown 常数；s 为与岩体特性有关的材料常数，反映岩体的破碎程度，其取值范围为 $0\sim1$；a 为表征节理岩体的常数，其取值范围一般为 $0.50\sim0.67$；σ_c 为岩块试样室内试验的单轴抗压强度，$\sigma_c = \sigma_{ci}\cdot s^a$，MPa。

m_b、s、a 的估计公式如下：

$$m_b = m_i\exp\left(\frac{GSI-100}{28-14D}\right) \tag{3.14}$$

$$s = \exp\left(\frac{GSI-100}{9-3D}\right) \tag{3.15}$$

$$a = \frac{1}{2} + \frac{1}{6}(e^{-GSI/15} - e^{-20/3}) \tag{3.16}$$

式中，m_i 为取决于岩体性质的材料常数，反映岩石的软硬程度，取值范围一般为 $5\sim40$；D 为岩体在爆破损伤或应力松弛扰动作用下的影响程度，未受扰动的岩体取 $D=0$，严重扰动取 $D=1$；GSI 为节理岩体的地质强度指标，由经验综合确定。

3.4.1.3　抗剪强度参数估算

由式（3.14）～式（3.16）可知 m_b、s、a 的估计公式均与 GSI 值的选取密切相关，因此选取合理的 GSI 值是用好 Hoek-Brown 强度准则的关键。从物理意义上看，参数 σ_{ci} 和 m_i 表征岩体中完整岩石的强度，而 GSI 则基本反映岩体结构面的强度特征，宏观上可以描述为室内岩石试样存在的层面特性。得出相对准确的 GSI 的核心是细致的岩体工程地质素描，确定岩体 GSI 值主要的两个基本条件为岩块的块度和不连续面的状况，但在进行室内试验时往往对上述两个参数了解不足，因此如何根据室内试验结果来推求 GSI 值很有必要进行研究。

在室内试验中，岩体力学参数确定往往只借助于 Mohr-Coulomb 准则来对试验数据进行处理，往往单纯的试验数据很难采用 Hoek-Brown 强度准则，主要是由于具体工程地质参数 m_b、GSI、a 难于选取。因此本书希望找到一种研究思路，通过三轴压缩试验的试验数据来反演出地质强度指标 GSI，从而借助于 Mohr-Coulomb 准则来得出岩体的抗剪强度参数：黏聚力 c 和内摩擦角 φ。之所以能够采用该思路主要是由于 Mohr-Coulomb 准则和 Hoek-Brown 强度准则方程曲线吻合（巫德斌和徐卫亚，2005；刘亚群等，2009），两者可以进行拟合处理，如图 3.7 所示。

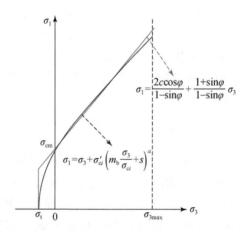

图 3.7　Mohr-Coulomb 准则和 Hoek-Brown 强度准则曲线

由图 3.7 可知，σ_t 为岩石的抗拉强度，MPa；σ_{cm} 为岩体的整体强度，MPa；σ_{3max} 为岩体的最小主应力的上限值，MPa。

在边坡工程中，使用 Hoek-Brown 岩体强度估算公式如下：

$$\frac{\sigma_{3max}}{\sigma_{cm}} = 0.72 \left(\frac{\sigma_{cm}}{\gamma H} \right)^{-0.91} \tag{3.17}$$

式中，H 为边坡的坡高，m；γ 为岩石边坡的容重，MN/m^3。

由图 3.7 可知，可用直线近似地拟合岩体所遵循的 Hoek-Brown 强度准则，公式如下：

$$\sigma_1 = k\sigma_3 + \sigma_{cm} \tag{3.18}$$

由图 3.7 中 Mohr-Coulomb 准则的公式可知：

$$k = \frac{1 + \sin\varphi}{1 - \sin\varphi} \tag{3.19}$$

$$\sigma_{cm} = \frac{2c\cos\varphi}{1 - \sin\varphi} \tag{3.20}$$

因此，由式（3.19）和式（3.20）可以反推出 Mohr-Coulomb 准则的等效黏聚力 c 和内摩擦角 φ，公式如下：

$$c = \frac{\sigma_c \left[(1+2a)s + (1-a)m_b \sigma_{3n} \right] (s + m_b \sigma_{3n})^{a-1}}{(1+a)(2+a)\sqrt{1 + \left[6am_b (s + m_b \sigma_{3n})^{a-1} \right] / (1+a)(2+a)}} \tag{3.21}$$

$$\varphi = \sin^{-1} \left[\frac{6am_b (s + m_b \sigma_{3n})^{a-1}}{2(1+a)(2+a) + 6am_b (s + m_b \sigma_{3n})^{a-1}} \right] \tag{3.22}$$

式中，σ_{3n} 为岩体最小主应力 σ_{3max} 与岩体单轴抗压强度的比例系数，$\sigma_{3n} = \sigma_{3max} / \sigma_{ci}$；$\sigma_c$ 为岩块室内单轴抗压强度。

采用 Hoek-Brown 强度准则确定岩体的强度参数黏聚力 c 和内摩擦角 φ 的关键在于确定该准则的强度曲线，而通过岩体地质参数 m_b、s、a 的计算公式可知，在所有的地质参数中最不容易确定的地质参数就是 GSI 值的大小，因此，如何求解 GSI 值为计算岩体强度参数的关键。根据 Hoek-Brown 强度准则曲线与 Mohr-Coulomb 准则曲线的高度吻合性，可以通过室内三轴压缩试验来拟合出 Hoek-Brown 的强度曲线，反演出地质强度指标 GSI，从而确定 Hoek-Brown 准则中的参数，最终求出岩体的强度参数：黏聚力 c 和内摩擦角 φ。之后，根据岩体饱水时的单轴抗压强度，并采用前面拟合计算出的参数，同样可以估算出饱水岩体的抗剪强度参数。

3.4.2　应用实例

3.4.2.1　断层岩体特征

锦屏 I 级水电站位于四川凉山州盐源县、木里县交界的雅砻江上，大坝为混凝土双曲拱坝，坝顶高程为 1885m，最大坝高为 305m，装机容量为 3600MW，年发电量为 167.85 亿 kW·h。水电站坝址区域岩体破碎，对坝基岩体承载力影响较大的断层较多，尤其是左岸坝基岩体，主要影响断层包括 F_2、F_5（F_8）、F_9、F_1、X 煌斑岩脉等（郝明辉等，2013；杨宝全等，2015）。这些不利的地质缺陷将对拱坝和坝基变形产生较大的影响，为满足拱坝强度和变形稳定的要求，对拱坝左岸抗力体实施固结灌浆是必要的。为了对主要断层进行加固处理，采用高压水泥化学复合灌浆进行处理，本章主要研究 F_2 断层破碎岩体中黑色炭化片岩灌浆处理后天然和饱水两种状态下的抗剪强度参数，图 3.8 给出了黑色炭化片岩灌浆处理前后的对比情况。

由图 3.8（a）可知，灌浆前黑色炭化片岩非常破碎，几乎无法取样，其强度非常低，难以进行室内试样。而经过化学灌浆处理后，由于化学浆液可注性非常好，浆液黏度低，能注入岩体的细微裂隙中，如图 3.8（b）所示，灌浆后的黑色炭化片岩相对比较密实。通过对灌浆后黑色炭化片岩进行细观特征分析表明灌浆相对比较充分，取岩样做成 1cm×1cm 的薄层进行偏光显微试验，检测结果如图 3.9 所示。

由图 3.9 可知，化学浆液有效充填了结构面微小孔隙，并且与岩石产生了很好的连接，岩石的完整性得到了较大改善。由岩体细观特征知，其强度得到了一定的提高，因此可以对灌浆后的黑色炭化片岩进行钻孔取样并进行室内三轴压缩试验。

图 3.8　F$_2$断层岩体灌浆前后对比

(a) 灌浆前；(b) 灌浆后

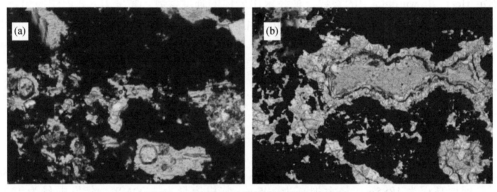

图 3.9　灌浆后黑色炭化片岩细观特征

(a) 充填少；(b) 充填多

3.4.2.2　天然岩体抗剪强度参数

断层岩体的抗剪强度是相关稳定计算的基础，获得岩体力学参数的准确方法是进行现场大型试验，但其工程浩大、费用高昂，一般情况下只做室内试验。三轴压缩试验所需要的试样比较多，因此只对灌后天然黑色炭化片岩进行室内三轴压缩试验，试样为圆柱形，高为 100mm、直径为 50mm，室内三轴压缩试验的围压范围选择为 2MPa、5MPa、10MPa、15MPa 这 4 个等级。

F$_2$断层位于大坝左岸边坡处，边坡的开挖及爆破几乎对其黑色炭化片岩没有干扰，因此扰动系数 D 可取为 0。另外，对于标准片岩的岩体性质的 m_i 为 10，由于采取化学灌浆处理手段，炭化片岩的硬度得到了一定的提高，可取岩体的 m_i 为 10.5。试验测得岩块的单轴抗压强度 σ_c 为 24.7MPa，利用前面提出的经验公式对岩块三轴压缩试验数据进行非线性拟合，图 3.10 为黑色炭化片岩试样的抗压强度 σ_1 随着围压 σ_3 变化的回归分析结果。

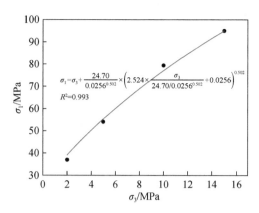

图 3.10 天然岩块主应力 σ_1 与围压 σ_3 的关系及拟合曲线

由图 3.10 的拟合结果知，拟合度为 0.993，表明拟合的程度比较高，拟合的结果相对比较可靠。根据拟合出来的方程，得知参数 m_b、s、a 值及反演出的相应 GSI 值如表 3.1 所示。

表 3.1 Hoek-Brown 强度准则拟合参数

参数	m_b	s	a
拟合值	2.524	0.0256	0.502
GSI 反演值	60.09	67.01	64.83

由表 3.1 可知 GSI 值相对比较高，这与选取试样的特殊性有关，为了尽量保证工程安全，对拟合出的 GSI 取小值，因此选取 GSI 值为 60。上覆岩体的容重可取为 26kN/m³，Hoek-Brown 强度准则中每一个参数均已被赋值，因此可以利用该准则对左岸边坡 F_2 断层灌浆后天然黑色炭化片岩强度参数进行估算，计算结果见表 3.2。

表 3.2 天然岩体的强度参数

方法	Hoek-Brown 强度准则相关参数			抗剪强度参数	
	GSI	m_i	D	c/MPa	φ/(°)
估算方法	60	10.5	0	0.935	40.15
工程岩体取值（郝明辉等，2013）	–	–	–	1.490	41.99

由表 3.2 可知，水泥-化学灌浆后，黑色炭化片岩的内摩擦角为 40.15°，达到了工程要求 $\varphi > \tan^{-1}(0.80) = 38.66°$，而黏聚力 c 提高至 0.935MPa，也满足设计要求（$c > 0.80$MPa），但略小于其工程岩体参数取值（郝明辉等，2013）。

3.4.2.3 饱水岩体抗剪强度参数

在黑色炭化片岩饱水之后，该岩石表现出一定的软岩特性，塑性性质较为明显。在饱水情况下，单轴压缩试验得出其单轴抗压强度 σ_c 为 18.31MPa，结合其天然状态下单轴抗压强度为 24.7MPa，可得出其软化系数为 0.74。

根据 Hoek-Brown 强度准则的参数 m_b、s、a 值的定义知：饱水后反映岩体破碎程度的材料常数 s 与表征节理岩体的常数 a 均不改变，而代表岩体软硬程度的材料常数 m_i 可能会改变。针对 Hoek-Brown 强度准则，m_i 值根据软化系数考虑折减和不折减两种情况，分别估算得到黑色炭化片岩饱水后的抗剪强度参数，计算结果如表 3.3 所示。

表 3.3　饱水断层岩体抗剪强度参数估算结果

折减系数	Hoek-Brown 强度准则相关参数			抗剪强度参数估算值	
	GSI	m_i	D	c/MPa	φ/(°)
1.00	60	10.5	0	0.812	37.90
0.74	60	7.77	0	0.759	35.31

由表 3.3 可知，当不考虑岩体的软化效应时（仅考虑岩块单轴抗压强度的降低），黑色炭化片岩的内摩擦角从 40.15° 降低为 37.90°，而黏聚力从 0.935MPa 降低至 0.812MPa；当考虑饱水岩体的软化效应时（同时考虑岩体饱水后有一定的软化），断层岩体的内摩擦角从 40.15° 降低为 35.31°，而黏聚力从 0.935MPa 降低至 0.759MPa。由计算结果可知，灌浆后断层岩体饱水后其抗剪强度参数有明显的降低，这主要是由于饱水后岩体内部的应力状态和结构发生了改变（刘彬和聂德新，2006），饱水后断层岩体抗剪强度参数的降低给工程结构安全稳定带来了一定的隐患。

3.5　地震作用下刚性结构面抗剪强度参数变化

地震产生的动态荷载能使原本非贯通的结构面被贯通，导致结构面抗剪强度降低，本节基于拟静力法、断裂准则以及 Jennings 准则探讨非贯通结构面在地震荷载作用下的裂隙开展及抗剪强度参数弱化过程。

3.5.1　计算方法

3.5.1.1　拟静力法

地震波在地层中传播时，岩土体质点产生垂直向和水平向的加速运动。为了把加速运动问题简化为静力问题进行分析，力学家假定了惯性力的概念。根据牛顿第二定律，该惯性力为 $F=ma$，这就是拟静力法的由来。其实质是将地震动作用简化为施加在计算条块重心上的水平、竖直方向的恒定加速度作用，其大小通常用地震系数 k_h、k_v 表示，作用方向取最不利于坡体稳定的方向。水平、竖向地震力等于水平、竖向地震系数乘以其重量，即

$$F_h = k_h W = \frac{\alpha_h}{g} W \tag{3.23}$$

$$F_v = k_v W = \frac{\alpha_v}{g} W \tag{3.24}$$

式中，α_h 和 α_v 为水平方向和竖直方向的地震系数，根据唐世雄等（2020），其取值可见表 3.4。

表 3.4　设计地震动峰值加速度和抗震设防烈度对应关系

参数	抗震设防烈度					
	6	7		8		9
α_h	0.05g	0.10g	0.15g	0.20g	0.30g	0.40g
α_v	0	0		0.10g	0.17g	0.025g

3.5.1.2　裂隙开展长度

岩体中随机分布着大量的不均匀的节理裂隙，是一种不连续的介质，如果单纯将其中的裂纹简化并将岩体视为简单的等效介质，而采用材料力学来解决裂隙岩体的失稳断裂问题，显然是不科学的。而断裂力学研究的内容是裂纹的发生、扩展、贯通乃至破坏，所以可以采用断裂力学的观点去解决岩体内部裂纹的扩展贯通问题。就裂纹在岩体或其他构件中的位置而言，主要可以分为：穿透裂纹、表面裂纹和深埋裂纹。若按照裂纹在外力作用下的受力状态和扩展方式可分为三种基本类型，Ⅰ型：张开型；Ⅱ型：滑开型；Ⅲ型：撕开型，如图 3.11 所示。

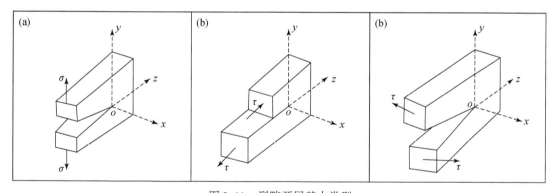

图 3.11　裂隙开展基本类型

（a）Ⅰ型：张开型；（b）Ⅱ型：滑开型；（c）Ⅲ型：撕开型

对于岩体结构面的破坏，通常属于Ⅱ型：滑开型，此时裂纹受到垂直于裂纹前缘而平行于裂纹面的剪切应力作用，使得裂纹上下两表面沿 x-z 平面相对滑开，如图 3.11（b）所示。根据 Kemeny（2005）的研究结果，当裂隙宽度大于岩桥宽度时，其Ⅱ型裂纹应力强度因子可以表示为

$$K_{\text{Ⅱ}} = \frac{\tau_e 2w}{\sqrt{\pi a}} \tag{3.25}$$

式中，$K_{\text{Ⅱ}}$ 为第Ⅱ型破坏的强度因子；τ_e 为作用于结构面裂隙的有效剪应力；w 为结构面总长的一半，a 为岩桥宽度的一半，则裂隙长度为 $2w-2a$。

根据丁瑜等（2014）研究成果，对于宽度为 $2b=2w-2a$ 的裂隙（端点为 $\pm b$），当滑移剪切向岩桥扩展时，在一定的应力条件下，假设沿着两端产生长度为 δ 的裂纹扩展后达到稳定，其稳定条件为点（$-b-\delta$）、（$b+\delta$）处应力强度因子为零，即

$$K_{\mathrm{II}}\left\{\begin{matrix}-b-\delta\\b+\delta\end{matrix}\right\}=0 \qquad (3.26)$$

根据 Prudencio 和 Van Sint Jan（2007），在点（$-b-\delta$）、（$b+\delta$）的剪切裂纹应力强度因子可以表示为

$$K_{\mathrm{II}}\left\{\begin{matrix}-b-\delta\\b+\delta\end{matrix}\right\}=-\sqrt{\frac{2}{\pi(2w+2\delta)}}\int_{-b-\delta}^{b+\delta}\tau\left(\frac{b+\delta-x}{x+b+\delta}\right)\mathrm{d}x \qquad (3.27)$$

联立式（3.26）和式（3.27）可求解裂隙开展长度 δ：

$$\delta=\frac{(1-\sin t)b}{\sin t} \qquad (3.28)$$

式中，δ 为裂隙开展长度；b 为裂隙长度的一半；t 为系数，且 $t=\dfrac{2\pi\tau_{xy}}{\tau_{\mathrm{f}}}$。

裂缝开展后的连通率 $k'=(2b+\delta)/2w$，根据 Jennings 准则和式（3.7）可计算出在非贯通断续结构面在裂缝开展后的结构面整体抗剪强度 τ' 以及结构面整体安全系数 $F=\dfrac{\tau'}{\tau_{xy}}$。

3.5.2 应用实例

2014 年 8 月 3 日 16 时 30 分，云南省昭通市鲁甸县发生 6.5 级地震，造成鲁甸县火德红乡李家山村和巧家县包谷垴乡红石岩村交界的牛栏江干流上的右岸山体（红石岩）崩塌、滑坡并形成堰塞湖。崩塌后的残留体表面结构破碎，主要受三组结构面影响，如图 3.12 所示。

图 3.12　红石岩滑坡与结构面示意图

3.5.2.1 初始状态

红石岩山体主要由紫红色粉砂岩、黑色碳质灰岩和白云岩组成。现对其结构面（J_1）进行地震荷载作用下的稳定性分析。取红石岩岩体内部的一个二维正方形块体进行研究，如图3.13所示。

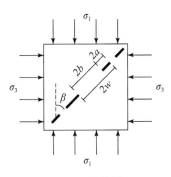

图3.13 计算模型

图3.13中，$2w$ 为研究单元总长度，$2a$ 为裂隙总长度，$2b$ 为岩桥总长度，β 为结构面与竖直方向夹角，σ_1 为竖直方向应力，σ_3 为水平方向应力（$\sigma_1 > \sigma_3$）。研究单元几何参数设定见表3.5，岩体力学参及受力条件见表3.6。

表3.5 研究单元几何参数

参数	数值
$2w/m$	1
$2a/m$	0.3
$2b/m$	0.7
k	0.3
$\beta/(°)$	30

表3.6 岩体力学参数及受力条件

参数	数值
c_j/kPa	10
$\phi_j/(°)$	15
c_r/kPa	60
$\phi_r/(°)$	35
$\gamma/(kN/m^3)$	2650
σ_1/kPa	400
σ_3/kPa	220

其中，c_j 和 φ_j 分别为裂隙的黏聚力和内摩擦角，c_r 和 φ_r 分别为岩桥的黏聚力和内摩擦角；

初始 σ_1 和 σ_3 的值已满足式（3.8），岩体此时处于稳定状态。

双向应力 σ_1 和 σ_3 作用于结构面上的正应力 σ_{yy} 和切应力 τ_{xy} 分别为

$$\begin{cases} \sigma_{yy}=\sigma_f=\dfrac{\sigma_1+\sigma_3}{2}-\dfrac{\sigma_1-\sigma_3}{2}\cos2\beta \\ \tau_{xy}=\dfrac{\sigma_1-\sigma_3}{2}\sin2\beta \end{cases} \tag{3.29}$$

式中，τ_{xy} 为岩体在外力作用下沿结构面的切向应力；τ_f 为结构面在正应力 δ_f 作用下形成的切向摩擦力。

根据式（3.1），可计算在正应力作用下的结构面两侧受挤压产生的摩阻力 τ_f，并且此时作用在裂隙上的有效剪应力 τ_e 为

$$\tau_e=\tau_{xy}-\tau_f=\frac{\sigma_1-\sigma_3}{2}(\sin2\beta+\tan\varphi_j\cos2\beta)-\frac{\tan\varphi_j}{2}(\sigma_1+\sigma_3)-c_j \tag{3.30}$$

根据3.5.1介绍的方法以及表3.4～表3.6，可计算初始状态下裂隙的正应力 σ_{yy}，切向应力 τ_{xy}，正应力挤压形成的摩阻力 τ_f，裂隙开展长度 δ，结构面整体抗剪强度 τ' 以及安全系数 F，见表3.7。

表3.7 裂缝开展计算结果

参数	数值
σ_{yy}/kPa	265
τ_{xy}/kPa	77.9
τ_f/kPa	81
δ/m	0.00
τ'/kPa	196.2
F	2.52

此时安全系数 $F>1$，且裂缝开展长度 $\delta=0$，说明岩体在宏观（整体稳定）与微观（裂缝稳定）上均保持稳定。

3.5.2.2 地震作用

现对岩体在地震荷载作用下的裂隙开展过程进行计算。以新一代中国地震动参数区划图的潜在震源区划分方案为基础，对红石岩地区有重要影响的潜在震源区是昭通7.0级潜在震源区，根据表3.4，可得出地震荷载参数，见表3.8。

表3.8 地震荷载参数设定

参数	数值
地震最大震级	7
水平方向	$0\sim0.1g$
竖直方向	$0g$

此时仅存在水平方向的地震荷载，地震动荷载为拉压循环荷载。现将该荷载分为压应力和拉应力分别讨论，即 $\sigma_3'=\sigma_3\pm\sigma_h$，其中"＋"表示地震荷载为压应力，"－"表示地震

荷载为拉应力。

岩体的受力状态改变会导致结构面上的正应力 σ_{yy} 和切应力 τ_{xy} 改变，而根据 Jennings 准则，σ_{yy} 的改变会使结构面的抗剪强度 τ 变化，并且在考虑结构面贯通率增加的情况下，τ 还会进一步发生变化。现将地震作用时结构面裂隙开展前与开展后的结构面抗剪强度分别定义为：τ 与 τ'，则由裂隙开展后的结构面残余抗剪强度比例为 $\dfrac{\tau'}{\tau}$，安全系数残余比例为 $\dfrac{F'}{F}=\dfrac{\tau'/\tau_{xy}}{\tau/\tau_{xy}}=\dfrac{\tau'}{\tau}$。

1. 受压状态

在地震作用下，如果结构面受压，水平方向应力为 $\sigma_3{}'=\sigma_3+\sigma_h$。根据式（3.13）、式（3.14）以及表 3.8 可计算出结构面在地震荷载下受压状态下的裂隙开展及抗剪强度弱化过程，如图 3.14 所示。

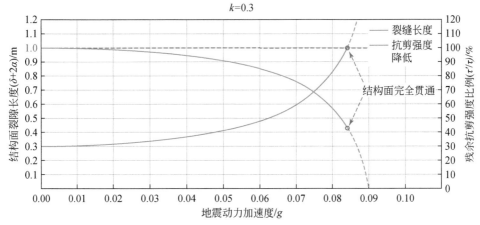

图 3.14　地震作用下受压结构面的裂隙开展及抗剪强度弱化过程

在受压状态下，σ_3 增大会导致 σ_{yy} 增大而 τ_{xy} 减小，从而使结构面的安全系数增大，此时结构面不会失稳。

2. 受拉状态

在地震作用下，如果结构面受拉，水平方向应力 $\sigma'_3=\sigma_3-\sigma_h$，根据式（3.13）、式（3.14）以及表 3.8 可计算出结构面在地震荷载下受拉导致结构面裂隙发展及抗剪强度弱化过程，如图 3.15 所示。

在受拉状态下，σ_3 减小会导致 σ_{yy} 减小而 τ_{xy} 增大，从而使结构面安全系数降低。如图 3.16 所示，在地震动力加速度达到 $0.045g$ 左右时，结构面已失稳，此时结构面并未完全贯通。

3.5.2.3　不同的初始贯通率

为了分析初始贯通率不同的岩体在地震荷载下破坏过程的异同，现对 $k=0.1$ 至 $k=0.8$ 的岩体进行受压和受拉时的裂缝开展与抗剪强度弱化分析。

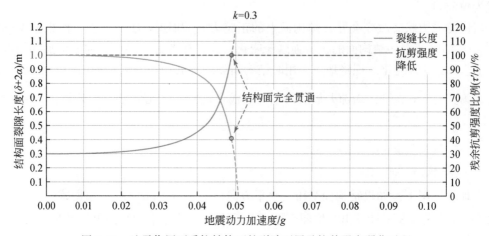

图 3.15　地震作用下受拉结构面的裂隙开展及抗剪强度弱化过程

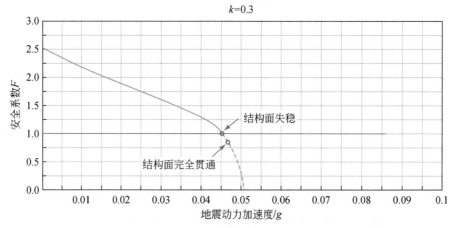

图 3.16　地震作用下受拉结构面安全系数变化过程

1. 地震作用下结构面受压

地震压应力作用下不同初始贯通率的受压结构面裂隙开展过程见图 3.17，抗剪强度弱化过程见图 3.18，$\sigma_1 > \sigma_3$，σ_3 增加会导致安全系数 F 增加，因此结构面不会失稳。

2. 地震作用下结构面受拉

地震压应力作用下不同初始贯通率的受拉结构面裂隙开展过程见图 3.19，抗剪强度弱化过程见图 3.20，安全系数变化见图 3.21。

结构面初始应力 $\sigma_1 > \sigma_3$，σ_3 增加会导致安全系数 F 增加，σ_3 减小则会导致安全系数 F 降低。在地震拉应力作用下，越破碎的结构面越容易在地震中被贯通，并且越容易失稳。除了初始贯通率 $k=0.1$ 的结构面，其他结构面均在地震动力加速度达到 $0.05g$（6 级抗震设防烈度）之前就失稳，因此，结构面的完整性越好，抗震能力就越强。对于较破碎的岩质边坡，可考虑灌浆等措施降低岩体结构面贯通率，提高岩体稳定性。

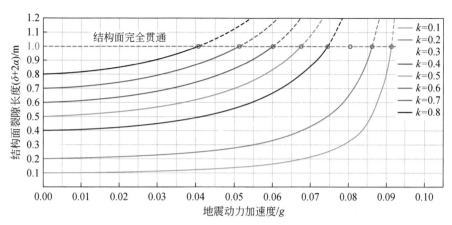

图 3.17　地震作用下不同初始贯通率的受压结构面裂隙开展过程

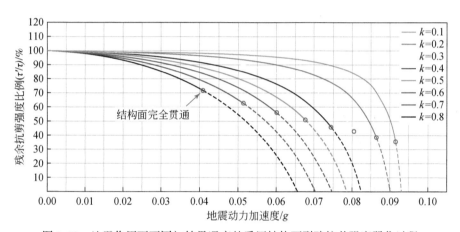

图 3.18　地震作用下不同初始贯通率的受压结构面裂隙抗剪强度弱化过程

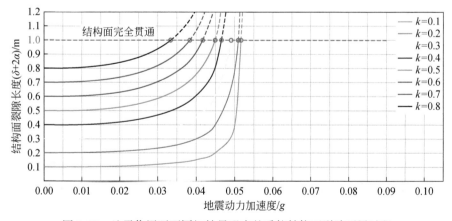

图 3.19　地震作用下不同初始贯通率的受拉结构面裂隙开展过程

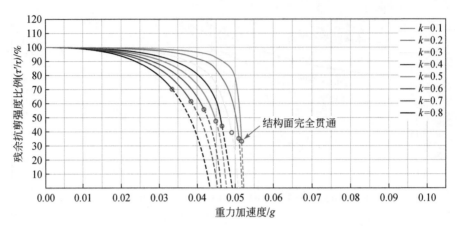

图 3.20　地震作用下不同初始贯通率的受拉结构面裂隙抗剪强度弱化过程

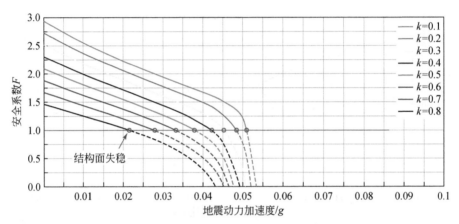

图 3.21　地震作用下不同初始贯通率的受拉结构面安全系数

3.6　本 章 小 结

　　本章介绍了结构面的抗剪强度参数以及其在水和地震荷载作用下的估算方法。关于水对结构面的弱化效应，本章以锦屏 I 级水电站 F_2 断层中灌浆后黑色炭化片岩为例，基于 Hoek-Brown 强度准则提出地质强度指标（GSI）的反演取值方法，并结合 Mohr-Coulomb 准则提出断层岩体抗剪强度参数的估算公式。采用该方法对断层岩体天然和饱水两种状态下抗剪强度参数分别进行估算。针对地震荷载对结构面裂隙开展以及抗剪强度的影响，结合拟静力法与断裂力学理论，提出了地震荷载作用下的结构面抗剪强度参数估算方法，并以红石岩边坡为例，计算了地震荷载作用下的结构面裂隙开展过程，抗剪强度弱化过程以及边坡整体安全系数。

第4章 岩质边坡可靠性分析方法与应用

4.1 概 述

  岩体通常由岩块和不同尺寸的结构面组成。通常来说斜坡岩体位于山体表层，长期的风化作用和卸荷作用导致岩体结构面发育良好，岩体破碎。岩石边坡的破坏通常是沿软弱结构面滑移。岩石边坡一般由岩体和不同尺度的软弱结构面（如节理、断层或软弱夹层）组成，岩石边坡的稳定性受这些软弱结构面的控制（图4.1）。先前研究普遍认为岩石边坡失稳的原因主要包括两个方面：渗流产生的岩石边坡静水压力或动水压力增大，以及饱和软化作用引起的弱结构表面抗剪强度减小。这两方面破坏了岩质边坡的受力平衡从而造成边坡失稳。岩质边坡稳定性研究常采用确定性方法，如极限平衡法、有限元法、有限差分法和离散元法（Li and Chu，2012）。这些方法能较好地评估岩石边坡的安全系数和应力变形分布特征。然而岩质边坡稳定性评价过程中存在若干不确定性条件（Park et al.，2005；Li et al.，2014），如岩体的力学参数、降雨条件和入渗过程、弱结构表面软化等。确定性方法无法准确综合地处理岩石边坡稳定性评价过程中的不确定性因素（Yang et al.，2009），不能作为评价边坡稳定性的唯一指标（Jiang et al.，2014）。基于概率论的可靠度分析已经被一些学者引入边坡稳定性问题的分析中，并在边坡安全评估的方法方面取得了一些进展。

图4.1 由软弱结构面控制的边坡潜在失稳岩体

4.1.1 岩质边坡稳定性评估

高陡岩质边坡存在两种主要失稳模式：平面失稳和楔形失稳。它们都由多组软弱的结构面控制。本章将这两种典型的失稳模式作为岩质边坡可靠度分析的计算基础。图 4.2 展示了岩石边坡的两种典型失稳模式的示意图，对于平面滑动，边坡稳定性通常由一个或两个主要的软弱结构面控制，这些结构面与边坡的倾向一致。然而，对于楔形滑动，不稳定的岩体主要通过两组以上不同倾向的软弱结构面控制。因此岩质边坡的平面失稳和楔形失稳程度直接受这些软弱结构面抗剪强度参数的影响。但是这些参数的准确值难以确定，并且在不同条件下存在一些不确定性和随机性（Zhou et al.，2017）。

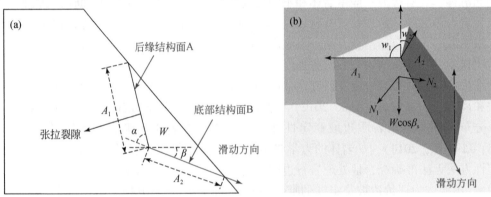

图 4.2　岩质边坡的两种典型失稳模式示意图
（a）平面失稳；（b）楔形失稳

岩质边坡的稳定性评价通常采用极限平衡法确定边坡的安全系数，利用力学平衡方程和 Mohr-Coulomb 准则来计算岩体结构面抗剪强度和所受剪应力的大小（Duncan and Chris，2004；贾伟，2014）。图 4.2 展示了使用极限平衡法对岩质边坡的两种典型失稳模式进行力分析。

针对平面失稳模式［图 4.2（a）］，潜在的失稳岩体受到底部结构面 B 的抗剪强度和后缘结构面 A 的残余抗拉强度（σ_t）的抵抗。根据 Mohr-Coulomb 准则，平面失稳的岩石边坡的安全系数（F_s）可以确定用如下所示公式进行计算：

$$F_s = \frac{cA_2 + (W\cos\beta + A_1\sigma_t\cos\alpha) \times \tan\varphi}{W\sin\beta - A_1\sigma_t\sin\alpha} \tag{4.1}$$

式中，A_1 和 A_2 分别为后缘结构面 A 和底部结构面 B 的面积；c 为滑动面 B 的黏聚力；φ 为整个潜在失稳岩体的内摩擦角；W 为滑块的重量；α 为结构面 B 与水平面的交角；β 为结构面 A 和 B 之间的交角。

针对楔形失稳模式［图 4.2（b）］，潜在的失稳岩体受到两个软弱结构面的抗剪强度的控制，楔形失稳的岩石边坡的安全系数（F_s）如下：

$$F_s = \frac{N_1\tan\varphi_1 + N_2\tan\varphi_2 + c_1A_1 + c_2A_2}{W\sin\beta_s} \tag{4.2}$$

式中，A_1 和 A_2 为这两个软弱结构面（滑动表面）的面积；c_1 和 c_2 分别为结构面 A_1 和 A_2 的黏聚力；φ_1 和 φ_2 分别为结构面 A_1 和 A_2 的内摩擦角；W 为楔形岩体的重量；N_1 和 N_2 分别为结构面 A_1 和 A_2 的法向力；β_s 为这两个结构面交线的倾角，即岩体潜在滑动方向。

根据滑移面上质量 W 的力平衡分析，法向力 N_1 和 N_2 可计算如下：

$$\begin{cases} N_1 = \dfrac{W\cos\beta_s\cos\chi_2}{\sin\chi_1\cos\chi_2+\cos\chi_1\sin\chi_2} \\ N_2 = \dfrac{W\cos\beta_s\cos\chi_1}{\sin\chi_1\cos\chi_2+\cos\chi_1\sin\chi_2} \end{cases} \tag{4.3}$$

式中，χ_1 和 χ_2 分别为交点法线和滑动面 A_1 和 A_2 之间的夹角。

可根据以下公式确定：

$$\begin{cases} \sin\chi_1 = \sin\beta_A\sin\beta_s\sin(\psi_s-\psi_A)+\cos\beta_A\cos\beta_s \\ \sin\chi_2 = \sin\beta_B\sin\beta_s\sin(\psi_s-\psi_B)+\cos\beta_B\cos\beta_s \end{cases} \tag{4.4}$$

式中，β_A 和 ψ_A 分别为滑动面 A 的倾角和走向；β_B 和 ψ_B 为滑移面 B 的倾角和走向；β_s 和 ψ_s 为滑动面 A 和滑动面 B 的交线的倾角和走向（滑动方向）。

4.1.2　岩质边坡可靠度计算方法

在边坡工程领域中，传统边坡的稳定分析通常以安全系数作为分析评价的标准。岩土体具有变异性很大的特点。虽然就岩土体中的某一点而言，其性质是确定的，但是对岩土体进行勘察、取样和试验获得的相关岩土参数是离散的，边坡内部结构和力学性质等各方面的不确定性以及计算理论上的一些近似性的假设，使得在岩土工程中影响稳定性评估的因素大量存在，仅靠传统的安全系数法并不能完全确定边坡是否稳定，利用可靠性分析把边坡的岩体性质、荷载、地下水、失稳模式、计算模型等视为随机变量，结合某些合理的分布函数来描述它们（李世文，2006）。通过综合多种不确定性的因素（数据来源、破坏机理、分析方法等）的前提下，建立可靠性评价的数学模型，把其岩体的特征值（结构面几何要素、岩性、地下水压分布、地震力等荷载）视作随机变量，并以一定的分布函数进行描述。借助于概率论和数理统计方法，便可以求得边坡的可靠度（P_r）以及失效概率（P_f）（张社荣等，1999；陈强和李耀庄，2007）。在实际应用上，对于鉴别具有相同安全系数、不同破坏概率的两个边坡的稳定性，失效概率比安全系数具有更突出的优点（姚耀武和陈东伟，1994）。常用的失效概率计算方法如下。

1. 蒙特卡罗法

蒙特卡罗法是以数学统计原理作为其基础支撑的一种随机模拟方法。这种方法的基本原理为：首先通过均匀分布抽样的方式产生随机数 r_i，然后根据随机变量的分布规律的不同，采用变换及舍选等方法再次产生与随机变量的概率分布相符合的一组随机数 x_i，并将新的一组随机数代入极限状态函数中，由相应的计算分别得出 n 个极限状态函数所表达的随机数（Alonso，1976；Yong et al.，1977；许文达，2004；赵寿刚等，2006；吴振君等，2010；陈欣等，2011）。考虑以安全系数来定义表达的极限状态函数，这 n 个随机数中，

如果有 m 个小于 1，则当样本足够大，即 n 足够大时，根据统计学中的大数定律，此时频率将无限接近于概率，也就是说可以认为此时小于 1 的随机数出现的频率就是结构的失效概率 P_f：

$$P_f = P(Z < 0) = \frac{m}{n} \tag{4.5}$$

考虑到由产生的各随机参数可以求得 Z 的均值 μ_Z、标准差 σ_Z，于是便很容易求得可靠指标 β。对于蒙特卡罗法在岩土工程中的应用，一般首先要建立考虑几种参数变量的边坡稳定的计算模式，然后通过大量地随机抽样以及试验取得大量的参数组。将每一组参数代入边坡稳定的计算模式中便会得到一个安全系数。最后在参数组数很大的基础上，由大数定律，将安全系数小于 1 出现的频率作为失效概率 P_f。

2. JC 法（当量正态化法）

JC 法的核心是将随机变量的任意分布情况转化为正态分布的形式，这种转化方法称为等量正态分布，要求在预定的验算点处，经过转化处理之后的等量正态分布累计概率的分布函数与密度函数和之前的分布函数与概率密度函数相等，由此即可求得随机变量在等量正态分布转化后的均值与标准差，之后采用一次二阶矩法将转化后的均值和标准差代入即可求得可靠指标 β（李典庆等，2002；李东升，2006）。

3. 一次二阶矩法

在岩土工程可靠度领域中，通常情况下很难确定功能函数中各个随机变量的具体概率分布模式。但是考虑到各个随机变量的一阶矩（均值）和二阶矩（方差）相对而言很容易求得，一次二阶矩法便是只通过功能函数中各随机变量的均值和方差进而求得功能函数模型的可靠度。一次二阶矩法的基本原理为：对功能函数 $g(X) = g(x_1, x_2, \cdots, x_n)$ 在某一点 $X^* = (x_1^*, x_2^*, \cdots, x_n^*)$ 用 Taylor 级数展开至一阶，忽略其二阶小量并对展开后的功能函数进行线性化，并在线性化后的功能函数的基础上，计算其在点 $X^* = (x_1^*, x_2^*, \cdots, x_n^*)$ 的均值和标准差，进而便容易求解出可靠指标 β。

以往对边坡可靠性分析的研究主要集中在均质边坡（如土质边坡），这些研究大多采用这三种计算方法，由于蒙特卡罗法计算时间长，很少采用蒙特卡罗法定位关键可靠度滑动面（Li et al., 2015）。对于一次二阶矩（FOSM）法，可靠性指标的计算需要功能函数的偏导数。由于边坡稳定性分析中的功能函数通常是隐式求解，功能函数的偏导数往往复杂且难以求得。此外功能函数的统计参数是通过近似得到的，因此 FOSM 方法被定义为一种近似方法（Baecher and Christian, 2003），当功能函数是非线性时，忽略高阶项可能会造成较大误差，一些学者对此进行了改进。例如，Duzgun 等（2003）提出了一种先进的一次二阶矩法来对边坡的平面滑动破坏情况进行可靠性评估。Xu 等（2013）改进了 FOSM 法，使非线性函数可以考虑使用最大熵。虽然 FOSM 法可以计算可靠性指标，但该方法只考虑功能函数的 Taylor 级数展开一阶项，因此该方法的精度有限。针对岩石边坡在不同条件下的可靠度分析，采用二次二阶矩法计算可靠度指标，较 FOSM 法提高了可靠性指标的计算精度。将所提出的可靠度分析方法应用于锦屏 I 级水电站左岸边坡的稳定性研究，并与蒙特卡罗法和 FOSM 法进行了比较分析。本章提出了一些有用的结论，对理解由脆弱结构面控制的岩质边坡的稳定性和可靠性分析有帮助。

4.2　二次二阶矩法的可靠度分析理论

在岩石边坡的可靠度分析过程中，三个关键因素（随机变量的分布、力学模型的基础和可靠度指标的计算模型）对可靠度结果有很强的影响。随机变量的分布通常通过抽样和拟合分布模型来确定（Jiang et al., 2014）。不同的抽样方法和分布模型可以得到完全不同的随机变量分布，为保证抽样的随机性，优化分布模型，可以使随机变量的分布更接近真实值，从而使可靠度指标的结果更加准确合理。获取接近实际力学模型是确定功能函数的关键，但由于岩石边坡边界条件复杂，通常需要简化力学模型，若简化的力学模型不能很好地反映岩石边坡的稳定性特征，则可靠度指标难以达到理想的结果。对于可靠性分析的计算模型，积分法是确定可靠性指标的准确方法。然而，由于需要大量的计算工作，在可靠性分析过程中需要引入优化方法。通过以上三个因素的优化，可以提高岩石边坡可靠度指标分析结果的合理性和准确性。但由于岩石边坡地质条件复杂，存在一些不确定性因素，很难用可靠度指标准确地评价岩石边坡的破坏概率。例如，经典蒙特卡罗法的核心是大量的样本，但该方法通常难以考虑实际岩石边坡工程的所有情况（Kourosh et al., 2011）。虽然有学者提出了提高岩石边坡可靠度指标精度的采样方法，但在实际岩石边坡工程中采样存在一定的局限性。由于岩石边坡工程中的随机变量具有离散性和变异性（Ganji and Jowkarshorijeh, 2012），一些拟合岩石边坡工程可靠度指标的计算方法在工程实践中无法得到具有相当精度或参考价值的结果。针对受弱结构面控制的岩石边坡，通常情况下很难确定功能函数中各个随机变量的具体概率分布模式，但是各个随机变量的一阶矩（均值）和二阶矩（方差）相对而言很容易求得。而只通过功能函数中各随机变量的均值和方差进而求得功能函数模型的可靠度。一次二阶矩法对功能函数的简化较多，因此其在可靠度的精确性方面相对较差。考虑多参数情况下使用 Taylor 级数对功能函数在一次二阶矩法的基础上进行更高一阶地展开形成二次二阶矩，可求得相对更加精确的可靠度。

4.2.1　功能函数与可靠度相关评价参数的概述

在边坡工程领域中，边坡的稳定分析通常以安全系数作为分析评价的标准。在分析计算中，安全系数可以借助于包含一系列参数的函数来进行表示，如下式所示：

$$K=f(x_1, x_2, \cdots, x_n) \tag{4.6}$$

在安全系数的表达函数中，x_1, x_2, $\cdots$, x_n 为计算安全系数所需要的岩土体物理抗剪参数以及水压力等与之相关的一系列参数，这些参数本身具有离散性与不确定性，其在函数表达式中为随机变量，因此由对应的函数关系可知安全系数 K 也为随机变量。则边坡体系的极限状态方程可用下式表示：

$$G=K-1=f(x_1, x_2, \cdots, x_n)-1=0 \tag{4.7}$$

这里令功能函数表达式为

$$G=g(X)=g(x_1, x_2, \cdots, x_n) \tag{4.8}$$

将式 (4.8) 代入式 (4.7) 可得

$$g(x_1, x_2, \cdots, x_n) = f(x_1, x_2, \cdots, x_n) - 1 \tag{4.9}$$

由安全系数 K 与随机变量 G 的关系可以看出：当 $G<0$ 时，边坡体系即失效；当 $G>0$ 时，边坡体系稳定。由于边坡体系中各个自变量参数所具有的不确定性引起的相关失效概率 P_f 可以转化为功能函数 G 的值小于 0 或者安全系数 $K<1$ 的概率。又由于失效概率 P_f 与可靠指标的关系，一般情况下可以先通过功能函数 G 计算出其相关的可靠指标，再进一步求得失效概率 P_f。由于根据上述方法确定失效概率 P_f 必须要得知在功能函数中每一个自变量参数的真实的概率密度曲线，这一求解失效概率 P_f 的方法属于全概率法。但是考虑到在大部分的实际工程中，这种全概率法对于先得知随机变量的真实分布的这一做法实现的可能性较小，因此在现有的关于边坡稳定的可靠度分析领域，我们通常使用近似的方法来对边坡稳定进行评价，即通过将失效概率 P_f 的求解转化为可靠度指标的计算，并以可靠指标的分析来对边坡失稳风险进行评价。在关于可靠度的计算分析当中，近似概率法在理论上并不需要知道功能函数中所有随机变量参数的具体的真实概率分布，但需要对边坡体系中的抗力 R 与作用力 S 的分布形状作相应的定义，只要抗力与作用力的分布曲线确定了，则功能函数 G 的均值 μ_G，标准差 σ_G 便可以对失效概率 P_f 得出唯一的相应表达关系，即如果定义可靠度指标 β 为

$$\beta = \frac{\mu_G}{\sigma_G} \tag{4.10}$$

那么失效概率 P_f 便可以表达为

$$P_f = \Phi(-\beta) \tag{4.11}$$

式中，P_f 为失效概率；$\Phi(x)$ 为标准正态分布函数；β 为可靠度指标。

4.2.2　随机变量计算参数正态变换

边坡稳定性评价存在一定的不确定性和随机性。这种不确定性和随机性通常是由力学参数的随机分布引起的，特别是弱结构表面的抗剪强度参数。在不同的力学参数下，楔板破坏的安全系数是不同的。假设每个不确定参数都在一个范围内，然后利用一个特殊的分布函数为该参数生成一系列随机值。根据岩石边坡力学参数的随机分布特征，岩土材料常用的随机分布函数有正态函数、指数函数、威布尔函数和伽马函数。不同的随机分布函数可以得到不同的边坡破坏概率结果。以往的室内试验和统计结果表明，弱结构面抗剪强度参数的随机性基本符合正态分布 (Park et al., 2005)。考虑到正态分布函数是随机变量最常用的分布函数，因此本章采用该随机分布函数。

随机变量的计算参数在初始计算阶段并非完全符合正态分布，而可靠度的分析过程中的分布函数均以正态分布作为基准，当原始随机变量 x_i 由于平均值 μ_x 和标准偏差 σ_x 而未呈正态分布时，有必要将随机变量转换为正态分布，将随机变量的任意分布情况转化为正态分布的形式，这种转化方法称为等量正态分布，要求在预定的验算点处，经过转化处理之后的等量正态分布累计概率的分布函数与密度函数和之前的分布函数与概率密度函数相等，由此即可求得随机变量在等量正态分布转化后的平均值与标准差，从而使得所有随机

变量的总和可以按等效正态分布计算，其具体转换过程如下。

假设原来的概率分布为下式：

$$P(x \leqslant x^*) = F_{x_i}(x^*) \tag{4.12}$$

则相应的等量正态分布为

$$P(X \leqslant x^*) = \Phi\left(\frac{x^* - \mu_x^N}{\sigma_x^N}\right) \tag{4.13}$$

式中，μ_x^N、σ_x^N 为相应等量正态分布的平均值和标准差。

令两式相等，则可得

$$F(x^*) = \Phi\left(\frac{x^* - \mu_x^N}{\sigma_x^N}\right) \tag{4.14}$$

因此，

$$\mu_x^N = x^* + \sigma_x^N \Phi^{-1}\left[F(x^*)\right] \tag{4.15}$$

原来的分布对应的概率密度函数为 $f_x(x_i^*)$，相应等量正态分布的概率密度函数为

$$\frac{\mathrm{d}\Phi\left(\dfrac{x^* - \mu_x^N}{\sigma_x^N}\right)}{\mathrm{d}x_i} = \frac{1}{\sigma_x^N}\varphi\left(\frac{x^* - \mu_x^N}{\sigma_x^N}\right) \tag{4.16}$$

由于两者对应相等，因此，

$$\sigma_x^N = \frac{\varphi\left(\dfrac{x^* - \mu_x^N}{\sigma_x^N}\right)}{f_x(x^*)} = \frac{\varphi\left\{\Phi^{-1}\left[F(x^*)\right]\right\}}{f_x(x^*)} \tag{4.17}$$

式中，$\varphi(x)$ 为标准正态分布密度函数；$\Phi(x)$ 为标准正态分布函数。

由此可得出随机变量各参数经过等量正态分布转化之后的平均值和方差，进而使用二阶矩法即可求得相应的可靠指标 β。

4.2.3　基于二次二阶矩法的可靠度计算方法

二次二阶矩法的基本原理为：首先对功能函数 $g(X) = g(x_1, x_2, \cdots, x_n)$ 在某一点 $X^* = (x_1^*, x_2^*, \cdots, x_n^*)$ 用 Taylor 级数公式展开至二阶，忽略其三阶以及三阶以上的小量，并对展开后的功能函数，计算其在界限点 $X^* = (x_1^*, x_2^*, \cdots, x_n^*)$ 的均值和标准差，进而便容易求解出可靠指标 β。

假定一组各参数之间相互独立的随机变量如下：

$$x_i(i = 1, 2, \cdots, n) \tag{4.18}$$

在功能函数中引入标准正态变量 z_i 来对随机变量 x_i 进行处理，其转化公式为

$$z_i = \frac{x_i - \mu_{x_i}}{\sigma_{x_i}} \tag{4.19}$$

式中，μ_{xi} 和 σ_{xi} 分别为随机变量中各参数 x_i 的均值和标准差。

假设已经建立的功能函数为下式：

$$g(X) = g(x_1, x_2, \cdots, x_n) \tag{4.20}$$

并假设功能函数处于极限状态的某一点如下：

$$X^* = (x_1^*, x_2^*, \cdots, x_n^*) \tag{4.21}$$

功能函数 $g(X)$ 上在某一极限状态点用 Taylor 级数逐级进行展开，并略去三阶以及三阶以上的高阶小量可以得到：

$$g(X) = g(x_1^*, x_2^*, \cdots, x_n^*) + \sum_{i=1}^{n}(x_i - x_i^*)\left.\frac{\partial g}{\partial x_i}\right|_{x_i^*} + \frac{1}{2}\sum_{i=1}^{n}(x_i - x_i^*)^2\left.\frac{\partial^2 g}{\partial x_i^2}\right|_{x_i^*}$$

$$+ \frac{1}{2}\sum_{i=1}^{n}\sum_{j \neq i}^{n}(x_i - x_i^*)(x_j - x_j^*)\left.\frac{\partial^2 g}{\partial x_i \partial x_j}\right|_{x_i^* x_j^*} \tag{4.22}$$

式中，$\left.\dfrac{\partial g}{\partial x_i}\right|_{x_i^*}$ 为已经建立的功能函数 $g(X) = g(x_1, x_2, \cdots, x_n)$ 在某一界限点 $X^* = (x_1^*, x_2^*, \cdots, x_n^*)$ 对 x_i 的一阶偏导数值；$\left.\dfrac{\partial^2 g}{\partial x_i^2}\right|_{x_i^*}$ 为已经建立的功能函数 $g(X) = g(x_1, x_2, \cdots, x_n)$ 在界限点 $X^* = (x_1^*, x_2^*, \cdots, x_n^*)$ 对 x_i 的二阶偏导数值；$\left.\dfrac{\partial^2 g}{\partial x_i \partial x_j}\right|_{x_i^* x_j^*}$ 为已经建立的功能函数 $g(X) = g(x_1, x_2, \cdots, x_n)$ 在界限点 $X^* = (x_1^*, x_2^*, \cdots, x_n^*)$ 对不同自变量参数 x_i、x_j 的二阶混合偏导数值。

由于功能函数使用 Taylor 级数公式展开时所取的点 $X^* = (x_1^*, x_2^*, \cdots, x_n^*)$ 是边坡体系处于极限平衡状态时所对应的一个点，因此：

$$g(x_1^*, x_2^*, \cdots, x_n^*) = 0 \tag{4.23}$$

功能函数 $g(X)$ 进一步简化为

$$g(X) = \sum_{i=1}^{n}(z_i - z_i^*)\left.\frac{\partial g}{\partial z_i}\right|_{z_i^*} + \frac{1}{2}\sum_{i=1}^{n}(z_i - z_i^*)^2\left.\frac{\partial^2 g}{\partial z_i^2}\right|_{z_i^*}$$

$$+ \frac{1}{2}\sum_{i=1}^{n}\sum_{j \neq i}^{n}(z_i - z_i^*)(z_j - z_j^*)\left.\frac{\partial^2 g}{\partial z_i \partial z_j}\right|_{z_i^* z_j^*} \tag{4.24}$$

1. 随机变量中各参数相互独立时的可靠指标表达式

考虑随机变量 $X_i = (x_1, x_2, \cdots, x_n)$ 中各个参数 x_i 与 x_j（$i \neq j$）相互独立的情况，由 z_i 与 x_i 之间的关系，可知标准正态化参数 $z_i = (1, 2, \cdots, n)$ 服从标准正态分布，并且 z_i 与 z_j（$i \neq j$）也相互独立，则标准正态化后的自变量 $z_i = (1, 2, \cdots, n)$ 的平均值和标准差为 $\mu_{z_i} = 0$，$\sigma_{z_i} = 1$。

则容易求得 $g(X)$ 的均值的表达式：

$$\mu_g = E[g(X)] = -\sum_{i=1}^{n}\left.\frac{\partial g}{\partial z_i}\right|_{z_i^*} + \frac{1}{2}\sum_{i=1}^{n}\left.\frac{\partial^2 g}{\partial z_i^2}\right|_{z_i^*} + \frac{1}{2}\sum_{i=1}^{n}\sum_{j=1}^{n}\left.\frac{\partial^2 g}{\partial z_i \partial z_j}\right|_{z_i^* z_j^*} z_i^* z_j^* \tag{4.25}$$

功能函数 $g(X)$ 展开至泰勒二阶式之后，无法直接通过简单的线性计算推导得功能函数 $g(X)$ 的标准差，因此需要借助于功能函数的平方式 $g^2(X)$ 来间接推导出功能函数 $g(X)$ 的标准差的表达式。为此需要借助统计学中的公式，如下：

$$D[g(X)] = E[g^2(X)] - \{E[g(X)]\}^2 \tag{4.26}$$

$$\sigma_g = \sqrt{D[g(X)]} \tag{4.27}$$

已知功能函数为

$$g(X) = g(x_1, x_2, \cdots, x_n) \tag{4.28}$$

则功能函数 $g(X)$ 的平方式为

$$g^2(X) = g^2(x_1, x_2, \cdots, x_n) \tag{4.29}$$

在极限状态点 $X^* = (x_1^*, x_2^*, \cdots, x_n^*)$ 用泰勒公式逐级展开，并且略去三阶以及三阶以上小量，功能函数平方式 $g^2(X)$ 可化简为

$$g^2(X) = \sum_{i=1}^{n} (x_i - x_i^*)^2 \left(\frac{\partial g}{\partial x_i} \bigg|_{x_i^*} \right)^2 + \sum_{i=1}^{n} \sum_{j \neq i}^{n} (x_i - x_i^*)(x_j - x_j^*) \frac{\partial g}{\partial x_i} \bigg|_{x_i^*} \frac{\partial g}{\partial x_j} \bigg|_{x_j^*} \tag{4.30}$$

若随机变量 $X_i = (x_1, x_2, \cdots, x_n)$ 中 x_i 与 x_j $(i \neq j)$ 相互独立，则功能函数平方式的均值 $E[g^2(X)]$ 经化简整合得

$$E[g^2(X)] = \sum_{i=1}^{n} \left(\frac{\partial g}{\partial z_i} \bigg|_{z_i^*} \right)^2 + \sum_{i=1}^{n} \sum_{j=1}^{n} \frac{\partial g}{\partial z_i} \bigg|_{z_i^*} \frac{\partial g}{\partial z_j} \bigg|_{z_j^*} z_i^* z_j^* \tag{4.31}$$

功能函数 $g(X)$ 的标准差为

$$\sigma[g(X)] = \left[\sum_{i=1}^{n} \left(\frac{\partial g}{\partial z_i} \bigg|_{zi}^* \right)^2 + \sum_{i=1}^{n} \sum_{j=1}^{n} \frac{\partial g}{\partial z_i} \bigg|_{z_i^*} \frac{\partial g}{\partial z_j} \bigg|_{z_j^*} z_i^* z_j^* \right.$$
$$\left. - \left(-\sum_{i=1}^{n} \frac{\partial g}{\partial z_i} \bigg|_{z_i^*} z_i^* + \frac{1}{2} \sum_{i=1}^{n} \frac{\partial^2 g}{\partial z_i^2} \bigg|_{z_i^*} + \frac{1}{2} \sum_{i=1}^{n} \sum_{j=1}^{n} \frac{\partial^2 g}{\partial z_i \partial z_j} \bigg|_{z_i^* z_j^*} z_i^* z_j^* \right)^2 \right]^{\frac{1}{2}} \tag{4.32}$$

则由式（4.25）、式（4.32）易得功能函数的可靠指标式 β 的表达式为

$$\beta = \frac{E[g(X)]}{\sigma[g(X)]}$$

$$= \frac{-\sum\limits_{i=1}^{n} \dfrac{\partial g}{\partial z_i} \bigg|_{z_i^*} z_i^* + \dfrac{1}{2} \sum\limits_{i=1}^{n} \dfrac{\partial^2 g}{\partial z_i^2} \bigg|_{z_i^*} + \dfrac{1}{2} \sum\limits_{i=1}^{n} \sum\limits_{j=1}^{n} \dfrac{\partial^2 g}{\partial z_i \partial z_j} \bigg|_{z_i^* z_j^*} z_i^* z_j^*}{\left[\begin{array}{l} \sum\limits_{i=1}^{n} \left(\dfrac{\partial g}{\partial z_i} \bigg|_{z_i^*} \right)^2 + \sum\limits_{i=1}^{n} \sum\limits_{j=1}^{n} \dfrac{\partial g}{\partial z_i} \bigg|_{z_i^*} \dfrac{\partial g}{\partial z_j} \bigg|_{z_j^*} z_i^* z_j^* \\ - \left(-\sum\limits_{i=1}^{n} \dfrac{\partial g}{\partial z_i} \bigg|_{z_i^*} z_i^* + \dfrac{1}{2} \sum\limits_{i=1}^{n} \dfrac{\partial^2 g}{\partial z_i^2} \bigg|_{z_i^*} + \dfrac{1}{2} \sum\limits_{i=1}^{n} \sum\limits_{j=1}^{n} \dfrac{\partial^2 g}{\partial z_i \partial z_j} \bigg|_{z_i^* z_j^*} z_i^* z_j^* \right)^2 \end{array} \right]^{\frac{1}{2}}} \tag{4.33}$$

2. 随机变量各参数相关时的可靠指标表达式

随机变量 $X_i = (x_1, x_2, \cdots, x_n)$ 中 x_i 与 $x_j(i \neq j)$ 在具有相关性的情况下，在统计学中采用相关系数来描述变量间的相关程度，两个随机变量 X 和 Y 的相关系数可以用下式表示：

$$\rho_{XY} = \frac{\text{COV}(X,Y)}{\sqrt{DX}\sqrt{DY}} \tag{4.34}$$

式中，$\text{COV}(X,Y)$ 为随机变量 X 与 Y 的协方差；$D(X)$、$D(Y)$ 为 X、Y 的方差。

而 XY 的期望与 X 和 Y 两个随机变量的期望及其协方差相关，其具体表达式为

$$E(XY) = E(X)E(Y) + \text{COV}(X,Y) \tag{4.35}$$

在随机变量 $X_i=(x_1,x_2,\cdots,x_n)$ 中 x_i 与 x_j $(i\neq j)$ 不相互独立的情况下，需要计算各随机变量的相关性，假设 x_i 与 x_j 的相关系数为 r_{ij}（当 $i=j$ 时，$r_{ij}=1$）。

相关系数 r_{ij} 可由下式表达：

$$r_{ij}=\rho_{x_i x_j}=\frac{\mathrm{COV}(x_i,x_j)}{\sqrt{Dx_i}\sqrt{Dx_j}} \tag{4.36}$$

由式（4.33）可进一步推导出 x_i 与 x_j 的协方差同 z_i 与 z_j 的协方差之间的关系表达式，以及随机变量 x 的方差与正态变量 z 的方差之间关系表达式，如下：

$$\rho_{z_i z_j}=\frac{\mathrm{COV}(z_i,z_j)}{\sqrt{Dz_i}\sqrt{Dz_j}}=\frac{\sigma_{x_i}\sigma_{x_j}\mathrm{COV}(z_i,z_j)}{\sqrt{\sigma_{x_i}^2 Dz_i}\sqrt{\sigma_{x_j}^2 Dz_j}}=\frac{\mathrm{COV}(x_i,x_j)}{\sqrt{Dx_i}\sqrt{Dx_j}}=r_{ij} \tag{4.37}$$

由于 z_i 与 z_j 为标准正态随机变量，功能函数 $g(X)$ 的均值 μ_g 的表达式为

$$\mu_g=E[g(X)]=-\sum_{i=1}^{n}\left.\frac{\partial g}{\partial z_i}\right|_{z_i^*}z_i^*+\frac{1}{2}\sum_{i=1}^{n}\left.\frac{\partial^2 g}{\partial z_i^2}\right|_{z_i^*}+\frac{1}{2}\sum_{i=1}^{n}\sum_{i\neq j}^{n}\left.\frac{\partial^2 g}{\partial z_i \partial z_j}\right|_{z_i^* z_j^*}r_{ij}$$
$$+\frac{1}{2}\sum_{i=1}^{n}\sum_{j=1}^{n}\left.\frac{\partial^2 g}{\partial z_i \partial z_j}\right|_{z_i^* z_j^*}z_i^* z_j^* \tag{4.38}$$

考虑到当 $i=j$ 时，z_i 与 z_j 的相关系数为 1，即令当 $r_{ij}=1$ $(i=j)$，则功能函数 $g(X)$ 的均值 $E[g(X)]$ 表达式和功能函数平方式的均值 $E[g^2(X)]$ 的表达式为

$$E[g(X)]=-\sum_{i=1}^{n}z_i^*\left.\frac{\partial g}{\partial z_i}\right|_{z_i^*}+\frac{1}{2}\sum_{i=1}^{n}\sum_{j=1}^{n}r_{ij}\left.\frac{\partial^2 g}{\partial z_i \partial z_j}\right|_{z_i^* z_j^*}$$
$$+\frac{1}{2}\sum_{i=1}^{n}\sum_{j=1}^{n}z_i^* z_j^*\left.\frac{\partial^2 g}{\partial z_i \partial z_j}\right|_{z_i^* z_j^*} \tag{4.39}$$

$$E[g(X)]=-\sum_{i=1}^{n}z_i^*\left.\frac{\partial g}{\partial z_i}\right|_{z_i^*}+\frac{1}{2}\sum_{i=1}^{n}\sum_{j=1}^{n}r_{ij}\left.\frac{\partial^2 g}{\partial z_i \partial z_j}\right|_{z_i^* z_j^*}$$
$$+\frac{1}{2}\sum_{i=1}^{n}\sum_{j=1}^{n}z_i^* z_j^*\left.\frac{\partial^2 g}{\partial z_i \partial z_j}\right|_{z_i^* z_j^*} \tag{4.40}$$

令 $r_{ij}=1$ $(i=j)$，则功能函数平方式的均值 $E[g^2(X)]$ 的表达式进一步简化合并为

$$E[g^2(X)]=\sum_{i=1}^{n}\sum_{j=1}^{n}r_{ij}\left.\frac{\partial g}{\partial z_i}\right|_{z_i^*}\left.\frac{\partial g}{\partial z_j}\right|_{z_j^*}+\sum_{i=1}^{n}\sum_{j=1}^{n}z_i^* z_j^*\left.\frac{\partial g}{\partial z_i}\right|_{z_i^*}\left.\frac{\partial g}{\partial z_j}\right|_{z_j^*} \tag{4.41}$$

则由式（4.36）、式（4.37）易得功能函数的可靠指标表达式，如下：

$$E[g^2(X)]=\sum_{i=1}^{n}\sum_{j=1}^{n}r_{ij}\left.\frac{\partial g}{\partial z_i}\right|_{z_i^*}\left.\frac{\partial g}{\partial z_j}\right|_{z_j^*}+\sum_{i=1}^{n}\sum_{j=1}^{n}z_i^* z_j^*\left.\frac{\partial g}{\partial z_i}\right|_{z_i^*}\left.\frac{\partial g}{\partial z_j}\right|_{z_j^*} \tag{4.42}$$

4.3　岩质边坡案例可靠度评价

本章提出的确定平面失稳或楔形体失稳岩石边坡可靠度指标和破坏概率的方法，通过 MATLAB 和 Excel VBA 程序实现，其计算过程如下：

第一，对极限点 x_i^* $(i=1,2,\cdots,n)$ 上的功能函数 $g(X)$ 进行二阶泰勒公式展开。

第二，忽略大于二次项的高阶项，引入标准化正态变量 z_i。

第三，计算随机变量的平均值和标准差，推导功能函数的偏导数。

第四，根据不同情况下可靠性指标 β 基于二次二阶矩法计算失效概率 P_f。

当随机变量的特征值确定时，该方法可快速确定可靠性指标和失效概率。此外，该方法可以提高结构面脆弱的岩石边坡破坏概率的计算精度。下面以锦屏 I 级水电站的两个岩石边坡为例，验证了所提方法的合理性。此外，根据正态分布函数生成若干组随机力学参数，也可以计算出不同力学参数对应的安全系数。

依托锦屏 I 级水电站枢纽区左岸边坡作为研究对象，针对该高陡边坡进行可靠度评价。由于强烈的构造过程，左岸岩体的高程通常在 1500～3500m，边坡的倾角大多在 55°～75°，并且经过长期的风化作用和卸荷效应，边坡中的节理和断层发育良好，特殊的地质条件导致的边坡失稳问题是该水电站建设过程中的一些关键难题。锦屏 I 级左岸边坡开挖高度为 530m（高程为 2110～1580m），由于边坡开挖工程量很大，左岸高边坡在坝肩端部附近出现临空面。锦屏左岸边坡从水面至山顶相对高差为 1500～1700m。构造上为三滩倒转向斜，岩层产状 N15°～60°E/SE35°～45°，走向与河流方向基本一致，右岸为顺向坡，左岸为反向坡。谷坡岩体为中上三叠统变质岩，按岩性可分为三段（图 4.3）：第一段（T_{2-3Z}^1）绿片岩，第二段（T_{2-3Z}^2）大理岩，工程岩体主要由该段构成；第三段（T_{2-3Z}^3）砂板岩，出露于左岸 1850～1900m 高程以上，左岸坡体内还分布后期侵入的煌斑岩脉。左岸岩体存在大量由软弱结构面控制的潜在危岩体，失稳模式主要为平面失稳和楔形失稳两种，因此在 4.2.3 节二次二阶矩法的理论基础上，针对锦屏 I 级左岸高陡岩质边坡潜在的失稳岩体进行可靠度分析。

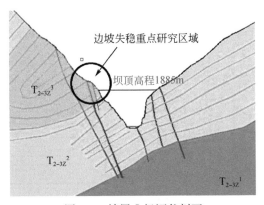

图 4.3 锦屏 I 级河谷剖面

4.3.1 平面滑动情况

由锦屏 I 级左岸高边坡工程资料可知，图 4.3 中被圈起的部分可能发生平面滑动，其底滑面为 XL21 裂隙，背滑面为 fLL1 断层。该平面破坏的地质条件如图 4.4 所示。岩体的主要类型为粉质砂岩。岩体的平面失稳主要由两组断层 fLL1 和 XL21 控制。斜坡开挖面的走向 N20°E，倾向 SE∠52°。断层 fLL1 是后缘结构面，走向 N70°E，倾向 SE∠72°。断层 XL21 为底部结构面，其走向 EW，倾向 S∠32°。该平面破坏的计算示意图及赤平投影分析如图 4.5 所示。通过几何分析确定可靠性分析的基本参数: 失稳岩体总重量为 17420kN, 断层 fLL1 的残余抗拉强度的平均值和标准偏差分别为 3.05kPa 和 0.394kPa, 断层 XL21 的内聚力的平均值和标准偏差分别为 21.52kPa 和 1.97kPa。表 4.1 总结了锦屏 I 级水电站左岸岩质边坡平面滑动可靠性分析所使用的所有计算参数。

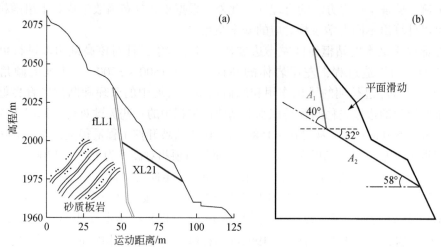

图4.4 锦屏 I 级左岸边坡岩体软弱结构面

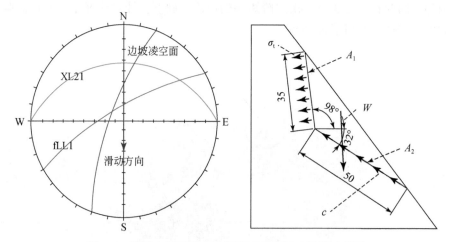

图4.5 锦屏左岸边坡赤平投影及平面滑动计算示意图

表 4.1 锦屏 I 级水电站平面滑动可靠性分析计算参数

参数	数值	参数	数值
A_1/m	35	$\mu_{\sigma t}/\text{kPa}$	3.05
A_2/m	50	$\mu_{\varphi}/(°)$	28.45
$\alpha/(°)$	40	μ_c/kPa	21.52
$\beta/(°)$	32	$\sigma_{\sigma t}/\text{kPa}$	0.394
$\gamma/(\text{kN/m}^3)$	26	$\sigma_{\varphi}/(°)$	1.92
$W/(\text{kN/m})$	17420	σ_c/kPa	1.97

根据平面滑动的安全系数以及基于二次二阶矩法推导的功能函数可得到锦屏 I 级左岸边坡平面滑动情况下各计算参数的功能函数表达式：

$$E[g^2(X)] = \sum_{i=1}^{n} \sum_{j=1}^{n} r_{ij} \frac{\partial g}{\partial z_i}\bigg|_{z_i^*} \frac{\partial g}{\partial z_j}\bigg|_{z_j^*} + \sum_{i=1}^{n} \sum_{j=1}^{n} z_i^* z_j^* \frac{\partial g}{\partial z_i}\bigg|_{z_i^*} \frac{\partial g}{\partial z_j}\bigg|_{z_j^*} \tag{4.43}$$

$$g(\sigma_t, \varphi, c) = \frac{50c + (568.3\gamma + 26.8\,\sigma_t) \times \tan\varphi}{354.9\gamma - 22.5\,\sigma_t} - 1 \tag{4.44}$$

在计算可靠性指标 β 时，基于二次二阶矩法的正态分布作为初始条件，该三个随机变量 σ_t、φ 和 c 的分布形式为正态分布，通过式（4.44）迭代计算可以确定三个随机变量的极限点，其中 σ_t^*、φ^* 和 c^* 分别为 3.0kPa、28.5° 和 21.3kPa。使用 σ_t、φ 和 c 三个随机变量的平均值和标准偏差的特征参数，可以计算出该平面滑动的可靠性指标 β 和失效概率 P_f。根据正态分布函数生成若干组随机力学参数，各力学参数对该平面滑动的失效安全系数的影响如图 4.6 所示，随着岩体力学参数（包括断层 fLL1 的残余抗拉强度和断层 XL21 的黏聚力和摩擦角）的增加，平面滑动的失效的安全系数增大。基于二次二阶矩法的计算结果表明该平面滑动的可靠性指标为 $\beta = 0.563$，相应的失效概率为 $P_f = 28.7\%$，使用生成的随机参数得出的安全系数的分布特性如图 4.7 所示。

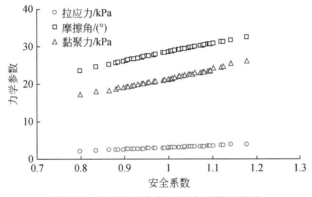

图 4.6　岩石力学参数对安全系数的影响

此外，还采用蒙特卡罗法和二次一阶矩法计算了平面失稳的失效可靠度指标。对于蒙特卡罗法，首先生成 1000 个随机参数集。我们发现平面失稳的安全系数随着岩体力学参数的增加而增加（图 4.8）。图 4.9 为采用蒙特卡罗方法计算可靠性指标和失效概率的结果，与图 4.7 相比，平面失稳情况下安全系数的分布特征与蒙特卡罗法有一些相似之处。表 4.2 总结了采用不同方法对平面失稳失效的可靠度分析结果。如表 4.2 所示，采用蒙特卡罗法，该平面失稳的可靠性指标为 0.677，其失效概率为 24.9%。而采用 FOSM 方法，该平面失稳的可靠度指标为 -0.025，失效概率为 51.0%。该方法确定的可靠性指标和失效概率与蒙特卡罗法比较接近，但与蒙特卡罗法和本章方法确定的可靠性指标和失效概率有一定的差异。基于二次二阶矩法确定的可靠性指标和失效概率的结果与蒙特卡罗法的结果相近，但是二次一阶矩法所确定的结果与蒙特卡罗法的计算结果有一定的差异。

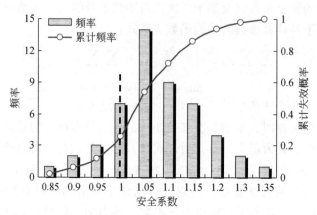

图 4.7 平面失稳情况下随机参数的安全系数的频率分布

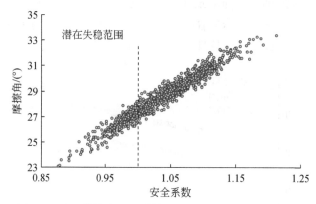

图 4.8 基于蒙特卡罗法计算摩擦角对安全系数影响分布

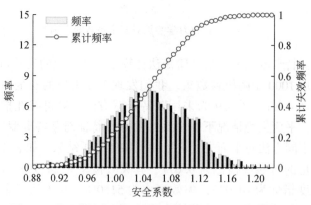

图 4.9 基于蒙特卡罗法得出可靠性指标和失效概率分布

表 4.2　采用不同方法平面滑动的可靠度分析结果

可靠度计算方法	蒙卡特罗法	一次二阶矩法	二次二阶矩法
可靠度指标 β	0.677	−0.025	0.563
失效概率 P_f/%	24.9	51.0	28.7

4.3.2　楔形体滑动情况

锦屏 I 级左岸边坡开挖高度为 530m（2110～1580m），由于边坡开挖工程量很大，左岸高边坡在坝肩端部附近出现临空面（周江平，2009）。形成以 F_{42-9} 为底滑面，以 SL_{44-1} 拉裂带为侧滑面的，以背后煌斑岩脉 X 处为拉裂临空面的潜在的楔形滑动体（图 4.10）。斜坡开挖面的倾向 N25°E，倾角 SE∠63°。结构面 A 是断层 F_{4-29}，其倾向 EW，倾角 S∠50°。结构面 B 是断层 SL_{44-1}，倾向 N20°W，倾角 NE∠62°。后缘结构面倾向为 N65°E，倾角 SE∠75°［图 4.11（a）］。经过空间几何分析，可以确定相交线的空间信息（滑动方向），倾向为 133.41°，倾角为 39.82°，楔形破坏的赤平投影如图 4.11（b）所示。

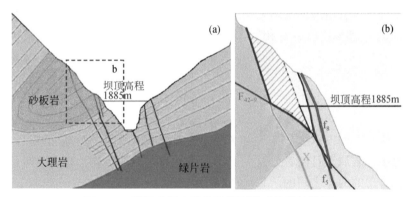

图 4.10　锦屏 I 级左岸边坡楔形滑动软弱结构面

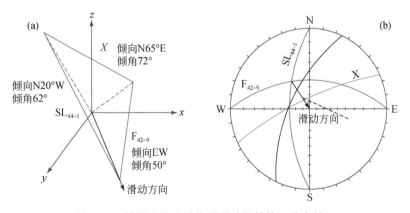

图 4.11　锦屏左岸边坡楔形滑动的结构面分布情况

假设 $F_{42\text{-}9}$ 断层面为 A 面，$SL_{44\text{-}1}$ 拉裂面为 B 面，煌斑岩脉 X 面为 C 面，开挖边坡斜面为 D 面。以 A、B、C 三面焦点为原点 O，建立 A、B、C、D 四个面的空间平面方程。并设 A、C、D 三个平面的交点为 E；A、B、D 三个平面的交点为 G；B、C、D 三个平面的交点为 F。

根据计算得到的岩体的相应控制点 O、E、F、G 的坐标，计算楔形体结构面 A 的面积为 $A_A = 3866.7 \text{m}^2$，滑动面 B 的面积为 $A_B = 1595.3 \text{m}^2$。此处不考虑后边缘面的残余抗拉强度，$SL_{44\text{-}1}$ 和 $F_{42\text{-}9}$ 断层的剪切强度参数取值不同。由工程资料，滑块部分为砂板岩，平均比重为 2.6。则易得滑块体重量 $W = 995733.684 \text{kN}$。

由三维模型假设，已知滑移体 A、B 两面为滑移面。假设 A、B 两面的内摩擦角分别为 φ_A、φ_B 黏聚力分别为 c_A、c_B。两滑动面的倾角与走向分别为 β_A、β_B 和 ψ_A、ψ_B。假设两滑动面的交线的倾角为 β_s，走向为 ψ_s，并且交线的法线 $\vec{n}$ 和两个滑动面 A、B 之间的夹角分别为 ω_A、ω_B；楔形体的重量为 W，作用在两滑动面 A 和 B 上的法向力分别为 N_A、N_B。此边坡模型中，楔形体滑动情况下的功能函数表达式为

$$g(X) = \frac{621667.3 \tan\varphi_1 + 403738.8 \tan\varphi_2 + 3866.7 \times c_A + 1595.3 \times c_B}{995733.7 \times \sin 39.82°} - 1 \qquad (4.45)$$

在降雨条件下，岩质边坡软弱夹层的含水率会发生变化。而软弱夹层中含水率的变化与软弱结构面的抗剪参数值具有相关函数关系（张立等，2011；文雪峰等，2014；潘健等，2013）。假设滑动软弱结构面的含水率 w 和软弱结构面的抗剪参数 c、φ 具有函数关系表达式为

$$c = f_1(w) \qquad (4.46)$$
$$\varphi = f_2(w) \qquad (4.47)$$

根据工程资料，假设本岩质边坡模型中，滑动楔形体的两个滑动面 A、B 其夹层主要组成成分为黏土和岩屑，且两者之比为 1∶1。含水率与软弱结构面抗剪参数的函数关系的相关研究所拟合出的两者之间的函数关系表达式如下：

$$c = f_1(w) = A_1 e^{-B_1 w} - 0.5(C_1 + D_1 w) w_r + E_1 \qquad (4.48)$$

式中，A_1、B_1、C_1、D_1、E_1 为通过实验得到的系数，分别为 35、0.05、0.3、0.025、35；c 为软弱结构面黏聚力；w 为软弱结构面含水率；w_r 为软弱结构面岩屑含量。

$$\varphi = f_2(w) = A_2 e^{0.5 B_2} - (C_2 + 0.5 D_2) \qquad (4.49)$$

式中，A_2、B_2、C_2、D_2 为通过实验得到的系数，分别为 28、0.01、0.05、0.04；φ 为软弱结构面内摩擦角；w 为软弱结构面含水率。

将抗剪强度参数的随机性转化为含水率的随机分布，在计算中含水率 w_1 和 w_2 的两种分布形式服从正态分布，在计算可靠性指标 β 时，可以通过使用公式获得内聚力和摩擦角的随机分布。经过迭代计算，可以确定四个随机变量的极限点，其中 w_1^* 和 w_2^* 分别为 65% 和 64%。楔形破坏可靠度分析所使用的所有计算参数见表 4.3，计算出楔形滑动失效的可靠性指标为 $\beta = 1.250$，相应的失效概率为 $P_f = 10.6\%$，安全系数的分布特性如图 4.12 所示。

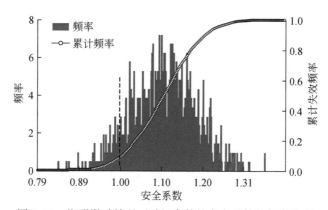

图 4.12 楔形滑动情况下随机参数的安全系数的频率分布

表 4.3 锦屏 I 级水电站楔形滑动可靠性分析计算参数

参数	数值	参数	数值
A_1/m^2	3866.7	$\mu_{w1}/\%$	44
A_2/m^2	1595.3	$\mu_{w2}/\%$	44.5
$\beta_s/(°)$	39.82	σ_{w1}	0.227
$\gamma/(\text{kN/m}^3)$	26	σ_{w2}	0.23
W/kN	995733.7	$w_1^*/\%$	65
N_1/kN	621667.3	$w_2^*/\%$	64
N_2/kN	403738.8	r_{12}	0.97

此外，依旧采用蒙特卡罗法以及二次一阶矩法来计算该楔形破坏的可靠性指标。不同方法进行楔形破坏的可靠性分析结果见表 4.4。使用蒙特卡罗法的楔形体失效可靠性指标为 $\beta = 1.305$，相应的失效概率为 $P_f = 9.6\%$。同时，对于二次一阶矩法，楔形体滑动的失效可靠性指标为 $\beta = 1.106$，相应的失效概率为 $P_f = 13.4\%$。对于楔形破坏问题，二次一阶矩法、蒙特卡罗法以及二次二阶矩法的可靠度计算结果间的差异很小。

表 4.4 采用不同方法楔形滑动的可靠度分析结果

可靠度计算方法	蒙卡特罗法	一次二阶矩法	二次二阶矩法
可靠度指标 β	1.305	1.106	1.250
失效概率 $P_f/\%$	9.6	13.4	10.6

综合平面滑动以及楔形体滑动两种情况的可靠度分析结果表明，使用二次一阶矩法对平面滑动的可靠性分析结果存在较大的误差，而基于二次二阶矩法可以更精确地计算平面滑动失稳和楔形体滑动失稳的可靠性指标 β 和失效概率 P_f。

4.4　本章小结

　　典型的软弱结构面控制的岩质边坡,地质体经受长期、多循环或人为的地质作用,作用强度不一,错综复杂,其工程地质条件及性质参数是多变的、随机的、相关的。针对边坡工程评价和设计中的物理不确定性、统计不确定性、模型不确定性,在边坡系统稳定性的研究中引入可靠性分析理论和方法,并以传统安全系数法为基础互为补充、互为印证,更好地为工程实践服务。利用改进的统计数学方法求解功能函数以及功能函数平方式的期望,从而进一步借助于功能函数的期望、功能函数平方式的期望、功能函数的标准差三者之间的关系建立其可靠指标的求解表达式,基于二次二阶矩法得出的失效概率更接近真实的失效概率,在计算边坡可靠度方面更加合理。研究可靠性理论在边坡稳定分析中的应用,并将其运用于实际工程,具有非常重要现实意义。

第5章 岩质边坡三维稳定性分析理论与程序

5.1 概　　述

岩质边坡内部往往包含大量结构面，其稳定性和失稳模式明显受结构面控制。岩质边坡稳定性分析须在对边坡地质等条件充分认识的基础上，考虑并计算滑坡变形体沿最危险结构面的抗滑力和滑动力，从而对边坡的稳定性或安全性做出评价。目前稳定性分析和评价方法大致可分为三大类，即定性分析法、定量分析法和不确定性分析法。定性分析法主要是指通过现场实地工程地质勘测，分析控制边坡稳定性的主要因素、边坡潜在的变形破坏形式和失稳力学机理，对边坡变形体的成因以及演化史进行研究，进而评价边坡体的稳定现状并对其以后的发展趋势进行定性的描述（李荣伟和侯恩科，2007）。定性分析法能够综合考虑影响边坡稳定性的多重因素及其它们之间的耦合作用，快速对边坡的稳定性做出定性评价。定量分析法包括极限平衡法、极限分析法和包括有限元法在内的多种数值分析方法，均通过对潜在滑体进行力学分析获得安全系数来定量刻画边坡稳定性。极限平衡法是边坡稳定性分析中十分重要的一种方法（张帆宇，2007），其概念清晰、易于被理解和掌握，所以在工程界的应用中占据主导地位。有限元法是随着现代计算机的发展而发展起来的一种更为精细化的数值模拟方法（陈刚，2007），采用有限元法能根据各个工程的实际，考虑不同工程地质条件下，岩土体的力学性质的非均匀性和各向异性以及复杂的边界条件。合理模拟这些因素能获得比较符合工程实际的结果。不确定性分析法的核心是认为岩土体的力学参数、地下水、变形破坏形式等是不确定的，具有时空变异性。通过在确定性分析方法的基础上引入相应的数学模型来模拟各种参数和因素的变异性，可获得边坡的失稳概率和工程可靠度，采用概率指标来刻画潜在滑体的失稳概率。需要指出的是，边坡稳定分析的理论研究在不断深入、分析方法在不断增多，由分开考虑各种因素向着综合考虑多种因素耦合作用的方向发展，由各种简化模型向着更加符合实际的复杂模型发展。虽然考虑各种因子变异性的边坡的可靠性分析方法是未来边坡稳定评价研究的主要发展方向，但可靠性分析的开展必须基于一种确定性分析方法。因而，获得可靠的可靠性分析结论取决于确定性分析模型和方法的精度。创新计算方法和方式，结合边坡的实际破坏模式，建立理论体系更加严密的分析方法，仍然在边坡稳定研究领域处于重要地位。

目前，工程中最常采用的确定性分析方法为二维极限平衡方法，最大的优点为力学模型简单且所需参数少，易于被工程人员掌握。最大的不足为几何模型过于简化，无法考虑实际滑坡体的三维特征。研究表明，对于几何形态和土体特性不同的边坡，二维分析可低估安全系数2%～60%（Li et al.，2010），对于某些几何特殊（如两边临空）的边坡，二维分析也可能高估安全系数。因此采用三维方式进行边坡稳定分析是必要的，而三维极限平衡法继承了二维极限平衡法的优点，在研究和应用领域中都得到了最为广泛的关注。大多数已有的三维极限平衡法是基于条柱的思想建立的，即二维条分法的扩展。在各种二维条分法中，摩根斯坦普赖斯法（M-P 法）被认为是最为严格的条分法，本章借鉴 Morgenstern-Price 的条间力假定，从三维条柱间剪力增量和法向力增量的关系出发，推导出底面法向力的表达式，从而建立了一个新的三维极限平衡法。该方法理论体系严密，能满足 6 个平衡条件且考虑了所有的条件剪力，给出的安全系数更为可靠合理。且该法采用的直接迭代法计算效率高，具有较大的实用价值。

5.2　三维边坡稳定分析理论

如前所述，岩体边坡的稳定性和潜在破坏模式受到结构面控制，其最危险的临界滑动往往由岩体不连续结构面组成。而对岩体边坡稳定性分析一般采用考虑结构面的块体极限平衡法，该方法针对不同的结构面组合建立潜在滑动岩体的力学模型，考虑岩石块体间的相互作用力，利用平衡方程求解安全系数。然而，对该类方法的三维拓展较为复杂，需要考虑结构面的空间几何性质和其复杂的组合形式，结构面间相互作用力的分析也不再简单明了，计算分析模型的建立也不具普遍性。基于条柱离散的三维极限平衡法有效地克服了这些缺点。首先，模型的建立均为对潜在滑动面上的完整岩石体进行条柱离散，模型建立方法统一，利于程序的标准化，具有普适性。其次，相对土坡而言，条间力的假定可更加随意。因为岩石的强度较大，假定的条件剪力一般不会达到其破坏水平。最后，对于由平面结构面控制的滑坡体，安全系数对于条柱离散形式并不敏感，说明了条柱法在岩体边坡稳定分析中的合理性。

5.2.1　三维边坡稳定分析的基本理论框架

5.2.1.1　条柱离散

岩质边坡内部通常包含大量结构面，如图 5.1（a）所示，其分布、发育程度以及结构面的物理力学性状，直接影响着边坡失稳破坏模式以及稳定性。这里将岩质边坡潜在滑动体简化离散成条柱，如图 5.1（b）所示，单个条柱的受力情况如图 5.1（c）所示。其中，行界面平行于 xoz 平面，列界面平行于 yoz 平面。本章采用上标 i 和 j 表示该条柱在整个滑体的位置为第 i 行和第 j 列；$P_x^{i,j}$、$P_y^{i,j}$ 和 $P_z^{i,j}$ 为作用在条柱顶面的荷载，作用点为顶面的几何中心（$x_u^{i,j}$, $y_u^{i,j}$, $z_u^{i,j}$）；$N^{i,j}$ 为底面法向力；$S_{xz}^{i,j}$ 和 $S_{yz}^{i,j}$ 分别为底滑面剪力平行于 xoz 和 yoz 平面的分量；$S^{i,j}$ 为它们的合力；$E_x^{i,j}$ 和 $E_y^{i,j}$ 分别为条柱列界面和行界面的法向力；$H_x^{i,j}$，$H_y^{i,j}$ 和 $T_x^{i,j}$，$T_y^{i,j}$ 分别为 4 个侧面上的竖向剪力和水平剪力；$\alpha_{xz}^{i,j}$ 和 $\alpha_{yz}^{i,j}$ 分别为底滑面与 x 轴和 y 轴的夹角；条柱在 x 和 y 方向的宽度分别为 Δx 和 Δy。

5.2.1.2　基本假定

基于三维极限平衡理论，本章采用如下基本假定：

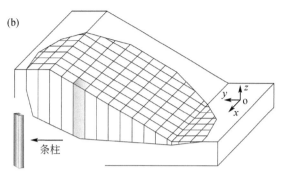

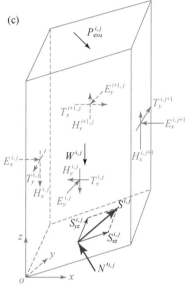

图 5.1　典型岩质边坡及条柱离散图

（a）典型岩质边坡；（b）条柱离散；（c）条柱受力情况

（1）条柱底滑面法向力的作用方向由其拟合的平面法向矢量确定，记为（$n_x^{i,j}$，$n_y^{i,j}$，$n_z^{i,j}$），作用点为底滑面的几何中心（$x_b^{i,j}$，$y_b^{i,j}$，$z_b^{i,j}$），重力作用方向也通过滑面几何中心。

（2）假定条间剪力与法向力满足如下关系：

$$H_x = \eta_1 \lambda_1(x, y) E_x \tag{5.1}$$

$$H_y = \eta_2 \lambda_2(x, y) E_y \tag{5.2}$$

$$T_y = \eta_3 \lambda_3(x, y) E_x \tag{5.3}$$

$$T_x = \eta_4 \lambda_4(x, y) E_y \tag{5.4}$$

式中，$\lambda_1(x, y)$、$\lambda_2(x, y)$、$\lambda_3(x, y)$ 和 $\lambda_4(x, y)$ 均为事先假定的连续函数，称为侧向剪力分布函数；η_1、η_2、η_3 和 η_4 均为待定的常数，称为侧向剪力系数。

为了便于公式推导和程序实现，将式（5.1）～式（5.4）写成增量形式：

$$\Delta H_x^{i,j} = \eta_1 (\lambda_1^{i,j} \Delta E_x^{i,j} + c_1^{i,j}) \tag{5.5}$$

$$\Delta H_y^{i,j} = \eta_2 (\lambda_2^{i,j} \Delta E_y^{i,j} + c_2^{i,j}) \tag{5.6}$$

$$\Delta T_y^{i,j} = \eta_3 (\lambda_3^{i,j} \Delta E_x^{i,j} + c_3^{i,j}) \tag{5.7}$$

$$\Delta T_x^{i,j} = \eta_4 (\lambda_4^{i,j} \Delta E_y^{i,j} + c_4^{i,j}) \tag{5.8}$$

式中，

$$\begin{cases} \Delta H_x^{i,j} = H_x^{i,j+1} - H_x^{i,j} \\ \Delta T_y^{i,j} = T_y^{i,j+1} - T_y^{i,j} \\ \Delta E_x^{i,j} = E_x^{i,j+1} - E_x^{i,j} \\ \Delta H_y^{i,j} = H_y^{i+1,j} - H_y^{i,j} \\ \Delta T_x^{i,j} = T_x^{i+1,j} - T_x^{i,j} \\ \Delta E_y^{i,j} = E_y^{i+1,j} - E_y^{i,j} \\ c_1^{i,j} = (\lambda_1^{i,j,r} - \lambda_1^{i,j}) E_x^{i,j+1} + (\lambda_1^{i,j} - \lambda_1^{i,j,l}) E_x^{i,j} \\ c_2^{i,j} = (\lambda_2^{i,j,u} - \lambda_2^{i,j}) E_y^{i+1,j} + (\lambda_2^{i,j} - \lambda_2^{i,j,b}) E_y^{i,j} \\ c_3^{i,j} = (\lambda_3^{i,j,r} - \lambda_3^{i,j}) E_x^{i,j+1} + (\lambda_3^{i,j} - \lambda_3^{i,j,l}) E_x^{i,j} \\ c_4^{i,j} = (\lambda_4^{i,j,u} - \lambda_4^{i,j}) E_y^{i+1,j} + (\lambda_4^{i,j} - \lambda_4^{i,j,b}) E_y^{i,j} \end{cases} \tag{5.9}$$

$\lambda_m^{i,j}$（$m=1$，2，3，4）为 $\lambda_m(x,y)$ 在该条柱底面中点对应的取值；$c_m^{i,j}$（$m=1$，2，3，4）在初次计算时可取 0。

（3）滑体左右和前后边界上的推力和剪力已知。

（4）同一行上各条柱沿 x 方向的安全系数相同，即 $K_x^{i,j} = K_x^{i,j+1}$；同一列上各条柱沿 y 方向的安全系数相同，即 $K_y^{i+1,j} = K_y^{i,j}$。

5.2.2　三维边坡安全系数计算公式的一般推导

5.2.2.1　安全系数的定义

安全系数是边坡稳定性的一个定量评价概念，当该值大于 1 时，坡体稳定；等于 1 时，坡体处于极限平衡状态；小于 1 时，边坡即发生破坏。本章采用 Huang 和 Tsai（2000）给出的安全系数的定义。

由 Mohr-Coulomb 准则，得到各条柱底面抗滑力：

$$S_f^{i,j} = c^{i,j} A^{i,j} + N^{i,j} \tan\varphi^{i,j} \tag{5.10}$$

式中，$S_f^{i,j}$ 为底面抗滑力；$N^{i,j}$ 为底面法向力；$c^{i,j}$、$A^{i,j}$ 和 $\varphi^{i,j}$ 分别为第（i，j）条柱底滑面的黏聚力、面积和摩擦角。

定义各条柱在 x 方向和 y 方向的 2 个安全系数为

$$K_x^{i,j} = S_f^{i,j} / S_{xz}^{i,j}, K_y^{i,j} = S_f^{i,j} / S_{yz}^{i,j} \tag{5.11}$$

各条柱的安全系数为

$$K^{i,j} = S_f^{i,j} / S^{i,j} \tag{5.12}$$

整个滑坡体的安全系数为

$$K = \sum S_f^{i,j} / \sum S^{i,j} \tag{5.13}$$

5.2.2.2　静力平衡方程及其求解

静力平衡法是用基础各截面的静力平衡条件求解内力。本章采用静力平衡法求解条柱所受剪力 $S_{xz}^{i,j}$、$S_{yz}^{i,j}$、底面法向力 $N^{i,j}$ 和抗滑力 $S_{f}^{i,j}$。单个条柱分别满足力的平衡条件和力矩平衡条件。

单个条柱的力平衡方程为

$$S_{xz}^{i,j}\cos\alpha_{xz}^{i,j}+N^{i,j}n_x^{i,j}+P_x^{i,j}-\Delta E_x^{i,j}-\Delta T_x^{i,j}=0 \tag{5.14}$$

$$S_{yz}^{i,j}\cos\alpha_{yz}^{i,j}+N^{i,j}n_y^{i,j}+P_y^{i,j}-\Delta E_x^{i,j}-\Delta T_y^{i,j}=0 \tag{5.15}$$

$$S_{xz}^{i,j}\sin\alpha_{xz}^{i,j}+S_{yz}^{i,j}\sin\alpha_{yz}^{i,j}+N^{i,j}n_z^{i,j}-W^{i,j}-P_z^{i,j}-\Delta H_x^{i,j}-\Delta H_y^{i,j}=0 \tag{5.16}$$

将式（5.10）代入式（5.11），再代入式（5.14）~式（5.16）；将式（5.5）~式（5.8）也代入式（5.14）~式（5.16），对式（5.14）~式（5.16）进行运算，得到底面法向力表达式：

$$N^{i,j}=\frac{A_4^{i,j}+A_5^{i,j}-c^{i,j}A^{i,j}(A_1^{i,j}+A_2^{i,j})}{A_3^{i,j}+\tan\varphi^{i,j}(A_1^{i,j}+A_2^{i,j})} \tag{5.17}$$

式中，

$$A_1^{i,j}=(\sin\alpha_{xz}^{i,j}-\kappa_1^{i,j}\cos\alpha_{xz}^{i,j})/K_x^{i,j}$$

$$A_2^{i,j}=(\sin\alpha_{yz}^{i,j}-\kappa_2^{i,j}\cos\alpha_{yz}^{i,j})/K_y^{i,j}$$

$$A_3^{i,j}=n_z^{i,j}-\kappa_1^{i,j}n_x^{i,j}-\kappa_2^{i,j}n_y^{i,j}$$

$$A_4^{i,j}=W^{i,j}+P_z^{i,j}+\kappa_1^{i,j}P_x^{i,j}+\kappa_2^{i,j}P_y^{i,j}$$

$$A_5^{i,j}=\eta_1 c_1^{i,j}+\eta_2 c_2^{i,j}-\kappa_1^{i,j}\eta_4 c_4^{i,j}-\kappa_2^{i,j}\eta_3 c_3^{i,j}$$

$$\kappa_1^{i,j}=\frac{\eta_1\lambda_1^{i,j}-\eta_2\lambda_2^{i,j}\eta_3\lambda_3^{i,j}}{1-\eta_3\lambda_3^{i,j}\eta_4\lambda_4^{i,j}}$$

$$\kappa_2^{i,j}=\frac{\eta_2\lambda_2^{i,j}-\eta_1\lambda_1^{i,j}\eta_4\lambda_4^{i,j}}{1-\eta_3\lambda_3^{i,j}\eta_4\lambda_4^{i,j}}$$

将式（5.17）代入式（5.10）可得：

$$S_f^{i,j}=\frac{(A_4^{i,j}+A_5^{i,j})\tan\varphi^{i,j}+c^{i,j}A^{i,j}A_3^{i,j}}{A_3^{i,j}+\tan\varphi^{i,j}(A_1^{i,j}+A_2^{i,j})} \tag{5.18}$$

将式（5.11）代入式（5.14）~式（5.16）；将式（5.5）~式（5.8）也代入式（5.14）~式（5.16），得：

$$\frac{S_f^{i,j}}{K_x^{i,j}}\cos\alpha_{xz}^{i,j}+N^{i,j}n_x^{i,j}+P_x^{i,j}-\Delta E_x^{i,j}-\eta_4(\lambda_4^{i,j}\Delta E_y^{i,j}+c_4^{i,j})=0 \tag{5.19}$$

$$\frac{S_f^{i,j}}{K_y^{i,j}}\cos\alpha_{yz}^{i,j}+N^{i,j}n_y^{i,j}+P_y^{i,j}-\Delta E_y^{i,j}-\eta_3(\lambda_3^{i,j}\Delta E_x^{i,j}+c_3^{i,j})=0 \tag{5.20}$$

$$\left(\frac{\sin\alpha_{xz}^{i,j}}{K_x^{i,j}}+\frac{\sin\alpha_{yz}^{i,j}}{K_y^{i,j}}\right)S_f^{i,j}+N^{i,j}n_z^{i,j}-W^{i,j}$$

$$-P_z^{i,j}-\eta_1(\lambda_1^{i,j}\Delta E_x^{i,j}+c_1^{i,j})-\eta_2(\lambda_2^{i,j}\Delta E_y^{i,j}+c_2^{i,j})=0 \tag{5.21}$$

利用式 5.19~式 5.21 可得到 ΔE_x 和 ΔE_y 的表达式，结合边界条件，可得（详细推导过程见戚顺超，2013）：

$$K_x^i = \frac{\sum\limits_j S_f^{i,j} V_1^{i,j}}{E_r^i - E_1^i + \sum\limits_j \left(D_2^{i,j} \nu_{24}^{i,j} - C_2^{i,j} \nu_2^{i,j} + S_f^{i,j} V_2^{i,j}/K_y^{i,j} \right)} \tag{5.22}$$

$$K_y^j = \frac{\sum\limits_i S_f^{i,j} W_1^{i,j}}{E_u^j - E_b^j + \sum\limits_i \left(C_2^{i,j} \nu_{13}^{i,j} - D_2^{i,j} \nu_1^{i,j} + S_f^{i,j} W_2^{i,j}/K_x^{i,j} \right)} \tag{5.23}$$

式中，E_r^i、E_1^i 分别为第 i 行右、左边界上的水平推力；E_u^j 和 E_b^j 分别为第 j 列上、下边界上的水平推力。

$$V_1^{i,j} = \frac{1}{\nu^{i,j}} \left(\cos\alpha_{xz}^{i,j} \nu_2^{i,j} - \frac{n_x^{i,j}}{n_z^{i,j}} \sin\alpha_{xz}^{i,j} \nu_2^{i,j} + \frac{n_y^{i,j}}{n_z^{i,j}} \sin\alpha_{xz}^{i,j} \nu_{24}^{i,j} \right)$$

$$V_2^{i,j} = \frac{1}{\nu^{i,j}} \left(\cos\alpha_{yz}^{i,j} \nu_{24}^{i,j} - \frac{n_y^{i,j}}{n_z^{i,j}} \sin\alpha_{yz}^{i,j} \nu_{24}^{i,j} + \frac{n_x^{i,j}}{n_z^{i,j}} \sin\alpha_{yz}^{i,j} \nu_2^{i,j} \right)$$

$$W_1^{i,j} = \frac{1}{\nu^{i,j}} \left(\cos\alpha_{yz}^{i,j} \nu_1^{i,j} - \frac{n_y^{i,j}}{n_z^{i,j}} \sin\alpha_{yz}^{i,j} \nu_1^{i,j} + \frac{n_x^{i,j}}{n_z^{i,j}} \sin\alpha_{yz}^{i,j} \nu_{13}^{i,j} \right)$$

$$W_2^{i,j} = \frac{1}{\nu^{i,j}} \left(\cos\alpha_{xz}^{i,j} \nu_{13}^{i,j} - \frac{n_x^{i,j}}{n_z^{i,j}} \sin\alpha_{xz}^{i,j} \nu_{13}^{i,j} + \frac{n_y^{i,j}}{n_z^{i,j}} \sin\alpha_{xz}^{i,j} \nu_1^{i,j} \right)$$

$$C_1^{i,j} = \frac{1}{\nu^{i,j}} \left[\frac{\cos\alpha_{xz}^{i,j}}{K_x^{i,j}} - \frac{n_x^{i,j}}{n_z^{i,j}} \left(\frac{\sin\alpha_{xz}^{i,j}}{K_x^{i,j}} + \frac{\sin\alpha_{yz}^{i,j}}{K_y^{i,j}} \right) \right]$$

$$D_1^{i,j} = \frac{1}{\nu^{i,j}} \left[\frac{\cos\alpha_{yz}^{i,j}}{K_y^{i,j}} - \frac{n_y^{i,j}}{n_z^{i,j}} \left(\frac{\sin\alpha_{xz}^{i,j}}{K_x^{i,j}} + \frac{\sin\alpha_{yz}^{i,j}}{K_y^{i,j}} \right) \right]$$

$$C_2^{i,j} = \frac{1}{\nu^{i,j}} \cdot \left[\frac{n_x^{i,j}}{n_z^{i,j}} \left(W^{i,j} + P_z^{i,j} + \eta_1 c_1^{i,j} + \eta_2 c_2^{i,j} \right) + P_x^{i,j} - \eta_4 c_4^{i,j} \right]$$

$$D_2^{i,j} = \frac{1}{\nu^{i,j}} \cdot \left[\frac{n_y^{i,j}}{n_z^{i,j}} \left(W^{i,j} + P_z^{i,j} + \eta_1 c_1^{i,j} + \eta_2 c_2^{i,j} \right) + P_y^{i,j} - \eta_3 c_3^{i,j} \right]$$

$$\nu_1^{i,j} = \frac{n_x^{i,j}}{n_z^{i,j}} \eta_1 \lambda_1^{i,j} - 1$$

$$\nu_{13}^{i,j} = \frac{n_y^{i,j}}{n_z^{i,j}} \eta_1 \lambda_1^{i,j} - \eta_3 \lambda_3^{i,j}$$

$$\nu_2^{i,j} = \frac{n_y^{i,j}}{n_z^{i,j}} \eta_2 \lambda_2^{i,j} - 1$$

$$\nu_{24}^{i,j} = \frac{n_x^{i,j}}{n_z^{i,j}} \eta_2 \lambda_2^{i,j} - \eta_4 \lambda_4^{i,j}$$

$$\nu^{i,j} = \nu_{13}^{i,j} \nu_{24}^{i,j} - \nu_1^{i,j} \nu_2^{i,j}$$

整个滑体绕 3 个轴的力矩平衡条件如下：

$$\sum_i \sum_j \left(F_z^{i,j} y_b^{i,j} - F_y^{\ i,j} z_b^{i,j} - P_z^{i,j} y_u^{i,j} - P_y^{i,j} z_u^{i,j} \right) = 0 \tag{5.24}$$

$$\sum_i \sum_j \left(F_z^{i,j} x_b^{i,j} - F_x^{\ i,j} z_b^{i,j} - P_z^{i,j} x_u^{i,j} - P_x^{i,j} z_u^{i,j} \right) = 0 \tag{5.25}$$

$$\sum_i \sum_j \left(F_y^{i,j} x_b^{i,j} - F_x^{\ i,j} y_b^{i,j} + P_y^{i,j} x_u^{i,j} - P_x^{i,j} y_u^{i,j} \right) = 0 \tag{5.26}$$

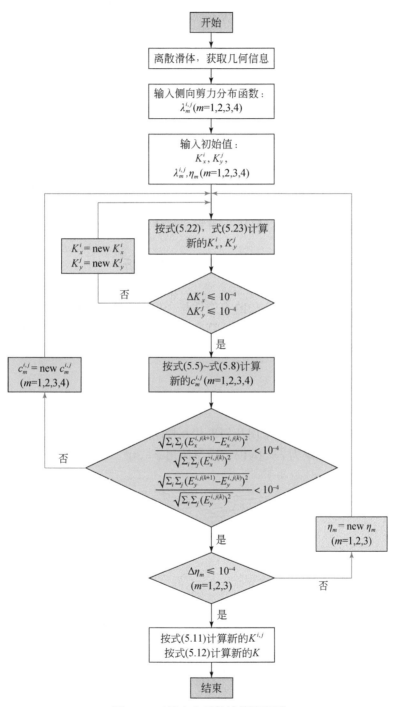

图 5.2　三维安全系数计算流程图

式中：

$$F_x^{i,j} = N^{i,j} n_x^{i,j} + S_{xz}^{i,j} \cos\alpha_{xz}^{i,j}$$

$$F_y^{i,j} = N^{i,j} n_y^{i,j} + S_{yz}^{i,j} \cos\alpha_{yz}^{i,j}$$

$$F_z^{i,j} = N^{i,j} n_z^{i,j} + S_{xz}^{i,j} \sin\alpha_{xz}^{i,j} + S_{yz}^{i,j} \sin\alpha_{yz}^{i,j} - W^{i,j}$$

结合式（5.14）~式（5.16），可得：

$$\eta_1 = \frac{\left[a_x - a_{x3}(a_z - a_{z4}\eta_4)/a_{z3} \right] a_{y2} - (a_y - a_{y4}\eta_4) a_{x2}}{a_{x1} a_{y2} - a_{x2} a_{y1}} \tag{5.27}$$

$$\eta_2 = \frac{\left[a_x - a_{x3}(a_z - a_{z4}\eta_4)/a_{z3} \right] a_{y1} - (a_y - a_{y4}\eta_4) a_{x1}}{a_{x2} a_{y1} - a_{x1} a_{y2}} \tag{5.28}$$

$$\eta_3 = (a_z - a_{z4}\eta_4)/a_{z3} \tag{5.29}$$

其中，各系数的表达式见戚顺超（2013）的研究。至此，所有未知量均得解，整个计算流程见图5.2。当 $K_x^{i,j}$、$K_y^{i,j}$ 和 η_1、η_2、η_3 按上述方法求得后，$S_{xz}^{i,j}$、$S_{yz}^{i,j}$、$N^{i,j}$ 和 $S_t^{i,j}$ 可根据式（5.11）、式（5.17）和式（5.18）得到，整体安全系数可由式（5.13）得到。

5.3　算 例 分 析

为了验证岩质边坡极限平衡方法的有效性与合理性，这里采用3个算例边坡对其进行检验并与其他方法进行对比分析。分别计算典型的非对称楔形边坡、非对称边坡及含倾斜软弱夹层的垂直边坡的稳定性。

5.3.1　非对称楔形边坡

典型的非对称楔形边坡计算采用几何形状及控制点坐标如图5.3所示滑坡体，滑动面由2个结构面组成，其黏聚力 $c = 50\text{kPa}$，内摩擦角 $\varphi = 30°$，坡体容重 $\gamma = 26\text{kN/m}^3$。

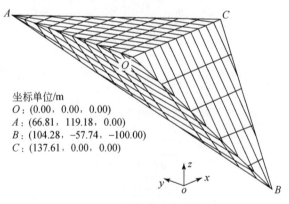

坐标单位/m
O：(0.00，0.00，0.00)
A：(66.81，119.18，0.00)
B：(104.28，−57.74，−100.00)
C：(137.61，0.00，0.00)

图5.3　形体的几何形状

对此非对称楔形边坡，本章取以下函数为条间力分布函数：

$$
\left.
\begin{aligned}
\lambda_1^{i,j} &= \sin(\pi x^{i,j}/l^i) \\
\lambda_2^{i,j} &= \sin(2\pi y^{i,j}/w^j) \\
\lambda_3^{i,j} &= \sin(\pi x^{i,j}/l^i) \\
\lambda_4^{i,j} &=
\begin{cases}
\sin(2\pi y^{i,j}/w^j) & (x^{i,j} < x_0) \\
-\sin(2\pi y^{i,j}/w^j) & (x^{i,j} > x_0)
\end{cases}
\end{aligned}
\right\}
\tag{5.30}
$$

与对称边坡不同，为满足非对称滑坡体 3 个力矩平衡，侧向剪力系数 η_1、η_2、η_3 和 η_4 中的 3 个均需迭代求解。同样，考察 η_4 的不同取值对安全系数的影响，结果汇总于表 5.1。由表 5.1 可见，η_4 取不同值时，安全系数仍在一个很小的范围内变化，为 1.6306 ~ 1.6316，并与其他分析方法的结果接近。由此可见，本章提出的方法同样适用于非对称边坡。

表 5.1 算例 1 计算结果

资料来源	K
本章方法	1.6316（0.01[a]）
	1.6315（0.05[a]）
	1.6313（0.10[a]）
	1.6312（0.15[a]）
	1.6310（0.20[a]）
	1.6308（0.25[a]）
	1.6306（0.30[a]）
理论解（陈祖煜，2003）	1.640
陈祖煜（2003）（极限平衡法）	1.597 ~ 1.615
郭明伟等（2010）	1.654
郑宏（2007）（严格法）	1.636

注：上标 a 表示 η_4 的取值。

同样，对于这一滑动面由两个平面构成的楔形体算例，为考察条柱数量对安全系数的影响，本章对 $\eta_4 = 0.1$、0.2、0.3 三种情况进行了较为详细的分析，结果汇总于表 5.2。其中计算区域在 x 方向长 140m，在 y 方向长 180m，条柱数量从 252 逐渐增加到 1260，横截面积相应的从 100m² 减小到 20m²。

表 5.2 算例 1 计算结果

计算区域条柱数量	条柱横截面积/m²	0.1	0.2	0.3
18×14=252	100	1.6980	1.6975	1.6968
18×20=360	70	1.6627	1.6620	1.6612
20×20=400	63	1.6647	1.6642	1.6637
20×28=560	45	1.6361	1.6359	1.6355
30×28=840	30	1.6417	1.6414	1.6411
30×35=1050	24	1.6318	1.6315	1.6311
36×35=1260	20	1.6313	1.6310	1.6306

安全系数随条柱数量的变化趋势由图 5.4 给出。由图 5.4 可见，对于 $\eta_4 = 0.1$、0.2、0.3 三种情况，随着条柱数量增加，安全系数开始迅速减小，后逐渐收敛至一稳定值。当条柱数量达 400 时，安全系数与稳定值之间的误差约为 2.0% 左右。当条柱数量在 560 ~ 900 时，安全系数与稳定值之间的误差减小到 0.5% 左右，当条柱数量达到 1000 以上时，安全系数非常接近稳定值。由于此楔形体算例的滑动面由两个平面构成，条柱离散较疏也不会引起较大的几何误差。因此，此算例需要离散的条柱数的大大减少，条柱的横截面积也无需太小，计算效率大为提高。需要注意的是，安全系数对于沿 x 方向离散的条柱列数较其对沿 y 方向离散的条柱行数更加敏感。这是因为，沿着 x 方向滑动面跨过了两个倾向不同的滑动面，离散时会带来较大的几何误差，而沿着 y 方向，滑动面倾向一样，离散引起的几何误差较小。这同样说明了，对于滑动面为由平面构成的三维边坡，离散的条柱数量无须太多，就能给出较高的计算精度。

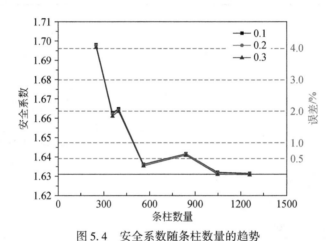

图 5.4　安全系数随条柱数量的趋势

5.3.2　非对称边坡

为进一步考察本章所提方法处理非对称边坡的能力，对 Cheng 和 Yip（2007）研究的一直立边坡算例进行了计算分析。此算例几何形状及控制点坐标如图 5.5 所示，滑动面为一倾斜平面，其黏聚力 $c = 0$kPa，内摩擦角 $\varphi = 32°$，坡体容重 $\gamma = 20$kN/m³。

对此非对称边坡，本节取以下函数为条间力分布函数：

$$\left.\begin{array}{l} \lambda_1^{i,j} = \sin(\pi x^{i,j}/l^i), \lambda_2^{i,j} = \sin(\pi y^{i,j}/w^j) \\ \lambda_3^{i,j} = \sin(\pi x^{i,j}/l^i), \lambda_4^{i,j} = \sin(\pi y^{i,j}/w^j) \end{array}\right\} \tag{5.31}$$

同样，计算了 η_4 取不同值时的安全系数，结果汇总于表 5.3。由表 5.3 可见，对于此算例 η_4 取值对安全系数几乎没有影响，均为 0.2797（保留 4 位有效数字），这与理论解和 Cheng 和 Yip（2007）给出的数值解一致。

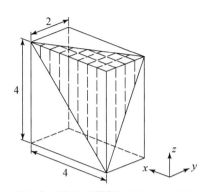

图 5.5　直立非对称边坡算例（Cheng and Yip，2007）

表 5.3　算例 2 安全系数计算结果

资料来源	K
本章方法	0.279705（0.01[a]）
	0.279707（0.05[a]）
	0.279709（0.10[a]）
	0.279712（0.15[a]）
	0.279714（0.20[a]）
	0.279719（0.30[a]）
Cheng 和 Yip（2007）	0.280

5.3.3　含倾斜软弱夹层的垂直边坡

为进一步验证方法的可靠性，考虑如图 5.6 所示的含倾斜软弱夹层的垂直边坡。坡高为 5m，坡体容重 $\gamma = 26\text{kN/m}^3$，内摩擦角 $\varphi = 20°$，黏聚力 c 取 20kPa、25kPa、30kPa 三种情况。坡内有一过原点的平面倾斜软弱夹层，位置由两夹角 α 和 β 确定，其黏聚力为 0kPa，内摩擦角为 10°。坡顶作用为 $2\text{m} \times 4\text{m}$ 均布荷载 P_z，中心点的平面坐标为（6m，6m）。图 5.7 给出了含倾斜软弱夹层直立边坡平面投影。

假设滑动面为由软弱夹层平面和球面构成的复合滑动面，球面方程为

$$x^2 + y^2 + (z-10)^2 = 100 \tag{5.32}$$

取条间力分布函数为

$$\left.\begin{aligned}
\lambda_1^{i,j} &= \sin(\pi x^{i,j}/l^i), \lambda_2^{i,j} = \sin(\pi y^{i,j}/w^j) \\
\lambda_3^{i,j} &= \sin(\pi x^{i,j}/l^i), \lambda_4^{i,j} = \sin(\pi y^{i,j}/w^j)
\end{aligned}\right\} \tag{5.53}$$

前述算例结果均表明，η_4 的取值对安全系数影响不大，因此，本例分析时均取 $\eta_4 = 0.1$。表 5.4 给出了四种软弱夹层倾角（$\alpha = 6°$、$\beta = 25°$、$\alpha = 8°$、$\beta = 23°$、$\alpha = 10°$、$\beta = 20°$ 和 $\alpha = 15°$，$\beta = 15°$）时的安全系数计算结果。

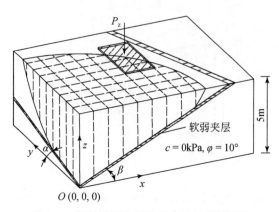

图 5.6　倾斜软弱夹层的垂直边坡几何形状

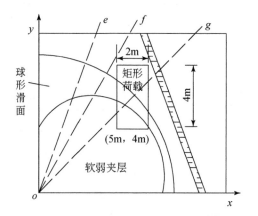

图 5.7　倾斜软弱夹层直立边坡平面投影

表 5.4　算例 3 安全系数计算结果

夹层倾角	P_z/kPa	安全系数		
		$c=20$kPa	$c=25$kPa	$c=30$kPa
$\alpha=6°$, $\beta=25°$	0	1.034	1.188	1.342
	20	1.001	1.147	1.294
	40	0.969	1.108	1.248
$\alpha=8°$, $\beta=23°$	0	1.029	1.184	1.339
	20	0.996	1.143	1.290
	40	0.965	1.104	1.245
$\alpha=10°$, $\beta=20°$	0	1.070	1.232	1.396
	20	1.035	1.189	1.345
	40	1.002	1.149	1.298

续表

夹层倾角	P_z/kPa	安全系数		
		$c=20$kPa	$c=25$kPa	$c=30$kPa
$\alpha=15°$，$\beta=15°$	0	1.067	1.231	1.396
	20	1.034	1.189	1.346
	40	1.002	1.150	1.300

同时，对于 $\alpha=6°$，$\beta=25°$ 时，选取 3 个剖面（图 5.7 中的 $o\text{-}e$、$o\text{-}f$ 和 $o\text{-}g$ 剖面），利用 Geo-slope 软件分析了黏聚力 $c=25$kPa，不考虑外荷载时的二维安全系数计算结果见表 5.5。比较发现，不同剖面的二维安全系数差异较大，也与三维稳定安全系数 1.188 差别明显，因此，采用二维分析评价其稳定性所得结果不准确。

表 5.5　二维安全系数计算结果（α=6°，β=25°）

二维方法名称	$o\text{-}e$ 剖面	$o\text{-}f$ 剖面	$o\text{-}g$ 剖面
M-P 法	1.245	1.017	0.745
简化 Janbu 法	1.331	1.088	0.784

此外，这里利用三维简化 Janbu 法对 $\alpha=10°$，$\beta=20°$ 的情况进行了计算，简化 Janbu 法忽略了所有的条间剪力且只满足 3 个方向力平衡条件，分析结果绘于图 5.8。由图 5.8 可见，对于本例中的复合滑动面，简化 Janbu 法得到的安全系数较满足 6 个平衡条件的安全系数大，即简化方法并不是一定给出偏于安全的结果，这与二维边坡稳定分析的结论一致（GeoSlope International Ltd，2007）。

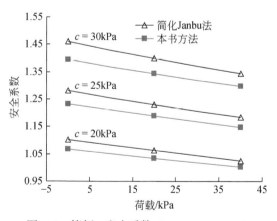

图 5.8　算例 3 安全系数（$\alpha=10°$，$\beta=20°$）

表 5.6 给出了 $\alpha=10°$ 和 $\beta=20°$，$c=30$kPa，$P_z=20$kPa 时迭代过程中的不平衡力矩和安全系数变化规律，由表 5.6 可见，本算例通过 4 次迭代即达到力矩平衡和安全系数收敛，其他参数组合时收敛性与此类似，一般只需要 3~6 次迭代便可。

表 5.6　算例 3 力矩平衡迭代过程

迭代次数	K	$M_x/(\text{kN}\cdot\text{m})$	$M_y/(\text{kN}\cdot\text{m})$	$M_z/(\text{kN}\cdot\text{m})$
（初值）	1.415 1	−432.479	−706.908	44.078
1	1.346 8	−4.273	−28.746	−3.448
2	1.345 4	−1.029	−1.092	0.026
3	1.345 3	−0.007	−0.044	−0.001
4	1.345 3	0.002	0.005	0.001

　　对于此算例，这里给出了部分工况时，迭代计算达到平衡后的复合滑动面法向力分布图，用以验证此方法的正确性和有效性，并考察不同因素对底面法向力分布的影响（图 5.9，图 5.10）。从图 5.9 可以看出，当 $\alpha=15°$ 和 $\beta=15°$ 且外荷载为 0kPa 时，底面法向力成对称分布，因为此时滑动面所包含滑体关于平面 $x=y$ 对称。当 $\alpha=6°$ 和 $\beta=25°$，

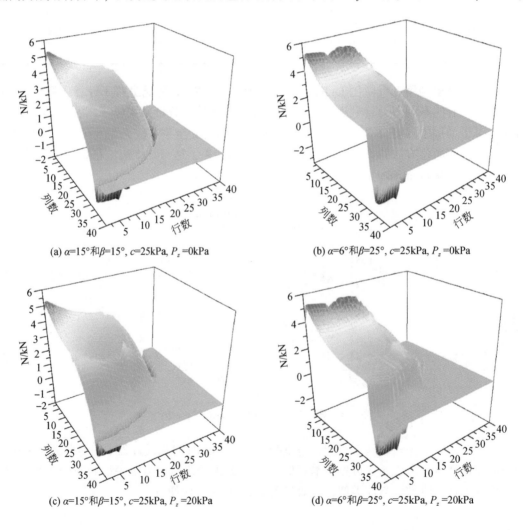

(a) $\alpha=15°$ 和 $\beta=15°$, $c=25$kPa, $P_z=0$kPa

(b) $\alpha=6°$ 和 $\beta=25°$, $c=25$kPa, $P_z=0$kPa

(c) $\alpha=15°$ 和 $\beta=15°$, $c=25$kPa, $P_z=20$kPa

(d) $\alpha=6°$ 和 $\beta=25°$, $c=25$kPa, $P_z=20$kPa

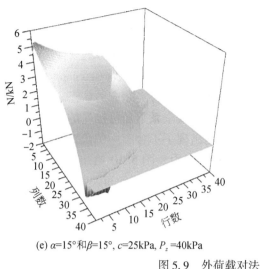

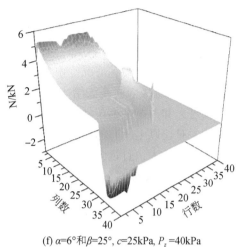

(e) $\alpha=15°$和$\beta=15°$，$c=25$kPa，$P_z=40$kPa　　　　(f) $\alpha=6°$和$\beta=25°$，$c=25$kPa，$P_z=40$kPa

图 5.9　外荷载对法向力分布的影响

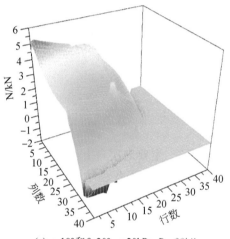

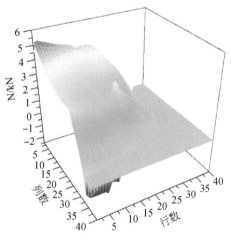

(a) $\alpha-10°$和$\beta=20°$，$c=20$kPa，$P_z=20$kPa　　　　(b) $\alpha=10°$和$\beta=20°$，$c=25$kPa，$P_z=20$kPa

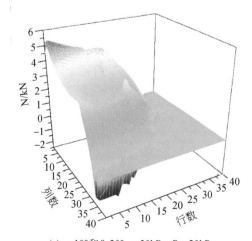

(c) $\alpha=10°$和$\beta-20°$，$c=30$kPa，$P_z=20$kPa

图 5.10　黏聚力对法向力分布的影响

底面法向力不再呈对称分布。对于这两种情况（$\alpha=15°$和$\beta=15°$，$\alpha=6°$和$\beta=25°$），球形滑动面和软弱夹层平面滑动面上法向力的分布区别明显，在交界处出现了拐点；随着外荷载逐渐增加，外荷载作用位置对应的滑动面上的法向力逐渐增大，均远大于附近滑动面上的法向力，这并不复合实际情况。由此可见，与二维极限平衡法类似（GeoSlope International Ltd, 2007），三维极限平衡法给出的应力分布不能反映边坡的实际应力状态，但它是使得滑坡体满足力和力矩平衡条件的一种应力分布，给出的安全系数是可接受的。

此外，对比以上所有的计算工况，滑坡体后缘均出现了不合实际的负法向力，这是由于滑体黏聚力较大，且远大于处于前缘软弱夹层的黏聚力。图 5.10 给出了 $\alpha=10°$ 和 $\beta=20°$，外荷载为 20kPa 时，滑体取不同黏聚力时的滑动面法向力分布。从图 5.10 可以看出，随着滑体黏聚力的不断增加，负法向力进一步的减小。对于此问题可以通过在滑坡体后缘设置拉力面的办法来解决。

5.4　红石岩实例边坡应用

本节采用上述三维极限平衡法对红石岩一典型的反倾层状边坡进行了较为全面的稳定性分析，与二维极限平衡方法进行对比，并利用有限元强度折减法的计算结果，对比验证此方法在工程中的实际应用。

5.4.1　工程概况

红石岩斜坡为典型的反倾层状边坡，如图 5.11 所示，主要地层自上而下由三层组成：上部主要由下二叠统梁山组（P_1l）或茅口组（P_1q+m）灰色-深灰色厚层-巨厚层灰岩和白云岩组成；中部为中泥盆统曲靖组（D_2q）灰黑色或灰黄色薄层-厚层状砂岩、页岩或泥岩；下部以中奥陶统上巧家组（O_2q）灰绿色砂岩、页岩、紫红色或灰绿色泥灰岩及钙质粉砂岩为主。岩层倾向山里及下游，走向 N20°~60°E，倾向 NW，倾角为 10°~30°，在长期地质构造应力及重力作用下，岩层呈现小角度褶曲变形。

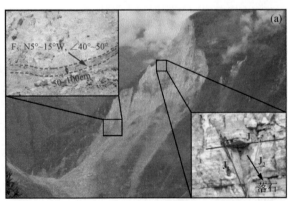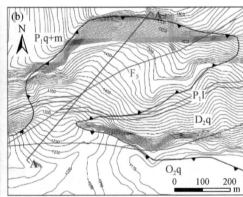

图 5.11　红石岩滑坡残留边坡地质条件

研究区内没有区域性断裂构造通过，只在滑坡体中部发育有一条中等规模断层 F₅（N5°~15°W，SW40°~50°）。F₅是沿整个斜坡延展的控制性断层，宽度为 50~100cm，由断层泥及碎裂岩组成。如图 5.12 所示，由于长期风化卸荷、地震荷载以及滑坡瞬时卸荷等作用，上部滑坡残留边坡岩体十分破碎，陡倾角卸荷裂隙发育，主要存在 J₁、J₂、J₃三组结构面，结构面 J₁与岩层层面近乎平行，产状为 N20°~60°E，NW10°~30°；结构面 J₂为顺河向节理，近东西向广泛分布，产状为 EW，S∠80°~83°，受卸荷回弹作用，在浅部多张开、起伏、粗糙、延伸长度大；结构面 J₃为横河向构造节理，产状为 N30°W，NE80°，多张开，地表为宽大的溶蚀裂隙，并充填有次生泥。

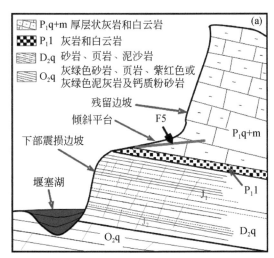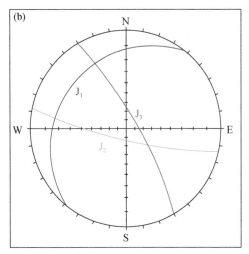

图 5.12　红石岩滑坡残留边坡典型地质剖面及结构面产状情况

地质调查显示，红石岩下部震损边坡也为典型的反倾层状边坡，主要由泥盆系（D₂q）和奥陶系（O₂q）中层状至薄层状灰绿色砂岩、页岩、紫红色或灰绿色泥灰岩及钙质粉砂岩互层组成。由于受差异风化、水流侵蚀作用以及受构造节理、卸荷节理和层理的相互切割影响，边坡面上形成了许多岩穴空腔。图 5.13 展示了其中一个最大的岩穴空腔，它的

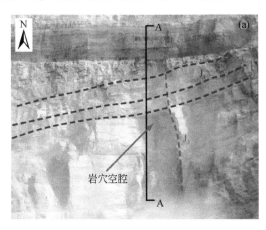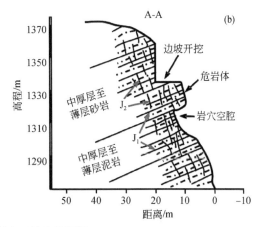

图 5.13　危岩体所在区域地质情况
（a）危岩体所在区的三维形貌及发育的主要结构面；（b）危岩体所在区典型地质剖面图

尺寸为6.5m×41.3m×3.1m（宽×高×深）。在岩穴上方发育了一个巨大的危岩体，该危岩体由层理（J_1）、卸荷结构面（J_2）和构造结构面（J_3）围限而成。由于受边坡施工扰动影响，该危岩体裂纹逐渐扩展，周围出现了多处小型崩塌、落石等破坏，是主要危险源之一。

如图5.14所示，由于受到扰动，该危岩体于2017年4月7日发生崩塌破坏，崩塌体垂直向长约为15m，水平向宽约为5m，平均深度为2.5m，体积约为180m³。可见，详细的稳定性分析和评价对于岩质边坡灾害的预防和治理至关重要。

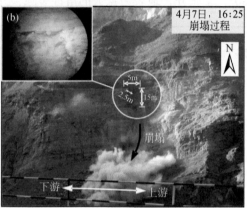

图5.14　危岩体崩塌破坏前后对比情况
（a）崩塌前的危岩体；（b）崩塌后的岩石疤痕

5.4.2　极限平衡法稳定分析

5.4.2.1　三维模型建立

由于三维地形和底层结构十分复杂，在利用三维极限平衡法进行边坡稳定性分析时，建立三维地质模型需借助于其他空间数据处理能力更加优秀的软件平台来实现。本节利用三维激光扫描仪所得边坡点云数据，结合ArcGIS与MATLAB软件强大的数据处理功能，建立了红石岩边坡工程三维极限平衡条柱法的分析模型。首先，将三维激光扫描仪所得原始点云数据导入ArcGIS软件，分别建立滑坡前后边坡的整体DEM，再利用其栅格插值功能运算生成三维栅格边坡表面。由于其可用来模拟空间曲面的栅格数据结构恰好与三维极限平衡条柱法的离散方式相似，其生成的栅格数据恰好提供了基于条柱离散的三维极限平衡分析所需的空间几何坐标。将所得的栅格数据导入MATLAB建立起整个计算区域边坡模型，对整个滑体的离散形式见图5.15。其中，红色网格为滑体表面，灰色网格为滑体滑动面。计算区域单位网格边长2m，为45行×70列的矩形范围。由图可见，此工程边坡的滑体非对称且滑动面非规则，具有一般的几何特性。

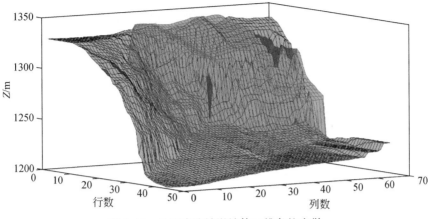

图 5.15　红石岩边坡滑坡体三维条柱离散

5.4.2.2　二维模型建立

对于二维分析，综合考虑崩塌发生前后的地形，由于该工程边坡均为大角度陡坡，二维计算选取分布较远的两个剖面，分别位于图 5.15 中第 25 列和第 50 列。将二维剖面几何数据导入二维边坡稳定性分析软件 Slope/W（GeoSlope International Ltd.，2007），输入各分区材料及其力学参数，建立分析模型，见图 5.16。采用 Ordinary 法计算两个剖面在各种工况下的安全系数。

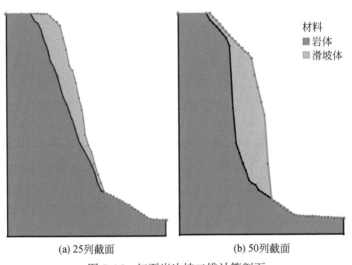

材料
■ 岩体
■ 滑坡体

(a) 25列截面　　　　　　　(b) 50列截面

图 5.16　红石岩边坡二维计算剖面

5.4.2.3　计算结果分析

红石岩岩质边坡是受结构面控制稳定性的典型边坡，计算模型中结构面抗剪强度参数取值为 $c=200\text{kPa}$，$\varphi=30°$，滑坡体容重取 $\gamma=26\text{kN/m}^3$。在不受扰动的情况下，红石岩边坡在三维极限平衡条件下计算所得安全系数为 1.41，处于稳定状态。当岩体受到工程施工、地震等因素扰动时会发生失稳，因此，本节将岩体所受扰动简化考虑为抗剪强度参数的折减，计算了红石岩边坡三维安全系数随滑坡体底面黏聚力、内摩擦角改变而变化的规律，结果见图 5.17。

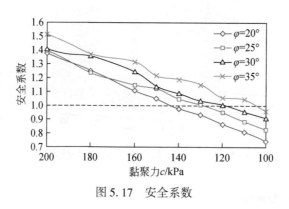

图 5.17　安全系数

由图可见，当滑体底面黏聚力 c 与内摩擦角 φ 不断减小时，滑体趋于不稳定。观察图中各内摩擦角条件下安全系数随黏聚力的变化情况，可以发现：随着内摩擦角的增长，安全系数的波动性有所增加，当 $\varphi=35°$ 时波动性最大，安全系数随黏聚力减小呈波动减小趋势；当 $\varphi=20°$ 时波动性最小，安全系数呈平稳减小趋势。这可能是因为岩体自身黏聚力较大，内摩擦角的控制性不明显所造成的。此外，随着黏聚力的减小，同一黏聚力条件下不同内摩擦角所对应的安全系数差值不断增长，内摩擦角对于边坡稳定的影响程度区域增加。当 $c=140kPa$，$\varphi=20°$、$c=130kPa$，$\varphi=25°$、$c=120kPa$，$\varphi=30°$、$c=105kPa$，$\varphi=35°$时，滑体处于临界稳定状态。

此外，二维极限平衡稳定计算也采用相同的模型参数，在一般工况下（$c=200kPa$，$\varphi=30°$）时，25 截面计算所得的安全系数为 1.421，而 50 截面计算所得安全系数为 1.261，说明 50 截面的稳定性更低。结合两个计算剖面的滑坡体形态，不难发现，对于红石岩这类具有复杂地形的典型三维构造的岩质边坡，二维计算中不同剖面的计算结果通常有较大差异，则其结果的准确性往往依赖于剖面的选取，对于工程经验要求较高。在内摩擦角 φ 分别为 20° 和 30° 条件下，将二维、三维极限平衡计算所得安全系数随黏聚力 c 的变化的情况进行对比，其变化规律见图 5.18。由图可知，二维安全系数的随黏聚力 c 的整体变化规律与三维安全系数类似，即当黏聚力增大时，安全系数也随之增大。而二维计算所得安全系数一般略小于三维计算所得，这是由于在三维计算中，存在周围岩体对单位计算块体的约束，有利于计算岩体的整体稳定，使得其计算结果更贴近工程实际。同时，二维计算安全系数随黏聚力的变化近似呈一条直线，而三维计算中有略微波动，这是由于三维计算考虑的工程边坡的复杂地形，而地形起伏与岩体结构面的变化对岩体整体稳定影响重大。

在采用二维分析时，计算剖面一般是由工程师根据特定工程和经验确定的安全系数最小所对应的剖面，能否选择最具有代表性的剖面是一个难以很好解决的问题。因此，不合理的选取二维剖面可能并不会得到更贴近工程实际的结果，二维计算具有较大的不确定性，这正是用三维极限平衡方法计算边坡稳定性的优势。

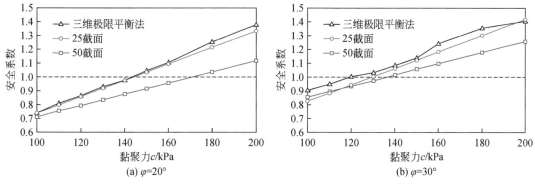

图 5.18　二维、三维极限平衡计算结果对比

5.4.3　三维强度折减法稳定分析

5.4.3.1　三维模型建立

本节利用 FLAC³ᴰ 软件进行三维边坡稳定性计算，其在计算岩土工程上功能强大，被广泛应用到岩土工程计算中。为了建立红石岩复杂的地质模型，简化建模工作量，本节利用 Rhino 软件来建立红石岩典型岩质工程边坡的三维模型，进而划分网格后导入 FLAC³ᴰ 5.0 中进行稳定性分析计算。首先，根据边坡崩塌前采集的三维地形点云数据在 Rhino 中建立原始的地面，再利用崩塌后采集的三维地形点云数据建立坍塌后的地面。通过崩塌后的表面模型可以找出工程失稳破坏前的潜在滑动面，最终导入 FLAC³ᴰ 软件中进行稳定性分析计算，工程整个滑体的分布情况见图 5.19，图中黄色表面为潜在滑动面，蓝色表面为原始地面。

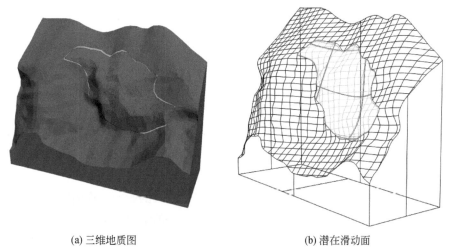

(a) 三维地质图　　　　　　　　　　(b) 潜在滑动面

图 5.19　红石岩边坡三维地质模型

计算模型 X 正向为 E，Y 正向为 N，沿着南北方向约为 110m，东西方向约为 290m，高程范围为 1160 ~ 1395m，共 235m，见图 5.20。由于红石岩岩体稳定性由结构面控制，崩塌基本沿结构面进行，计算过程中将模型进行了相应的简化，将边坡崩塌后的表面作为岩体结构面，将结构面简化为约 40cm 的夹层。则计算模型主要包括基岩、结构面与滑坡体三部分（图 5.20 中绿色部分为滑坡体、红色部分为结构面、蓝色部分为基岩），通过模拟计算研究岩体在结构面控制情况下的稳定性。各部分的参数选取参考 "红石岩堰塞湖整治工程初步设计报告"，结合工程经验，按表 5.7 进行选取。

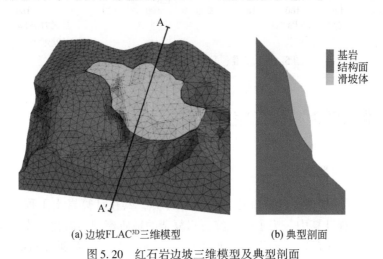

(a) 边坡 FLAC³D 三维模型   (b) 典型剖面

图 5.20　红石岩边坡三维模型及典型剖面

表 5.7　模型各要素参数取值表

模型要素	密度/(kg/m³)	抗拉强度/kPa	弹性模量/GPa	泊松比	黏聚力/kPa	内摩擦角/(°)
基岩	2600	1500	4.0	0.22	600	38
结构面	2000	0	0.2	0.31	200	30
滑坡体	2600	400	1.2	0.27	350	35

5.4.3.2　计算结果分析

根据数值分析计算结果，最危险破坏面为结构面所构成的曲面，与工程实际情况相符合。三维强度折减法计算所得安全系数为 1.46，与三维极限平衡法计算结果 1.41 相差 3.5% 以内，计算结果合理。从计算模型位移图（图 5.21）及剪切应变增量及速度矢量图（图 5.22）中可以看出，塑性区贯穿了整个岩体形成滑动面，滑动面外侧区域各网格点速度明显大于其他区域，说明外侧区域较其他区域稳定性更差，受外界因素的影响有失稳的可能。

同时，为了分析结构面抗剪强度参数变化对安全系数的影响，在内摩擦角 $\varphi = 30°$ 的条件下，分别计算岩体受具有不同黏聚力的结构面所控制的情况下的稳定性，三维模型及典型剖面的位移云图及剪切应变增量及速度矢量图见图 5.23 ~ 图 5.25。由图可以发现，随着黏聚力的增大，计算岩体稳定性不断增加，而计算所得滑动面均位于结构面所在位置，与实际相符。

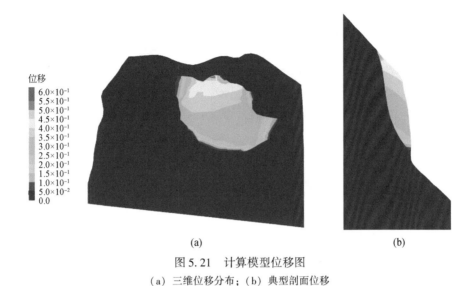

图 5.21　计算模型位移图

（a）三维位移分布；（b）典型剖面位移

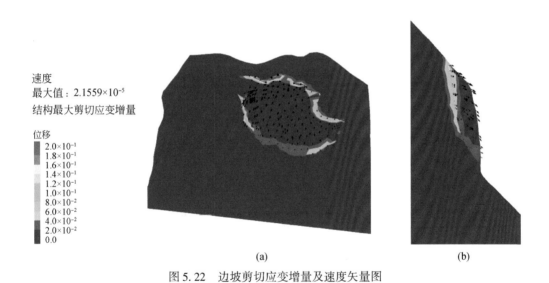

图 5.22　边坡剪切应变增量及速度矢量图

（a）三维空间分布；（b）典型剖面结果

5.4.3.3　三维极限平衡法和强度折减法结果讨论

此外，为了比较分析三维极限平衡法和三维强度折减法进行稳定计算的差异，将两种方法计算所得安全系数进行对比，结果见图 5.26。由图可见，两种方法所得安全系数均随着黏聚力的增大而增大，随着二者的减小而降低，但其变化趋势有所不同。在黏聚力为180~210kPa，两种方法所得结果误差在5%以内，而随着黏聚力的进一步减小或增大，二者之间的偏差有增大的趋势。原因之一可能是由于本次在强度折减法计算中对于结构面的简化，在搜索滑动面过程中可能得到与三维极限平衡所精确设置的滑动面略有差异的结果。二是由于前者稳定计算的控制性因素主要为滑坡体的容重，滑动面的抗剪强度参数以

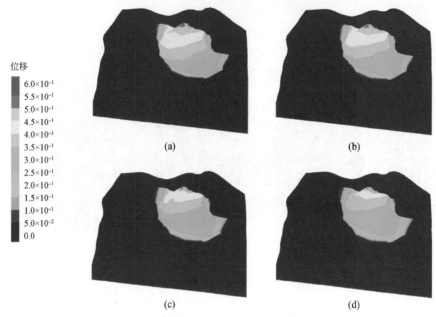

图 5.23　不同黏聚力下边坡三维位移场分布情况

（a）$c=150kPa$，$F_s=1.33$；（b）$c=180kPa$，$F_s=1.41$；（c）$c=200kPa$，$F_s=1.46$；（d）$c=220kPa$，$F_s=1.51$

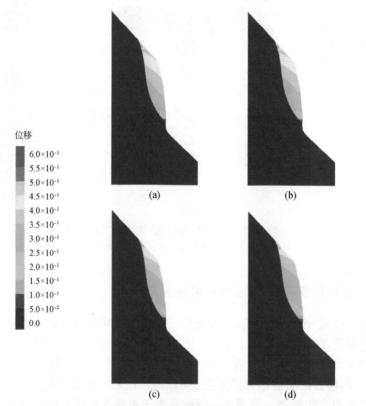

图 5.24　不同黏聚力下边坡典型剖面位移分布情况

（a）$c=150kPa$，$F_s=1.33$；（b）$c=180kPa$，$F_s=1.41$；（c）$c=200kPa$，$F_s=1.46$；（d）$c=220kPa$，$F_s=1.51$

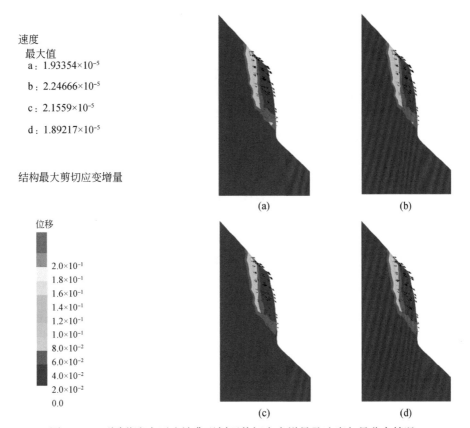

速度
　最大值
　　a：1.93354×10⁻⁵

　　b：2.24666×10⁻⁵

　　c：2.1559×10⁻⁵

　　d：1.89217×10⁻⁵

结构最大剪切应变增量

位移

2.0×10⁻¹
1.8×10⁻¹
1.6×10⁻¹
1.4×10⁻¹
1.2×10⁻¹
1.0×10⁻¹
8.0×10⁻²
6.0×10⁻²
4.0×10⁻²
2.0×10⁻²
0.0

图 5.25　不同黏聚力下边坡典型剖面剪切应变增量及速度矢量分布情况

（a）$c=150\text{kPa}$，$F_s=1.33$；（b）$c=180\text{kPa}$，$F_s=1.41$；（c）$c=200\text{kPa}$，$F_s=1.46$；（d）$c=220\text{kPa}$，$F_s=1.51$

及滑动面的形态，而后者是由位移和变形进行控制，岩体模型的其他参数如弹性模量等对稳定性影响程度较大，在讨论边坡稳定性对岩体抗剪强度参数的敏感性时两种方法计算结果会呈现一定的差异，但都符合稳定性随抗剪强度变化的一般规律。

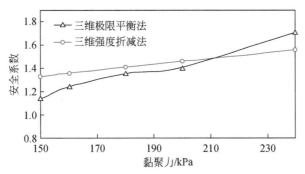

图 5.26　三维极限平衡法和强度折减法计算结果

5.5　本章小结

已有的三维极限平衡法在对条间力假设、滑动面上剪力的处理和求解过程等方面都各有差异。本章在总结已有方法的基础上，将二维 Morgenstern-Price 法的假定拓展至三维，并利用坡体力的边界条件和整体的力矩平衡条件使引入的未知量和安全系数得解，建立了一个理论体系更为严密的三维极限平衡法。公式推导中引入条间力增量形式，从条间剪力增量和法向力增量的关系出发，推导出底面法向力的表达式，利用总体力的平衡条件和边界条件求得安全系数，并由滑坡体整体力矩平衡条件确定引入的侧向剪力系数，实现了满足所有条柱 3 个力的平衡、滑坡体 3 个整体力矩平衡条件的极限平衡分析法。本章采用直接迭代法求解所有未知量，大大提高计算效率。采用本章方法分析了安全系数随着条柱数量的变化规律。对于某一特定算例，当条柱数量达到某一数量时，便能确保计算结果的精度。假如滑动面由平面构成时，使安全系数达到一定精度相对滑动面为曲面时所需要的条柱数量少。对岩体边坡条柱的离散形式显然需要考虑结构面形状和空间组合特征。本章对于红石岩典型的反倾层状岩质边坡算例的计算结果也验证了此方法在工程中的实际应用价值。

第6章　岩质边坡强度劣化与失稳机理

6.1　概　　述

滑坡是斜坡经长期地质演化（自重、冰川消融、冻融循环、卸荷风化等）并在短期外部激励（强降雨、地震等）作用下的自然产物，如何更好地应对滑坡灾害是全球面临的一个共同难题。受全球气候变化及活跃地质构造活动的影响，近年来滑坡灾害问题尤为突出。与此同时，人口数量的持续增长以及经济的快速发展加剧了人类活动的影响，例如，在地质环境敏感区域进行生活生产建设（如房屋建造、水利水电工程、交通道路建设、矿山开采等），也是导致滑坡灾害频繁发生的重要诱因（殷坤龙，2004）。岩质滑坡作为一种最常见的滑坡灾害类型，因其分布广泛、规模巨大，且往往具有隐蔽性，严重威胁着人类的生产和发展，给人类生命和财产安全带来了巨大的影响。如2008年"5·12"汶川地震触发的崩塌滑坡数量约为3.5万处，其中绝大部分为岩质滑坡［图6.1（a）］，只有小部分为土质或碎石滑坡（黄润秋和李为乐，2009）。2016年7月1日，贵州省毕节市大方县理化乡偏坡村金星组发生的大型顺层岩质滑坡灾害，共造成23人死亡，直接经济损失640余万元。2017年6月24日，四川省阿坝州茂县叠溪镇新磨村发生的高位岩质滑坡，共造成10人死亡，73人失联，直接经济损失5.4亿元［图6.1（b）］。

图6.1　典型特大岩质滑坡

（a）典型强地震动力诱发的滑坡（唐家山滑坡，2008年汶川地震）；（b）典型"长期不利地质条件+短期降雨"诱发的滑坡（茂县滑坡，2017年）

相较于土质和堆积层边坡，岩质边坡是由尺度各异的岩体构成，而岩体是由完整岩体以及切割完整岩体的不连续面组成，也正是由于其结构组成的复杂性，岩质边坡的变形、破坏、孕育、演化过程极具特色。就本质而言，岩质边坡是地质体，凡是地质体都会经历发育、发展和消亡过程（胡光韬，1995）。黄润秋（2012）在以我国西南地区地质条件为背景详细介绍了大型岩质边坡的动力演化过程，总结归纳出了岩质边坡失稳演化过程中的三大阶段，即表生改造阶段、时效变形阶段和破坏发展阶段，并且提出了基于地质过程的岩质边坡稳定性评价和防控方法。

岩质斜坡的失稳破坏过程非常复杂，包含从孕育、发展直至死亡的全过程，是长期地质力学和短期外界扰动共同作用的结果。开展滑坡机理研究在揭示滑坡形成过程的同时，对滑坡的稳定性评价、滑坡预报、滑速、滑距、滑坡防治等也有重要的意义。

6.2　水岩耦合作用下边坡强度劣化与失稳机理

在岩土工程中，存在的天然岩土体强度和硬度都很高，一旦遇到水就会发生湿化崩解的现象，这种情况给边坡工程、隧道工程、基坑开挖等带来了一系列的安全隐患。尤其是含有软弱结构面或软弱夹层的岩质边坡，其在干燥情况下一般是安全的，但是一旦发生降雨或水体浸泡，就会发生水岩耦合的现象，导致岩土体强度劣化，进而诱发边坡失稳破坏（Zhou et al.，2020b）。

6.2.1　边坡岩体强度劣化效应

在自然界中，水体对岩土体的影响存在在各个方面，其可以与岩土体发生化学、物理及力学作用，从而改变岩土体的物理力学性质。其中，物理作用主要指岩土体在水体的长期浸泡下，发生泥化为主的软化效应，并且其中存在软弱结构面及充填物力学强度剧烈降低的现象；化学作用主要指水体对岩土体中可溶物质的溶蚀和溶解、对铁质的氧化、对碳酸盐岩的侵蚀和潜蚀作用等，使岩土体内部的微观结构及矿物组成发生变化，从而影响岩土体的物理力学性能；而力学作用主要指在水流作用下岩土体受到静水和动水压力，从而改变岩土体内部的应力状态，影响其内部结构的现象。

6.2.1.1　岩石遇水软化

在水的长期作用下，岩石本身的物理、化学性态会发生改变，导致强度降低。工程上采用软化系数 η 来评价岩体的耐水性质。

$$\eta = \frac{\sigma_{cw}}{\sigma_c} \tag{6.1}$$

式中，σ_{cw} 为岩石饱和状态单轴抗压强度，MPa；σ_c 为岩石干燥状态单轴抗压强度，MPa。

软化系数越小表示水对岩石强度的弱化作用越强。一般认为软化系数 $\eta > 0.75$ 表示岩石抗软化的性能较强，工程性质较好。软化系数 $\eta > 0.85$ 的岩体为耐水性材料。根据岩石软化系数的大小，工程中水对岩石的影响程度评价如表6.1所示（冯文昌等，2020）。

表 6.1　水对岩石影响程度评价表

软化系数	水对岩石的影响程度评价
<0.40	水对岩石影响严重
0.40~0.65	水对岩石影响显著
0.65~0.80	水对岩石影响程度中等
0.80~0.95	水对岩石略有显著影响
>0.95	水对岩石没有影响

工程中，黏土矿物含量比较高的岩石（如泥岩、板岩、绿片岩等）耐水性较差，遇水易软化。分布于云南、广西等广袤地区的红层软岩就是典型的遇水易软化岩体，其以陆相沉积为主，岩性以砂岩、泥岩、页岩为主，外观以红色为主色调，具有强度低、亲水能力强、遇水易软化、失水易崩解等特性。

采用标准岩样的单轴、三轴试验可以较好地反映岩石的遇水软化特性。图 6.2 为典型红层软岩的单轴压缩试验情况。从图 6.2（a）可以看出，自然状态下岩样呈片状剥落，在初期应力较小的阶段就开始出现零星的片状脱落，随着压力的增大，主裂纹形成并逐步扩展，最终沿岩石中部贯穿直至发生破坏，试样中部出现大量的片状破碎岩石；饱和岩样发生破坏时，岩体破坏程度更高，试样沿轴向主裂纹破坏，呈现出较大且完整的块状岩石。

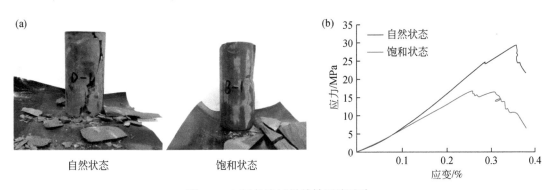

图 6.2　红层软岩试样单轴压缩试验
（a）岩样破坏情况照片；（b）应力应变曲线

如图 6.2（b）所示，对比自然和饱和状态应力应变曲线可以发现，自然状态下应力持续增加达到峰值强度后立即发生破坏，岩石的破坏形式为脆性破坏；而饱和状态下，应力不断增加，应力与应变近似成正比，到达峰值强度后曲线呈现波动锯齿状并保持一段时间，岩石产生了不可逆的塑性变形，继续增加应力试样发生破坏。岩石饱水状态试件的抗压强度和自然状态试件的抗压强度是不同的。由岩石自然和饱和单轴压缩试验结果可知，自然状态下软岩单轴抗压强度为 29.5MPa，饱和状态下其单轴抗压强度为 16.6MPa，经计算可得该泥岩软化系数为 0.56。

水对岩石的软化机理非常复杂，宏观上力学性能的劣化实际上是岩土体微观结构形态改变的结果。扫描电子显微镜（SEM）技术可用于分析岩土体材料的微细观结构，进而揭示岩石软化的微观力学机理。图 6.3 表示红层软岩在天然状态和饱和状态的情况下，分别采用 SEM 放大 500 倍、1000 倍和 2000 倍的微观结构变化结果。在水岩作用下，岩石的微观机构发生了较大的变化。自然状态下，泥岩微观结构以细小颗粒为主夹杂少量团状结构，它们互相胶结联结，孔隙空间分布均匀，结构较为致密；软岩遇水后黏土颗粒吸水膨胀并聚集成团，团粒间联结松散，孔隙被水充填之后迅速扩张，使得原来并未完全连通的孔隙之间相通，并产生许多小孔隙，孔隙率增加，从而增大了泥岩的水解作用效果，结构变得越发疏松，同时泥岩结构由团粒状结构向块状及鳞片状结构转变，颗粒间的胶结联结被破坏，块状和鳞片状结构的增多显示着软岩遇水膨胀变形的特征，从而引起软岩在宏观上软化及崩解。

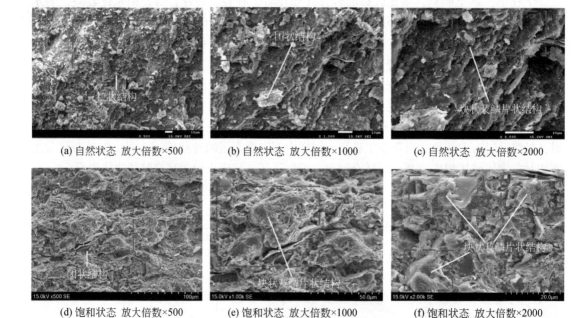

(a) 自然状态 放大倍数×500   (b) 自然状态 放大倍数×1000   (c) 自然状态 放大倍数×2000

(d) 饱和状态 放大倍数×500   (e) 饱和状态 放大倍数×1000   (f) 饱和状态 放大倍数×2000

图 6.3　自然状态和饱和状态下软岩扫描电子显微镜微观结构比较图

由以上研究可知，软岩的黏土矿物成分含量高，颗粒亲水能力强，土颗粒间聚集了许多自由水和结合水，岩石矿物晶胞吸水膨胀，岩石力学性质发生变化；同时，黏土矿物还会与水发生反应，岩体体积进一步膨胀，岩体内部产生不均匀应力，出现大量微孔隙，岩体结构发生破坏；另外，软岩矿物的次生和溶蚀作用，削弱了颗粒间胶结能力，使得颗粒之间发生错动，引起了岩体内摩擦角和黏聚力等参数不断减小，在上述多方面的综合影响下最终导致软岩的软化。

6.2.1.2　岩体结构强度劣化

不利的地质构造背景和不良岩土体结构特性是发生大型岩质滑坡的先决条件，斜坡内部的断层、软弱夹层、原生结构面往往对岩质滑坡起控制性作用。在长期不利的地质作用下（自重、地震动力、降雨入渗、冰川融雪、冻融循环、卸荷风化等），斜坡逐渐产生变形破坏（如裂缝扩展、结构面张开、蠕动变形以及滑动面错动等），边坡的稳定性不断降低并趋于极限失稳状态，短期强降雨导致岩土体强度参数降低和内部孔隙水压发生变化，最终诱发滑坡的发生（周家文等，2019）。

2018 年 10 月 11 日发生的金沙江白格滑坡是典型的、由长期地质作用和短期降雨诱发的岩质滑坡。在长期自重、降雨和冰雪消融作用下，斜坡出现了明显的变形破坏现象。如图 6.4（a）所示，从 2011 年 4 月 4 日拍摄的卫星图上已经可以看出明显的变形破坏现象，滑坡区后缘有 2 条沿山脊发育的拉裂缝（CR_2 和 CR_4）和 3 条沿滑动方向发育的拉裂缝（CR_1、CR_3、CR_5）。在这些裂缝中，最长的裂缝（CR_1）呈锯齿状，延伸 150～200m，其他裂缝长度和宽度各异，大部分都是张开的。后缘拉裂错台明显，宽度达 6～10m，穿过滑坡区的村民小路错位明显，小型崩塌体广泛分布，修建于滑坡影响区的村民房屋、圈养牲口的临时建筑等出现明显变形开裂现象，截至滑坡前，村民均已搬迁离去。

图 6.4（b）显示了 2015 年 2 月 22 日潜在滑坡区域的遥感影像。由图可知，在长期不利条件作用下，变形破坏现象明显加剧。随着裂缝的加深和加宽，小规模滑动和崩塌更为频繁。CR_1 的延伸长度和张开宽度明显增大，错台以肉眼可见的速度增加到 10～15m，沿滑坡后缘 CR_2、CR_4 附近小规模崩塌密集发育，穿过滑坡区上部的道路（1-1 和 2-2）已经发生了明显错台现象。

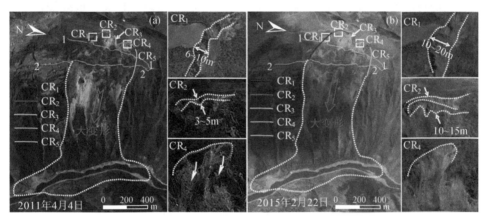

图 6.4　白格滑坡长期变形破坏分析

滑坡上部裂缝的不断发育，对边坡的稳定性产生了极为不利的影响。如图 6.5 所示，为无人机拍摄的滑坡残留体的高分辨率图像，从图中可以看出，后缘裂缝发育良好，围限成滑源区，CR_1 形成滑源区南缘边界，CR_3、CR_4、CR_5 形成滑源区北缘边界。CR_2 深入滑坡体内部 150～200m，形成了滑源区的主要滑动面。蠕变变形的不断发展促进了原有裂纹的快速扩展和张开，并可能促进基岩中新微裂纹的萌生、扩展和贯通。同时可以观察到 CR_2 表面风化侵蚀严重［图 6.5（b）］，表明雨水入渗、地下水循环和侵蚀作用明显。张开的裂缝为水的渗透提供了通道，从而间接加速了基岩的物理风化和化学风化，此外，冻融循环效应会加速裂缝的张开和扩展，并对边坡造成不利影响。裂缝的逐渐扩展贯通形成了滑坡的临界滑动面，进而增加了边坡失稳的可能性。滑坡源区的典型地质条件为滑坡的发生提供了有利条件，野外调查和卫星遥感结果表明，白格滑坡的变形失稳模式为表层蠕滑开裂和深部断裂相结合的结果。在长期蠕变大变形过程中，裂缝、小规模崩塌和大变形不断发展，岩土体的抗剪强度不断降低，结构面不断扩展贯通，斜坡稳定性不断降低到趋于极限平衡状态。

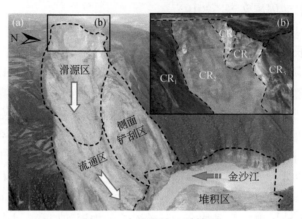

图 6.5　白格滑坡地质情况

白格滑坡不是由一次特定的强降雨事件引起的，而是在相当长的一段时间内，复杂的重力和水文效应共同作用的结果。就长期影响而言，长时间降雨入渗将导致裂缝中静水压力增加，从而可能导致裂缝扩展和蠕变变形，这种影响导致裂纹扩展，最终加速了渗透和蠕变变形。此外，持续降雨入渗软化了岩体，降低了覆盖层沉积物和基岩的强度。短期效应方面，强降雨导致地表松散堆积物逐渐饱和，结构面孔隙水压力增大，这种效应导致裂纹扩展和加速变形，最终引发灾难性破坏。

6.2.2　降雨诱发岩质边坡失稳机理

降雨是诱发滑坡灾害最主要的因素之一，单次强降雨直接引发的滑坡主要以土质滑坡为主，对于大型岩质滑坡，一般都要经历长期的地质力学过程。本小节以向家坝水电站建设过程中坝址区的马延坡为例，阐述大型岩质边坡在降雨、人工开挖扰动作用下的变形破坏机理。

6.2.2.1　不利地质水文条件

马延坡位于向家坝水电站坝址的右岸，是一个重要的临时建设用地。在向家坝水电站建设过程中，由于受到降雨和人类工程活动的影响，马延坡出现了显著的变形，被迫停工整治，从而造成了巨大的经济损失。

如图 6.6 所示，马延坡的地形海拔范围为 300~624m，在边坡的东侧，一条马延沟横穿过边坡。马延坡的平均坡度为 12°~20°，坡度在空间上的差异受到了马延沟和金沙江下切侵蚀的影响，在西侧和马延沟附近，坡度较陡，但是随着高程增加，其坡度不断变缓。

如图 6.7 所示，马延坡是典型的单斜地层，地层的产状为 N60°~80°E，SE∠12°~25°，岩性主要为中—下侏罗统沉积岩，表现出泥岩、砂岩互层的特征，并且层理面与边坡的地表面近似平行。在 0~6.4m 的厚度范围内，主要是由第四系的残坡积层和坡积物组成，包括沙质的土壤和碎块石。在下部，分别是灰色和淡黄色的中厚层中细粒砂岩，掺有

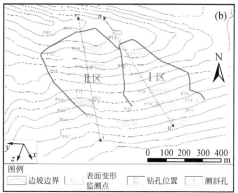

图 6.6　马延坡地形地貌特征

（a）马延坡现场照片；（b）马延坡地形图

黄褐色和砖红色的薄层细粒砂岩和灰色的泥质岩层，其厚度达到 10~28m，灰色的泥质岩层由泥质粉砂岩、粉质泥岩和泥岩和砂岩夹互层组成。

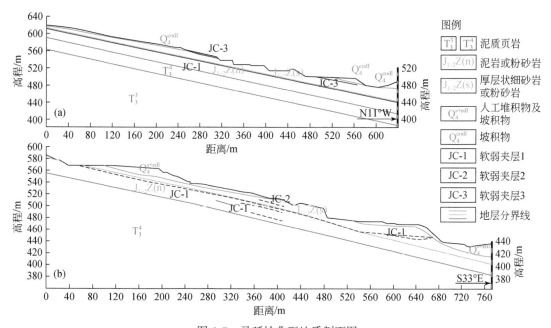

图 6.7　马延坡典型地质剖面图

风化和长期卸荷作用在马延坡岩层的发育过程中起到了关键的作用。上部砂岩层较厚，具有较强的抗风化能力，风化层深度较浅（强风化层和中风化层厚度分别为 4~10m 和 15~20m），而内部发育薄层的泥砂岩层由于抗风化能力弱，极易演化成强风化夹层，并且部分已经泥化为软弱夹层。底部的泥质的岩层几乎没有受到风化作用的影响，仍然是较为新鲜的岩体。

根据地貌和地质结构特征的差异，马延坡可以被分为东西两个区域 [Ⅰ 区和 Ⅱ 区，

图6.6（a）]。两个区域地层岩体质量差异较大，Ⅰ区砂岩层的 RQD（平均约13%）明显低于Ⅱ区（平均约29.7%），这表明Ⅱ区上覆砂岩层的岩体质量优于Ⅰ区。

在长期的地质演化过程中，马延坡内部形成了四个发育较好的软弱夹层，这些软弱夹层主要发育在 2～30m 的一个深度范围内，从下至上分别命名为 JC-1、JC-2、JC-3 和 JC-4，从这些软弱夹层分布范围来看，JC-1 的发育是最为显著的。软弱夹层 JC-1 主要由灰色粉砂质泥岩及泥质粉砂岩夹浅灰色泥岩风化而成，结构松散，可捏成粉末，遇水易软化崩解；软弱夹层 JC-2 主要由灰白色、棕色泥岩碎块及其风化泥质岩组成，遇水易软化崩解；软弱夹层 JC-3、JC-4 主要由灰褐色泥岩及风化泥质岩组成，具有流塑性特征。这些不连续的软弱夹层的物理力学性质很差，并且水的入渗能够明显的改变其力学特征，导致潜在的不稳定块体沿着软弱面滑移，从而对边坡的稳定性造成很大影响。

马延坡上覆的第四纪地层和强风化的砂岩地层具有较好的渗透能力，这为水流的入渗提供了通道。而下覆的泥岩层由于较好的完整性，可以将其视为相对不透水层。因此，在相对不透水泥质岩层上，地下水可以分布在第四系堆积层和风化的砂岩层，并且在雨季地下水可以富集于垂直的拉裂缝中。

马延坡区域位于亚热带，属于大陆性气候，受到季风影响的程度十分显著，区域的降雨主要集中在5～10月。图6.8记录了距离马延坡最近的宜宾气象站 2006 年日降雨量的分布图。从图中可以看出5～11月累积的降雨量占了年降雨量的80%左右，其中强降雨主要出现在 8 月、9 月，期间地下水位明显上升，对边坡的稳定性影响很大。

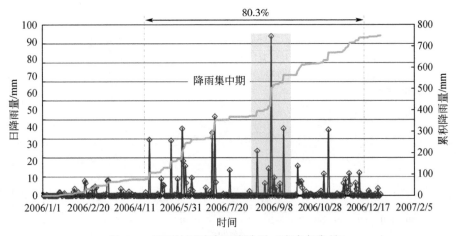

图6.8　马延坡区域降雨统计图（宜宾气象站）

6.2.2.2　变形破坏特征分析

在 2006 年 6 月早期建设过程中，工程开挖破坏了马延坡的极限平衡状态，造成多处变形开裂和局部垮塌，尤其是集中降雨后，出现了显著的变形，现有裂缝不断扩张并形成新的裂缝。同时，从蠕变（表面变形和深部变形）和表面裂纹的演化可以看出剪切面存在明显的渐进传播的时变效应。在后续的小节中，通过现场调查、深部和表面变形监测数据[监测点布置，图6.6（b）]，深入研究了马延坡变形的演化过程和潜在失稳模式。

自 2006 年 10 月开始，对地表和深部的变形开展了监测工作。图 6.9 记录了 2006 年 10 月、11 月 P03、P10、P18、P15 的地表变形历史过程。从图中可以看出，蠕变变形量以相对稳定的速率持续增大。并且，边坡变形的方向主要是朝着马延沟的方向延伸（一些点的 X 方向的变形超过 30mm）。同时，根据变形数据，发现Ⅰ区的蠕变变形量值明显高于Ⅱ区 ［图 6.9（c）、（d）和图 6.9（a）、（b）］。

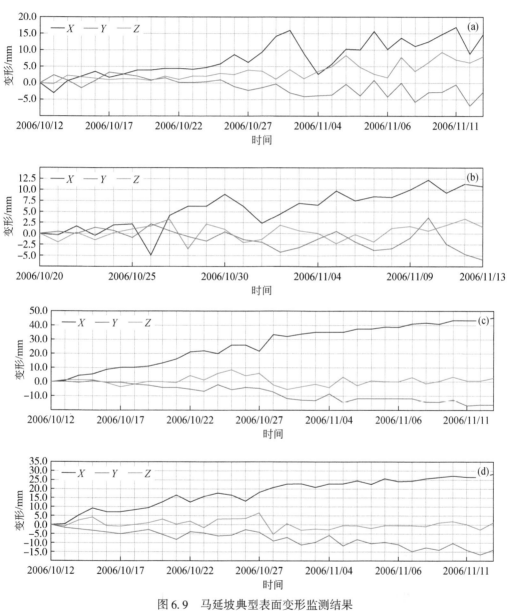

图 6.9　马延坡典型表面变形监测结果

（a）P03（Ⅱ区）；（b）P10（Ⅱ区）；（c）P18（Ⅰ区）；（d）P15（Ⅰ区）

如图 6.10 所示，对于深部变形监测点 I02（Ⅱ区）和 I08（Ⅰ区）数据的演化过程呈现出相似的趋势，在深度方向上可以分成三段。第一段是从测斜孔口到大约 19.5m 的深度，这一段变形在每一时刻的变化相对均匀，体现出整体变形的特点，代表了蠕滑滑体的特征。第二段是位于深度为 19.5～23.5m 的部位，表现出蠕滑滑带的变形特征。该段的累积变形从 19.5～21m 急剧减小，直到深度 23.5m 时累积位移为零。同时，该区域的厚度随时间保持恒定，变形增加量呈自上而下递减趋势，说明滑带沿深度方向逐步退化。此外，根据滑带的深度和软弱夹层的埋深，可以推断出 I 区和 II 区的滑带均受到了 JC-1 的控制。在深度大于 23.5m 后几乎没有累积位移，在监测期间保持稳定。

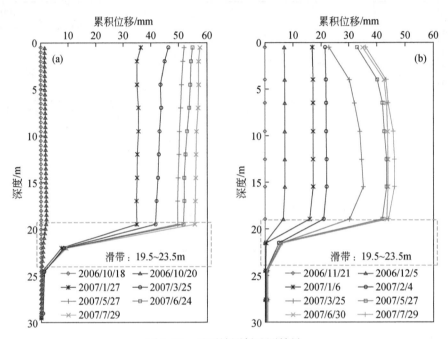

图 6.10　马延坡测斜监测结果

(a) I02（II 区）；(b) I08（I 区）

在坡面地质调查过程中，共发现裂缝 200 多条，划分为 12 个裂缝带，裂缝带的位置和力学特性如图 6.11 所示。从该图中可以看出，对已发现的 12 个裂纹区的长期观测表明，裂纹区的演化过程在空间上存在差异，并受到外界干扰的影响。在 II 区和边坡的顶部，当没有降雨时，裂纹扩展速度为 0.5～1.0mm/d，而降雨期间，裂纹扩展速度增加到 1.0～2.0mm/d；在倾盆大雨期间，在多个监测位置观察到 2.3mm/d 的高速度。同时，还观察到，I 区的张拉裂纹比 II 区的张拉裂纹增大。10 月裂纹扩展的平均速度为 1.6～2.0mm/d，而雨季的裂纹扩展速度介于 2.0～3.0mm/d 和非雨季的 1.0～2.0mm/d。此外，在 II 区后缘和两个区的边界处存在一个张拉裂缝的集中区，并且最大的裂缝扩张宽度和深度在水池的南侧分别达到了 80cm 和 10m。

除了裂缝的演化特征不同外，I 区和 II 区裂缝的分布也不同。如图 6.11 所示，I 区裂缝区域分布较为分散，大部分集中在斜坡下部，呈多级的分布。而在 II 区，这些裂纹区仅位于 II 区的边界上，呈带状分布，将 II 区切割成了一个整体。

边坡的变形和破坏存在长期作用和短期作用。对于马延坡而言，与构造作用相关的长期层间剪切作用导致了四个软弱夹层的逐渐形成，而开挖和降雨作为短期的作用能够促使

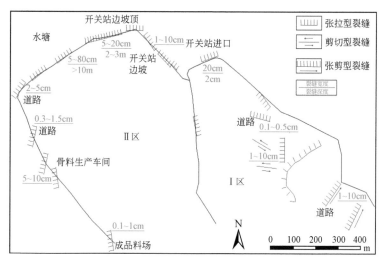

图 6.11　马延坡裂缝发育情况示意图

潜在失稳块体运动释放。而这种短期的影响可以通过很多的数值模拟方法开展深入的研究。在这里，采用基于水力作用的有限差分算法来研究马延坡在开挖和降雨作用下的变形破坏机制。

剖面Ⅱ被选择作为典型的计算剖面，所建立的有限差分模型如图 6.12（a）（模型中表面的堆积层被简化成砂岩层因为其厚度较小）。这个剖面遭受了两次大规模的开挖扰动。第一开挖完成后，降雨入渗的影响被考虑成孔隙水压的增加以及材料参数的降低。根据实际勘察，降雨前后地下水位上升了大概 5m。滑带处的材料经常表现出应变软化的特征（Ghazvinian et al.，2010；Hu et al.，2017），因此采用拓展的 Mohr-Coulomb 准则描述。如图 6.12（b），在强度峰值前，应力应变关系可以用 Mohr-Coulomb 准则描述，然而，峰值过后，模型假设随着塑性应变增量的增加，抗剪强度参数从峰值以线性的方式减少至残余值（Zhang et al.，2013；Qi and Vanapalli，2016）。

第一次开挖后的模拟结果如图 6.13（a）~（c）所示。从图中可以看出，由于坡脚开挖，形成了临空面，为边坡滑坡提供了运动空间，滑体沿着 JC-1 变形，最大的水平位移出现在边坡的后缘，量值大约为 1cm。同时，变形进一步促进了层间剪切作用，导致沿着 JC-1 存在较大的剪切应变增量［图 6.13（c）］，并且在边坡后缘形成了明显的张拉应变集中区［图 6.13（b）］，但是此时的剪切应变保持着较低的水平［图 6.13（c）］。

降雨后，随着材料强度参数的降低、孔隙水压的增加以及后续的蠕滑的过程，导致了最大应变增量和最大剪切应变增量的增加［图 6.13（e）、（f）］。通过对比降雨前后对比分析可以看出，在张剪破坏的作用下，滑带沿着 JC-1 软弱结构面不断变形滑动，后缘拉应力集中现象越来越明显，最终将导致后缘扩展贯通，并与软弱夹层一起形成完整滑动面，边坡极有可能出现整体的滑移失稳破坏。

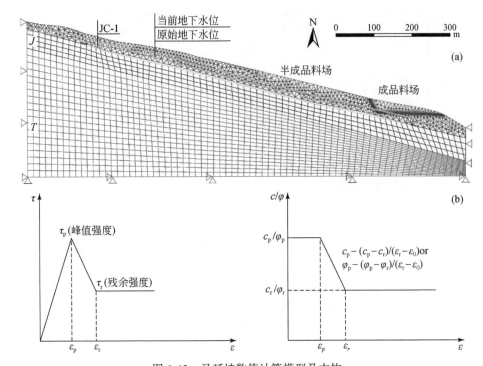

图 6.12　马延坡数值计算模型及本构

（a）边坡网格模型；（b）拓展 Mohr-Coulomb 准则

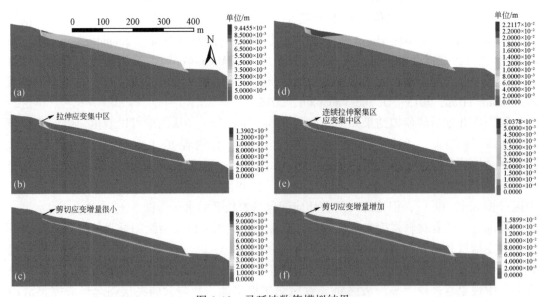

图 6.13　马延坡数值模拟结果

（a）~（c）降雨前；（d）~（f）降雨后

6.2.2.3 岩质边坡失稳破坏机理

在边坡变形演化、滑移启动和最终破坏的不同阶段，降雨、人工开挖等外界干扰对应力状态的重新分布起着不同的作用，而应力状态的重新分布与滑带渐进发展、合并和最终破坏密切相关（Eberhardt et al., 2004；Xu et al. 2015）。然而，即使触发因素类似，但由于地质背景的不同，宏观响应过程（即变形）仍可能存在差异，从而决定了最终的破坏模式存在差异性。Ⅰ区和Ⅱ区蠕变变形特征的不同，与上部岩层厚度密切相关，较厚的岩层不仅有助于抑制裂缝的形成和扩展，而且能够有效避免形成降雨入渗通道，这意味着两个区域潜在破坏的地质力学模式将以不同的方式发生。

区域Ⅰ的变形破坏模式如图 6.14（a）所示，开挖而未加支护形成的临空面对边坡的不平衡/不稳定状态产生了不利的影响，导致了边坡运动释放的可能性。此外，风化砂岩地层破碎，滑动体在蠕变过程中很难保持完整性，因为其表面的最大拉应力足够高，导致岩石破裂并诱发新的裂隙。与此同时，出现的裂缝不仅为后面的滑块创造了临空的条件，从而形成多级滑移，而且这些裂缝还作为雨水的入渗通道。水的渗入导致滑体和滑带材料强度被不断劣化，从而加速了裂缝的扩展和剪切速率。总体而言，随着主滑面和次滑面的不断扩展和合并，Ⅰ区呈现多级蠕变压裂渐进变形的失稳模式。

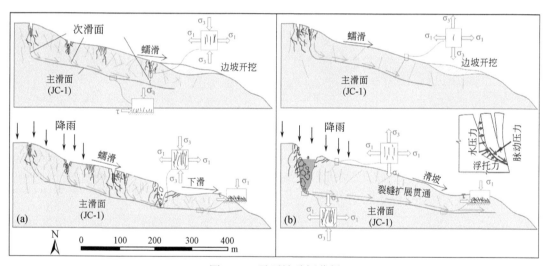

图 6.14 马延坡破坏分析

（a）Ⅰ区多级蠕变压裂渐进变形破坏模式；（b）Ⅱ区整体蠕变-压裂渐进变形破坏模式

受Ⅰ区牵引，同时受开挖和降雨扰动，Ⅱ区的初始平衡条件被打破，从而诱发初期滑动。如图 6.14（b）所示，与Ⅰ区不同，Ⅱ区较为完整的砂岩层对抑制滑体张拉裂缝的形成有显著作用，因此在Ⅱ区无次级的滑面。相反，在Ⅱ区主要存在几个集中于斜坡后缘的裂缝。观察到滑体沿主滑面（即 JC-1）蠕变，降雨入渗也加速了蠕变速率和层间剪切，从而导致主滑面渐进式的形成。总体而言，Ⅱ区呈现整体蠕变-压裂渐进变形的失稳模式。

从工程实践中可知，沉积层受层理软弱面的影响呈各向异性。一个主控的不连续的滑移面的出现是一个长期的演化过程，期间通常伴随着主要的不连续面的力学性能的渐进劣化过程。这个演化过程包括从原生软岩逐渐劣化到滑带最终形成的几个阶段（Hatzor and Levin，1997；Shuzui，2001；Wen and Aydin，2005；Xu et al.，2010）。

原始的近水平地层在构造运动作用下顶托、抬升和褶皱化。这一作用导致了顺层面向外倾斜，形成了层间泥质岩层和砂岩层，其中厚层砂岩层与薄层泥砂岩层互相混杂，边坡岩体总体上呈现出稳定的状态［图6.15（a）］。然而，薄层的地层由于具有较弱的抗风化能力，在长期的风化作用下，分子结构、矿物成分和微观接触方式的逐渐改变，岩层的强度等力学性质会逐渐退化（也就是结构越来越松散、多孔，并且黏土矿物含量也越来越多）（Zhang et al.，2016）。强度的弱化程度因为岩性的不同而存在差异，而薄层中更加明显（Hatzor and Levin，1997；Eberhardt et al.，2004；Xu et al.，2016）。同时，在重力作用的驱动下，边坡朝着不稳定状态演化，宏观上表现出沿着主控的软弱岩层向下的滑移，从而导致了层间的剪切。

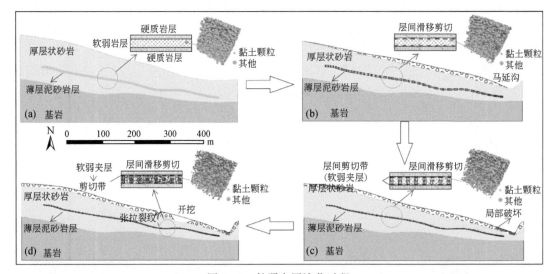

图6.15　软弱夹层演化过程

（a）初始软弱岩层分布情况；（b）层间滑移剪切；（c）边坡上部局部出现变形破坏；（d）开挖和降雨导致变形破坏加剧

此外，地下水的波动进一步加速了层间剪切过程［图6.15（b）］。一般地，原生软岩受到层间剪切的作用，会出现一系列物理力学的变化，如泥化，将会导致其演化成软弱夹层或者主控的不连续面（Li et al.，2010）。正如现场地质调查所示，马延坡内部共发育了四个软弱夹层。尽管出现了局部的溜滑，但是边坡总体是一个稳定的状态，如图6.15（c）。如若没有扰动，这个边坡可能不会遭受快速的滑移。但是，无支护的开挖以及降雨入渗导致了边坡渗流场、应力场以及岩体材料发生变化，从而引发进一步的层间剪切作用，进而导致了不连续面的扩张，并引发了显著的蠕滑变形［图6.15（d）］。

从2006年马延坡变形体、2018年白格滑坡失稳过程中可以发现，降雨往往是岩质滑坡的触发因素而非根本原因，在长期不利地质条件作用后，斜坡的稳定性接近于极限平衡状态，极可能在小规模降雨或人工扰动下而导致灾难性滑坡灾害的发生，滑坡的临界降雨量是一个值得深入研究的问题。

6.2.3 库水位作用下岩质边坡失稳机理

人类的工程活动一方面依托于地质环境，另一方面又影响和改造着地质环境，地质环境的优劣又反作用于人类工程活动。在工程活动中，岩体与水相互作用，即水岩耦合作用，极大影响着岩土体的物理力学性能。对于水利水电工程，这种耦合作用广泛存在，水岩之间的耦合作用所导致的滑坡灾害在国内外都不乏实例（Zhou et al., 2016）。根据 Jones 等统计 Roosevelt 湖附近发生的滑坡灾害可知，在 1941～1953 年，49% 的滑坡发生在蓄水初期，而 30% 的滑坡灾害发生在水位骤降时期（Hiroyuki, 1990）；而基于 Riemer（1992）统计的水库滑坡实例发现，高达 85% 的滑坡灾害发生在工程完工的两年之内。大量的滑坡灾害实例说明，水库蓄水及库水位波动不仅可以引起老滑坡复活，而且可以引起新的库岸滑坡。

水库岩质滑坡主要是地层中软岩、软弱结构面受到水力劣化作用而诱发的滑坡，可分为顺层岩质滑坡和反倾岩质滑坡，其滑坡机理略有不同。顺层岩质滑坡一般沿着软弱结构面或者软弱夹层滑动，反倾岩质滑坡滑动面的形成是由于边坡长期在自重应力作用下发生弯曲-倾倒变形，产生贯通的破裂面。水库岩质滑坡的主要诱因有蓄水和库水位波动。本小节以毛尔盖库岸顺层滑坡为例，通过现场监测分析和室内模型试验来研究蓄水和库水位波动下库岸岩质滑坡的破坏机制。

6.2.3.1 现场监测分析

毛尔盖水电站建成蓄水后，由于库区两岸山体中含有丰富的千枚岩，遇水极易软化，库坝区出现了数量众多的滑坡体，种类各异，有深层的、浅层的、岩质的、堆积层的，其中位于库首右岸的渔巴渡滑坡最为典型。渔巴渡变形体紧邻坝址，距离大坝仅为 500m 左右，顺河宽为 280m，横河长为 320m，分布高程介于 2000～2280m，地层陡倾河床偏下游，属斜顺向坡，岩层倾角大于坡角，岩体破碎，水库蓄水后恶化边坡稳定条件，出现了局部段沿层面及裂面的塌滑及失稳现象（图 6.16）。

根据渔巴渡变形体地形地质条件和变形特征差异，选择三个不同高程的外观监测点 TP_5、TP_6、TP_{12}，如图 6.16 所示，其中 TP_5 位于 2155m 卸载开挖平台中部外侧（高程 2095m）的自然边上坡，TP_6 位于 2155m 卸载开挖平台中部公路外侧，TP_{12} 位于开挖边坡上游侧 2275m 高程，3 个外观监测点随着库水位波动的位移变化曲线如图 6.17 所示。

外观监测点 TP_5 位置最接近库水位，受水位变化影响最剧烈，水库下闸蓄水后，位移均出现了大幅度增加，变形速率明显加大，最终滑入库区监测终止。TP_6 位于开挖平台上，其位移的变化主要是由于下部岩土体的变形引起的，增长速率最快的阶段为水库第一次蓄水至最高库水位间，之后随着库水位的波动，各向位移仍不断增加；TP_{12} 是后来新增的点，其位移随库水位波动明显增加，但增加速率明显低于 TP_6 点，受水库水位变化影响相对较小。

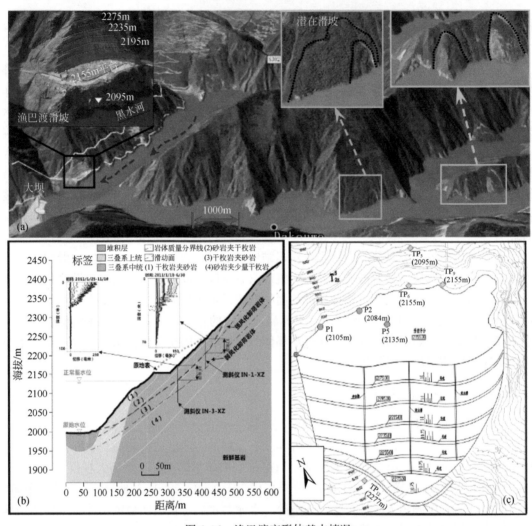

图 6.16　渔巴渡变形体基本情况

（a）毛尔盖典型库区滑坡；（b）渔巴渡变形体典型剖面图；（c）渔巴渡变形体监测点位置

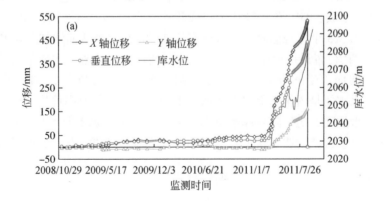

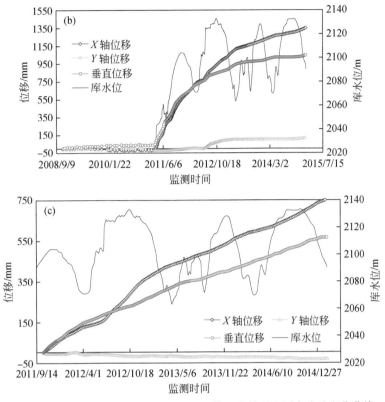

图 6.17　库水位变化过程中渔巴渡变形体 3 个外观监测点位移变化曲线

(a) TP_5；(b) TP_6；(c) TP_{12}

　　边坡外观监测点变形数据表明，边坡变形与水库蓄水有关且较为敏感，库水位的升降均会引起边坡变形的进一步增加，距离库水位越近的测点，其变形受库水位变化影响越明显。

　　选择三个不同高程的孔压计 P_1、P_2、P_5，监测其孔隙水压随着库水位变化的规律，如图 6.18 所示。红色曲线为库水位的波动曲线，三条虚线分别代表了三个孔压计所在的高程位置，其他三条分别代表孔隙水压计的变化曲线。随着毛尔盖水库的运行调度，库水位呈现周期性的变化规律，在一定高程范围内（2047.21～2133.21m）出现规律性的水位波动。

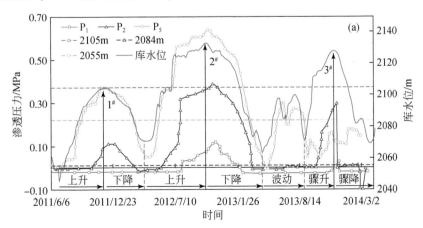

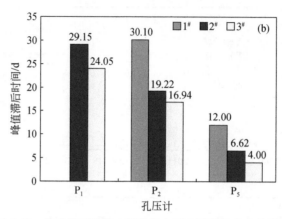

图 6.18　渔巴渡变形体内部孔隙水压力随库水位变化情况

(a) 孔隙水压力随库水位升降的变化曲线；(b) 不同高程孔隙水压力在不同蓄水周期内的 "滞后" 时间统计情况

P_5 孔压计埋设高程位于 2055.00m，几乎完全在库水位以下；P_2 孔隙水压计位于 2084.00m 高程，正好介于水位波动范围之间，与库水位波动曲线关系最为密切，因其几乎在每一个水位波动区间内均会出现 "淹没-出露" 的过程；P_1 孔压计其位于 2105.00m，接近库水位的上限，其大部分时间孔压为零，只有水位超过其埋设高程后，孔压才会出现上升与下降过程。

由图 6.18 可以看出，随着库水位的波动，孔隙水压力变化曲线往往呈现明显的 "滞后" 效应，即库水位上涨至测点所在高程一定时间后，孔压才逐渐上升，库水位下降超过其高程一定时间后，孔压才会出现下降现象。由图 6.18 (b) 可以看出，孔压计所处高程越高，其孔压曲线的滞后效应越明显，完全浸没在水下的孔压计，其孔压与库水位变化曲线响应时间几乎保持同步。库水位升降多个周期以后，边坡岩土体的渗流通道逐渐扩展，使得即使同一外界库水位，同一测点孔压峰值出现逐渐降低的现象。

6.2.3.2　库水位波动室内模型试验分析

库水位的变化（蓄水和库水位骤升、骤降）会对库岸边坡的稳定造成十分不利的影响，其力学机理十分复杂，采用室内模型试验可以较好地监测分析坡体内部孔隙水压力、位移随库水位波动的响应情况。渔巴渡为典型的顺层滑坡，内含遇水易软化的软弱夹层，为了方便研究，设计了如图 6.19 的简化室内模型试验，在模型的 3.92m、3.78m、3.63m 高程上分别埋设 1#-2#、3#-4#、5#-6# 孔压计用于测量孔压随库水位升降的演化情况。将边坡模型调至 45° 之后充水进行泡水试验，浸泡 12 小时后，通过放水、蓄水来模拟库水位的波动情况，共进行了 5 次水位 "降-升" 循环试验，边坡模型最终发生了滑移破坏。

如图 6.20 所示，随着泡水试验的进行，边坡结构会发生一定的响应变化，刚开始泡水时，边坡表层与软弱夹层黏结较好，随着泡水试验的进行 [图 6.20 (b)]，软弱夹层的黏结力被逐渐弱化，边坡层间出现了细微裂缝。当长时间泡水后，其软弱夹层会被水体软化分解，从而丧失部分抗剪强度，首先黏聚力的丧失导致其束缚边坡表层的能力下降，而摩擦角的降低又进一步导致其 "锁住" 边坡其他部分的能力丢失，从而使边坡出现初步的变形破坏的现象。

当库水位开始波动时（水位"降–升"试验），水位波动导致层间软弱夹层内的细颗粒被冲刷带走，边坡层间开裂加剧，并出现了较小的滑移情况，当进行第三次水位"降–升"试验时［图6.20（c）］，软弱夹层被明显冲蚀，黏聚力降低，层间开裂加剧，表层出现明显的滑移现象。当进行第五次水位"降–升"试验时［图6.20（d）］，边坡出现明显加速滑移破坏，最终整体失稳，并诱发滑坡涌浪。

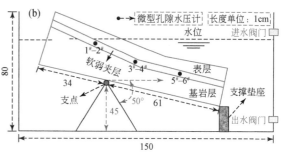

图 6.19　模拟库水位变化的顺层岩质边坡模型试验系统示意图

图 6.20　泡水及库水位"降–升"试验下边坡模型的破坏开裂情况

（a）2016 年 6 月 5 日 9∶30，泡水 12h；（b）2016 年 6 月 5 日 15∶30，第二次库水位"降–升"试验；（c）2016 年 6 月 5 日 19∶30，第三次水位"降–升"试验；（d）2016 年 6 月 6 日 18∶30，第五次库水位"降–升"试验

在进行库水位"降–升"循环试验时，测得各监测点的孔隙水压力如图6.21所示，图中红色线代表水位变化曲线，三条虚线分别代表三组孔压计所在的高程，6 个孔压计随着外部水位的变化呈现的变化规律是有差异的。第一次水位"降–升"试验过程中，由于泡水初期软弱夹层还没有被软化，高程较高的位置几乎没有水流渗入，形成局部零孔压的现象（如 $1^{\#}$ 测点）。由于水流的渗流通道还没有畅通，孔压曲线与外界水位变化响应很不一致，即使水位下降孔压也没有明显降低，$1^{\#}$ 测点对外界水位响应尤其不敏感［图 6.21（a）］。第二次水位"降–升"试验过程中，随着边坡模型泡水时间的增加，软弱夹层内部

岩土体材料逐渐被软化，导致内部各孔压计点位上的渗流路径逐渐形成，从而与外界水位变化开始产生正相关联系，但材料的差异性及渗流通道的不畅通，即使同高程的孔压值也存在较大差异 [图6.21（b）]。第三次水位"降-升"试验中，先泡水约12小时，再进行实验，孔压与库水位变化已基本一致，尤其是1#-2#、3#-4#组孔压计曲线几乎与库水位保持一致的变化规律 [图6.21（c）、（d）]。

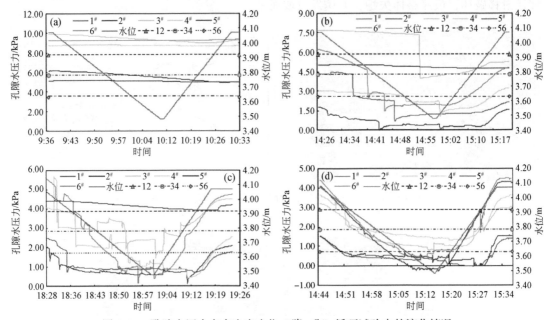

图6.21　孔隙水压力在多次库水位"降-升"循环试验中的演化情况

（a）第一次库水"降-升"试验（2016年6月5日）；（b）第二次库水位"降-升"试验（2016年6月5日）；
（c）第三次库水位"降-升"试验（2016年6月5日）；（d）第五次库水位"降-升"试验（2016年6月6日）

边坡的外观表现与其内部孔压的响应基本一致，均是由软弱夹层软化程度的差异导致。综合分析认为，不同泡水时间下边坡内部孔隙水压的差异变化是由水位升降对软弱夹层内部的扰动导致其渗流通道越来越大引起的，从而使边坡内部孔压与外界水位变化关系越来越紧密。

6.2.3.3　库区岩质边坡失稳破坏机理

大量的实际工程现场调查结果和上述物理模型试验结果均表明，在水库长期运行过程中，库水位到一定高程后，长时间对库岸边坡岩土体的软化是造成库区大规模滑坡的主要原因。如果边坡岩土体未被软化到一定的程度，即使天然边坡的坡度很陡或者库水位骤升或骤降均无法触发边坡滑移失稳。根据边坡模型试验的破坏过程可知，边坡饱水后首先边坡内部孔隙水压力增大，逐步出现前缘崩解、后缘拉裂现象。随着饱水时间增长，顺层岩质边坡软弱夹层逐渐软化，其抗剪强度参数（黏聚力 c 和内摩擦角 φ）的大幅度降低是导致边坡出现蠕变的最主要原因。

采用数值计算可以较好地反映水库蓄水后，库水位上升对边坡的浸泡软化影响以及边坡的变形破坏响应情况。采用 FLAC³ᴰ 计算分析软件模拟渔巴渡边坡在蓄水前、蓄水后以及开挖支护后的应力、变形响应情况,进而分析库区蓄水对库区边坡稳定性的影响。

图 6.22 展示了渔巴渡边坡在天然状态下的变形响应情况,由图可知,在天然工况下,边坡坡度较陡,在边坡中部区域出现了局部拉应力现象,千枚岩和砂岩互层组成的顺向坡,在长期风化和卸荷作用下岩体强度降低,导致边坡出现了一定的变形破坏情况,坡脚出现了一定的塑性破坏区。整体上边坡体处于欠稳定状态。

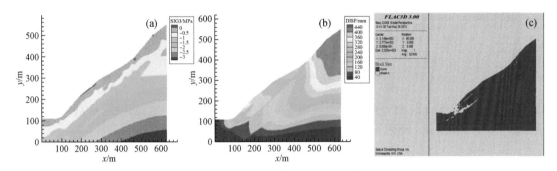

图 6.22　渔巴渡变形体天然工况计算结果
(a) 第三主应力分布情况;(b) 变形分布情况;(c) 塑性破坏区分布情况

因此,在毛尔盖水电站建设过程中,需要对该变形体进行处置加固,经过方案比选后,采用在上部开挖减载并采用喷锚支护的方式加固边坡。如图 6.23 所示,开挖支护以后,边坡的稳定状态得到明显提升,塑性破坏区范围大大降低,边坡在天然状态能够达到稳定。

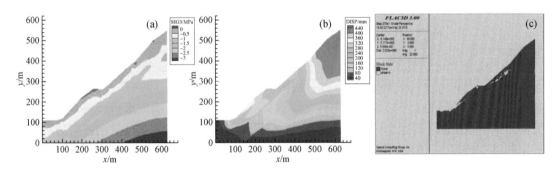

图 6.23　渔巴渡变形体开挖减载后计算结果
(a) 第三主应力分布情况;(b) 变形分布情况;(c) 塑性破坏区分布情况

但是,在 2011 年 6 月水库蓄水后,边坡再次出现了变形破坏的情况,边坡表层的喷混凝土层发生开裂变形,边坡发生局部垮塌、掉块。外观监测结果表明,原本稳定的边坡在蓄水后变形开始快速增长,截至 2014 年 12 月,最大变形超过 1.35m(图 6.17)。如图 6.24 所示,结果也表明,当水库蓄水后,库区边坡中由千枚岩和泥沙岩组成的软弱岩层在水的浸泡下,发生软化效应,强度参数迅速降低,进而会导致边坡出现大变形的情况。

因此需要对其进行加固处理,通过在 2155m 开挖平台以上全坡面布置预应力锚索+混

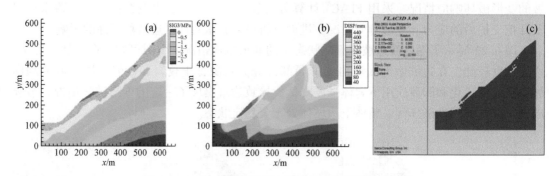

图 6.24　毛尔盖水电站蓄水后渔巴渡变形体计算结果
（a）第三主应力分布情况；（b）变形分布情况；（c）塑性破坏区分布情况

凝土框格梁，并在高程 2155m 以下边坡布置 3 排锚固洞等强支护措施，使得边坡变形得以控制，如图 6.16（b）和图 6.25 所示。

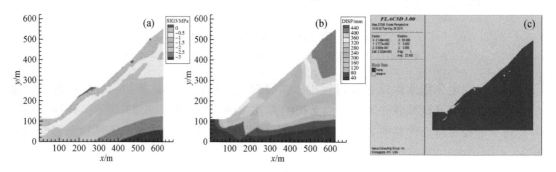

图 6.25　渔巴渡变形体加固后计算结果
（a）第三主应力分布情况；（b）变形分布情况；（c）塑性破坏区分布情况

　　如图 6.26 所示，除了水库蓄水对淹没区边坡岩体的影响外，库水位波动也是一个最主要的影响因素之一。库水位波动对边坡体内部的渗流场和应力场的影响是一个动态过程，水位变化速率的大小对边坡稳定性的影响具有决定性作用。当库水位缓慢下降时，边坡体内地下水位的下降速率可以适应库水位的下降速率。孔隙水的充分渗出使得边坡维持稳定的渗流状态，孔隙水压得以消散。当库水位骤降时，边坡体内地下水位的下降速率难以跟得上库水位的下降速率，孔隙水压不能得到及时消散，导致出现边坡体内部孔隙水压力"滞后"于库水位变化的情况（图 6.18 和图 6.21）。孔隙水的渗出不足导致边坡内出现不稳定的瞬态渗流，此时瞬态渗流产生的渗流压力方向是沿着滑动方向，会增加沿着滑动面的滑动力。

　　另外，渗流力的迁移作用会导致边坡内部软弱结构面（尤其是软弱夹层）内填充物中的细颗粒被带走。如图 6.27 所示，随着水位波动次数的增加，细颗粒逐渐流失，并逐渐形成渗流通道，这时孔隙水压力消散加快，坡体内部孔隙水压力的"滞后"效应也逐渐减小（图 6.21），填充物逐渐粗化、黏结强度降低，更有甚者会导致滑动面上形成固体大颗粒的滚轮效应，从而加速边坡下滑变形破坏。

　　现实中水库的水位调度按照规范进行，出现水位骤升、骤降的情况很少，实际上，

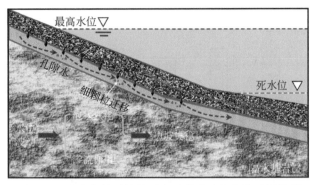

图 6.26　库水位波动情况下库区岩质边坡失稳破坏机理

图 6.27　第五次库水位"降–升"试验边坡失稳后的软弱夹层扫描电子显微镜照片

蓄水和水位波动的耦合效应是水库滑坡变形和破坏的实际诱因，其作用机制被认为有（图 6.26）：①蓄水主要影响抬升后的库水位以下的坡体，通过入渗坡面和裂缝影响表层岩体，导致沿滑动面的抗剪力减小；②库水位波动导致边坡岩体内部渗流场发生改变，一方面导致边坡体受到的应力场发生改变，另一方面渗流作用会导致岩体内部软弱结构面（夹层）中细颗粒的流失和黏结强度降低。实质上蓄水和库水位波动都是水与岩体的相互作用，最终诱发库区滑坡。

6.3　地震动力作用岩质边坡损伤劣化与失稳机理

我国位于环太平洋地震带和喜马拉雅山—地中海地震带之间，是世界上地震发生频次最高的国家之一，加之具有以山地为主的复杂地形地貌条件，导致我国地震灾害频发（张倬元，1981；张铎等，2013；黄润秋等，2017）。西南地区位于青藏高原东侧与四川盆地和云贵高原过渡带附近，强烈交织的地壳内外动力以及复杂脆弱的地质环境导致该区域的地震地质灾害尤为发育。统计发现（图 6.28），我国近十年影响极大的强震事件几乎全部在西南地区，与之相关的地质灾害数量达到了数以万计（蒋瑶等，2014；Xu et al.，2015；韩冰，2016；刘甲美等，2017），如 2008 年汶川 8.0 级强震触发了 15000 多起滑坡，形成了以龙门山中央断裂带和后山断裂带的滑坡密集分布带，导致约 2 万人死亡（殷跃平，2009）。

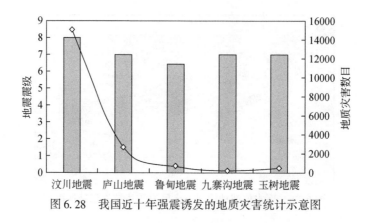

图 6.28　我国近十年强震诱发的地质灾害统计示意图

　　本小节以 2014 年 8 月 3 日云南鲁甸 M_s 6.5 级地震诱发的红石岩滑坡为例，通过现场调查、理论分析、数值仿真等手段，揭示地震边坡的损伤劣化和失稳机理。

6.3.1　地震滑坡失稳特征分析

　　红石岩边坡位于牛栏江右岸，距离原红石岩电站大坝下游 1km 左右，如图 6.29 所示。红石岩边坡坡体陡峭，坡度为 50°～80°，失稳前边坡高度接近 700m，局部呈陡崖。在地震激励下，该边坡发生失稳，以高势能向临空面运动，方量巨大高达 1200 万 m³，最终堆积成了近百米高的堰塞坝，阻断了牛栏江。现场调查结果表明，主要的失稳物质以边坡上部白云岩为主。总体来看，该边坡呈现出上硬下软的二元结构特征。如图 6.29 所示，上部为巨厚层的 P_1q+m，中间为厚层 D_2q，上中两层之间存在较软薄层 P_1l，而最下层是厚层 O_2q。长期构造运动导致卸荷风化十分严重，尤其以 P_1q+m 岩层节理裂隙最为发育，结构松散破碎。

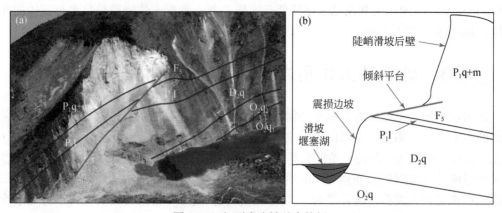

图 6.29　红石岩边坡基本特征

　　边坡残留体呈"圈椅状"，后缘破裂面表现出断壁深大陡峭直立，表面粗糙，呈锯齿状分布，在力学上表现出了张性。构造和卸荷裂隙直接控制了滑坡体的边界条件。发育的卸荷裂隙构成了失稳的后缘，并且该组裂隙在雨水长期侵蚀下，不断扩张，表现为大范围的溶蚀破坏，构成了边坡失稳前初始的断裂面。此外，F_5 断层对滑坡底部的失稳范围起到了控制性的作用，边坡失稳运动堆积的方向大致与 F_5 断层的延伸方向一致，岩体沿着 F_5 存在明显剪切滑移。

综合上述特征，总的来看地震触发失稳过程可以归纳为：红石岩边坡以后缘陡倾卸荷拉裂面和底部 F_5 断层作为边坡失稳岩体控制性边界，在鲁甸地震波作用下，失稳岩体以崩塌的模式出现大规模失稳，即卸荷拉裂面不断扩张，向底部张拉深直贯通，同时在水平和竖直向地震动力作用下岩体内部出现大规模崩裂解体，并以 F_5 作为运动释放窗口，岩体以剪切滑移之势高位剪出。岩体失稳后，以高势能高位剪出，在向坡脚运动过程中，能量向动能转换，失稳岩体的运动速度变大，岩体以相互的碰撞、摩擦耗能，并不断解体碎屑化，最终受到对岸阻挡停积在河道中，形成了巨大的堰塞体。

6.3.2　岩质边坡地震动力失稳仿真计算

边坡动力响应与岩体结构面特征以及岩体力学特性密切相关。红石岩边坡在失稳前发育了三组近似正交的结构面，根据现场调查结果，估计了各组岩体及结构面的发育程度（表6.2和表6.3）。二维模型中能够描述的结构面包括反倾的层面（J_1）、陡倾的卸荷拉裂面（J_2）和倾向坡外的断层（F_5），这些结构面在模型中为块体的变形破裂预制了轨迹。然而，边坡在动力失稳过程中，除了上述结构面会发生拉裂扩张和剪切滑移之外，岩体中必然还存在新的破坏，即岩桥的破坏。在岩质边坡中，存在大量非系统的构造，这些构造导致岩体在变形过程中的破裂轨迹存在较大的随机性，而这些随机性的破裂可以通过 UDEC 中较小的 Voronoi 随机网格描述（Gao and Stead，2014）。本章模型中采用的 Voronoi 网格的边界以堆积物中最大的岩块（近似5m）为标准，因为这一尺寸反映了最终破碎解体程度。构建的二维节理岩体边坡模型如图 6.30 所示，模型中设置了多个监测点，记录计算过程中各点的状态。

鲁甸地震前，河谷岸坡受到长期的改造作用，红石岩边坡节理裂隙较为发育，岩体的完整性较差，并且地震动力过程属于大变形范畴，可近似认为变形主要是岩块沿着结构面和 Voronoi 网格的滑移和张拉所引起，同时为了兼顾计算速度，可忽略块体中岩块单元网格的变形。参考相关文献和地质报告，模型计算选择的参数如表 6.2 和表 6.3 所示，其中岩块均采用弹性本构模型，结构面和 Voronoi 网格采用摩尔库仑滑动本构模型。表中参数 Voronoi 网格法向和切向接触刚度要能够反应岩块和非系统构造的变形，其参数取值计算公式如式（6.2）和式（6.3）所示。

$$k_n = E/h \tag{6.2}$$
$$k_s = G/h \tag{6.3}$$

式中，k_n 为法向刚度；k_s 为切向刚度；E 为弹性模量；h 为 Voronoi 结构间距，取5m；G 为被切割岩块的剪切模量。按照如下式（6.3）计算。

$$G = E/2(1+\mu) \tag{6.4}$$

式中，μ 为泊松比。

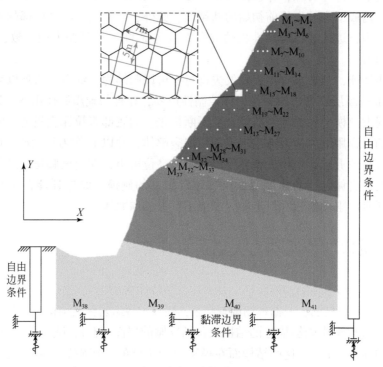

图 6.30　红石岩边坡动力计算模型及监测点布置

表 6.2　参数取值

接触	$k_N/(\text{Pa/m})$	$k_s/(\text{Pa}\cdot\text{m})$	c/Pa	$\varphi/(°)$
J_1	3×10^9	1.2×10^9	0.05×10^6	25
J_2	1.8×10^9	0.9×10^9	0.01×10^6	20
F_5	1×10^9	0.5×10^9	0.02×10^6	15
Voronoi	3×10^9	1.2×10^9	0.5×10^6	30
岩层	P_1q+m	P_1L	D_2q	O_2q
E/GPa	15	5	10	10
μ	0.22	0.28	0.23	0.23

通过数值方式模拟地震波在岩体中传播时，岩体的固有波速和入射波的频率（或波长）会影响波在岩体中的传播规律。岩体的固有波速是岩体本身属性，主要与材料的体积模量、剪切模量和密度有关，可按照式（6.4）和式（6.5）估算。然而，为了降低入射波频率对波的传播规律不利影响，需要将网格单元的尺寸划分地足够小，但是网格过小会加大计算量，故应考量精度和计算量。根据 Kuhlemeyer 和 Lysmer（1973）的研究结果，网格单元的尺寸须小于入射波最高频率（即最短的波长）的 1/8 ~ 1/10，如式（6.9）所示。

$$C_p=\sqrt{\frac{K+4G/3}{\rho}}\tag{6.5}$$

$$C_s = \sqrt{G/\rho} \tag{6.6}$$

$$\Delta l \leqslant \frac{c}{10f} \sim \frac{c}{8f} \tag{6.7}$$

式中，G 为剪切模量；ρ 为密度；K 为体积模量，其计算公式为 $K = E/3(1-2\mu)$；Δl 为模型中单元网格最大的边长；c 为地震波传播的波速，取 C_p（介质中 P 波的波速）和 C_s（介质中 S 波的波速）的最小值；f 为地震波的最大频率。由于加在模型上的地震波的频率不是一个固定值，要确定地震波最高频率，必须要对地震波进行一系列处理。

对边坡半无限体模拟时，需在模型的边界施加上合适的边界条件从而近似真实物理场景。在初始静态分析时，采用固定模型周围边界速度边界，即约束模型底部水平和竖直方向的速度、约束左右两侧水平方向的速度；在动力分析过程中，地震波在模型边界处会不断地反射至模型内部，引起能量的发散，不符合实际情况，需要在边界施加合适的人工边界条件减少边界上地震波的反射。本章采用了黏滞边界条件和自由边界条件，即在底部施加水平和竖直方向的黏滞边界、两侧施加自由边界，如图 6.30 所示。

通过对龙头山镇测站获得的地震波加速度监测数据进行滤波和基线校正处理，并对加速度时程进行一次积分处理后获得的地震速度时程如图 6.31（a）所示。

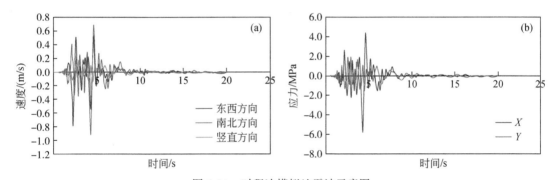

图 6.31　时程法模拟地震波示意图
（a）实测地震波处理后的地震波速度时程曲线；（b）施加在模型底部的等效应力波

模型底部采用了黏滞边界人工条件吸收反射的地震波，而这种边界条件要求模型底部输入的地震波必须是应力时程，故需要将图 6.31（a）中的速度时程按照式（6.7）和式（6.8）转换成应力时程：

$$\sigma_n = 2(\rho C_p)v_n \tag{6.8}$$

$$\sigma_s = 2(\rho C_s)v_s \tag{6.9}$$

式中，σ_n 和 σ_s 分别为转换后的法向和切向应力时程；v_n 和 v_s 分别为地震波竖直方向和水平方向的速度时程。

对于二维离散元模型，v_n 和 v_s 具体指的是图 6.31（a）中南北方向和竖直方向速度时程曲线，通过式（6.7）和式（6.8）转换确定的加在模型底部的地震波应力时程曲线如图 6.31（b）所示（图中 X 和 Y 分别表示水平剪切应力波和竖直法向应力波）。

红石岩地震动力过程的模拟主要分成两个步骤：①初始平衡计算。根据红石岩边坡实际条件，生成自重应力场；②地震动力计算。将第一步计算过程中产生的变形、速度清零，施加动力荷载，模拟动力响应过程。计算结果如图 6.32 和图 6.33 所示。

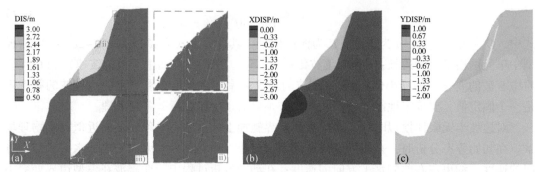

图 6.32　加载 5s 后变形破坏特征

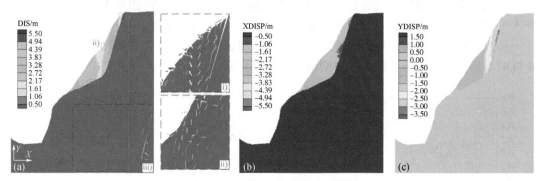

图 6.33　加载 6s 后变形破坏特征

　　在 4～5s 加载过程中经历了地震波峰值区域，即地震波应力强度达到最高，导致 5s 末边坡的变形量值达到了 3m，其平均变形量值也达到了 0.5m。同时，相较于之前几秒，边坡变形呈现出了前缘大、中后部较小且中后部变形较为均匀的特征［图 6.32（a）］，与之对应的宏观破裂表现为前缘沿着 F_5 剪出滑移崩落、锁固段岩体受到后部岩体挤压推覆作用出现渐进式剪切破裂［图 6.32（a）中 iii）视框］。此外，边坡岩体在地震波持续不断的激励下，出现了累进性的震裂过程。如图 6.32（a）中的 i）视框所示，边坡顶部以 J_2 为优势结构面的局部拉裂不断加深，出现了后缘陡倾深直断裂面，岩体出现了大规模的大变形崩落；同时，在边坡内部结构面和岩桥不断张拉、剪切扩展过程中，岩体的完整性不断降低［图 6.32（a）中的 ii）视框］。

　　加载 6s 后的计算结果如图 6.33 所示。5～6s 期间，地震波的强度变弱，但是边坡岩体在前 5s 地震波反复作用下已经出现了大规模的震裂损伤破坏，主要表现在：①边坡顶部发生了大规模的拉裂、解体崩落，后缘断裂面基本形成［图 6.33（a）中 i）视框］；②崩滑体内部岩体拉裂、错断，已经出现了严重的溃裂。因此，加载至 6s 末，崩滑体的变形出现了较大的增幅，平均的变形量值达到了 1.0m，相较于 5s 末的 0.5m 具有较大的增加（约 0.5m）。此外，对比图 6.32 和图 6.33 中位于边坡同一部位的细部视框图，可以看出边坡顶部深部拉裂程度、边坡中部震裂解体程度、前缘的剪切滑移以及锁骨段破裂程度都具呈现出非常明显的加深。故从岩体变形破裂角度来看，可粗略认为 5s 左右边坡已经发生了整体性的失稳启动，才导致 6s 末出现如此明显的变形破裂。

6.3.3 地震作用下斜坡失稳破坏机理

红石岩边坡在鲁甸地震之前受到长期的构造和外界因素的扰动，经历了长期且十分复杂的渐进式改造作用，致使红石岩边坡在最终失稳前形成了节理裂隙十分发育的工程地质条件。随后在鲁甸地震强烈地震波的激励下，边坡发生了灾难式的失稳，受到岩体结构复杂条件控制，其动力失稳过程相当复杂。本节将基于前面数值模拟分析结果并结合地质力学模型分析手段，对红石岩边坡地震动力失稳模式和机理进行分析。

综合前面数值模型计算结果，红石岩边坡在启动阶段存在明显的变形破裂累进性，宏观上呈现出岩体变形累积、岩体内部结构面持续张拉扩张、岩桥不断剪切张拉错断、岩体结构震裂崩溃，直到最后统一破裂面贯通发生灾难式失稳，其动力失稳过程如图 6.34 所示。图 6.34（a）是边坡在地震前的结构特征，内部发育了大量结构面，其中除了反倾层面外，主要以陡倾（J_2）和卸荷裂隙（J_3）较为发育。边坡在地震动力过程中，综合现场地质调查和数值模拟结果，可以将红石岩边坡崩滑区分成三个部分，如图 6.34（b）所示，分别是边坡前缘主滑段、边坡中部锁固阻滑段和边坡后缘拉裂推覆挤压段。结合这三部分区域的动力响应特征，红石岩边坡失稳机制可分析如下：

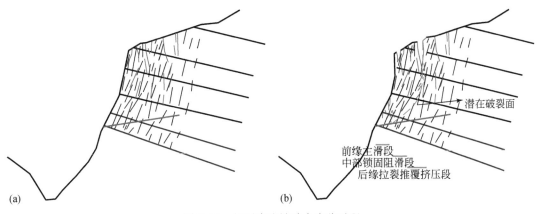

图 6.34 红石岩边坡动力失稳过程

（1）边坡岩体震裂松弛，前缘主滑段滑移拉裂。随着地震波持时和强度的增加，边坡岩体不断震裂松弛，边坡岩体完整性不断降低；此外，作为不利于边坡稳定的倾向坡外的 F_5 断层为边坡岩体变形和应力释放提供了窗口，加之边坡沿高程总体上呈现出上陡下缓的地形特征，F_5 所处部位较缓的地形利于边坡表层开裂，致使在地震过程中边坡前缘岩体沿着 F_5 断层发生剪切滑移，并且在滑移过程中导致前缘出现局部岩体拉裂解体 ［图 6.34（a）］。

（2）边坡后缘拉裂、中部锁固阻滑。红石岩边坡顶部陡倾 J_2 结构面十分发育，坡顶极高的地震波水平加速度（坡顶水平方向 PGA 可到达 6.0 以上）极易致使陡倾 J_2 结构面拉裂并不断贯通延伸，在后缘一定深度内形成陡立深直拉裂面 ［图 6.34（b）］。而在边坡下部，由于前缘主滑段以 F_5 断层作为运动释放窗口朝着河谷临空向滑移拉裂，其后方岩体失去支撑，为后方岩体运动释放提供了较好的临空条件。但是受到底部较完整岩体的影响，地震波短持时和低强度所诱发的岩体累进式破坏程度不足以启动后方岩体，因此在后缘深直拉裂面和前缘主滑段之间形成了中部锁固阻滑段。锁固阻滑段挑起了后方岩体，对边坡稳定性控制至关重要，成为"压倒骆驼的最后一根稻草"。

（3）中部锁固段剪切破裂，边坡整体失稳。随着地震持时和强度增加，前缘主滑段后方岩体不断震裂松弛，后缘岩体的拉裂面不断延伸，并朝河谷方向不断变形 ［图 6.34（b）］，中部锁固阻滑段同时受到地震力和后缘岩体向河谷方向变形产生的推覆挤压力的影响形成了极高的应力状态，5s 左右（如 M31 监测点）锁固阻滑段突然脆性剪断，岩体突然形成极高的加速度（其 PGA 可达到 3.0～6.5），岩体以高加速度高位剪出，边坡整体性失稳。

众多地震动力滑坡现场调查、室内大型振动台物理模型试验及数值仿真结果均表明，岩质边坡在强震作用下的应力状况、变形破坏特征和失稳模式与常规重力作用下的斜坡失稳存在较大的差异（许强等，2009）。

如图 6.35（a）所示，在常规重力条件下，斜坡体受到自重应力、构造应力以及断层构造等的影响，应力场空间分布特征非常复杂，但总体上表现为：最大主应力（σ_1）与边坡面倾向基本平行，最小主应力（σ_3）近似垂直于边坡面，而中主应力（σ_2）与边坡走向基本平行。在这种应力状态下，由于长期自重和卸荷作用，将在斜坡岩体内部某些软弱部位（如节理、断层等）产生应力集中现象，裂缝逐渐沿着倾向坡外的中缓倾角弱面扩展、贯通，进而形成主要的剪切滑移面，斜坡体沿主滑面发生剪切滑移变形破坏，当变形破坏达到一定程度时，在斜坡后缘形成拉应力集中现象，后缘张拉开裂，进而整个滑动面扩展贯通，滑坡体处于极限平衡状态，最终在内外条件的触发下发生整体失稳破坏（Brideau et al.，2009；Clague and Stead，2012）。

如图 6.35（b）所示，在地震动力作用下斜坡体内部的应力场发生很大改变，最小主应力不再以近似垂直于斜坡面的压应力为主，而是在水平地震波的耦合作用下呈现拉-压循环往复应力状态。在这种应力状态下，岩体受快速拉-压循环载荷作用而出现张拉破坏，陡倾角裂缝很容易扩展、贯通，形成近直立的张拉破裂面。之后在持续的地震动力作用下，拉裂岩体向临空面变形，并在底部产生剪切-滑移破裂面，岩体被完全贯通并切割分离成独立块体，最后发生整体的崩塌（甚至被抛出）破坏（Li et al.，2019b）。

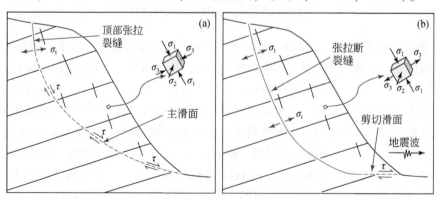

图 6.35　地震动力和常规重力作用下斜坡失稳破坏特征对比图

（a）常规重力作用；（b）地震动力作用

　　如图 6.36 所示，通过地震动力条件下（红石岩滑坡）与常规重力条件下（白格滑坡）的滑坡残留轨迹对比分析可知，在地震动力条件下，不仅斜坡内部应力状态与常规重力条件下的应力状态均存在较大差异，其边坡破坏模式与失稳过程也与常规重力条件下的斜坡失稳存在较大差异。从滑坡残留体形态上可以看出，地震动力条件下，主破裂面以后缘陡倾角的长大拉裂缝为主，陡直、深大、表面粗糙，具有典型的张拉破坏特征，而底部的剪切滑移面相对较短小；而常规重力条件下的滑坡，主滑动面以长大的剪切-滑移面为主，表面具有明显的滑移擦痕，呈明显的剪切破坏特征，只在滑坡后缘一定范围内存在张拉破裂面，深度不大、规模相对较小。

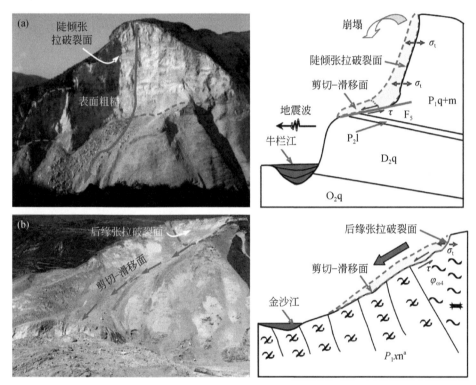

图 6.36　地震动力和常规重力作用下斜坡失稳破坏特征对比图
(a) 地震动力作用；(b) 常规重力作用

　　在斜坡失稳模式上也存在很大差异，常规重力条件下斜坡的典型失稳模式是先沿着斜坡中下部倾向坡外的中缓倾角的软弱结构面以及坡脚先产生剪切滑移破坏，当斜坡变形破坏达到一定程度才会在后缘形成拉裂面，整个过程会持续较长时间，如白格滑坡的历史遥感数据显示斜坡的失稳过程至少持续了 50 年。而地震动力条件下的斜坡失稳模式是先在滑坡后缘产生陡倾角的拉裂缝，随后拉裂缝逐渐贯通形成后缘主破裂面，最后才在斜坡底部产生剪切滑移面，这整个失稳过程持续的时间很短，一般只有几十秒到几分钟之间。

6.4　地震-水耦合作用下岩体三维稳定性分析

岩质边坡的失稳类型主要分为平面破坏、楔体破坏、圆弧破坏和倾覆破坏四类（Hoek and Bray, 1981）。岩质边坡失稳往往受多种因素共同影响，其中，地震和降雨是最常见的主要因素。岩体在地震惯性力的作用下出现张拉破坏，使岩体内部的微裂隙相互贯通，岩体完整性被破坏。同时，地震惯性力将改变岩体的受力状态，改变岩体的稳定状态。降雨入渗将在岩体裂隙中产生静水压力和动水压力，弱化岩体的稳定性状态，与此同时，雨水还会弱化边坡内部层面的抗剪强度参数，降低层面的安全系数。此外，在具有明显冻融循环特征的地区，岩体中赋存的水在冻融循环作用下体积的往复变化将加剧岩体内部裂隙的扩展。地震和降雨耦合作用下，岩体同时受到自重、坡体内静水压力、动水压力和地震惯性力等不利荷载作用，极易出现失稳破坏。针对地震和降雨耦合作用下岩质边坡的三维稳定性计算方法具有较强的应用价值。本节以岩质边坡平面破坏为例，建立概化力学分析模型，推导地震-水耦合作用下岩质边坡三维稳定性计算公式，并以四川省阿坝州茂县叠溪镇新磨村滑坡为例，分析地震和降雨耦合作用下岩质边坡的失稳机理。

6.4.1　概化力学模型

为了推导考虑岩体贯通率和地震-水耦合作用下岩质边坡三维平面滑移稳定性计算方法，做如下简化和假设：

（1）滑移体视为刚体，不考虑滑移体的变形。

（2）假设岩体内部雨水入渗通道连通，坡体内地下水能够沿着破坏面自由渗透，并且在大气压作用下沿着破坏面在坡面的出露处流出；底滑面为连通面，不考虑底滑面上水压力的影响。

（3）不考虑侧壁结构面的静摩擦力和动摩擦力，仅考虑岩桥部分岩体的抗剪强度（侧壁）和抗拉强度（后缘）。

（4）仅考虑静水压力，不考虑雨水入渗过程中的动水压力。

（5）仅考虑水平向地震惯性力对边坡稳定性的影响，不考虑垂直向地震惯性力的影响。

基于以上简化和假设，概化得到滑移体的三维分析模型，如图 6.37 所示。截取典型二维截面，建立二维典型力学分析模型，如图 6.38 所示。

基于图 6.38 所示力学分析模型，根据拟静力法，推导得到考虑岩体贯通率情况下，岩体三维滑移安全系数计算公式如式（6.9）~ 式（6.13）所示。拟静力法中，将地震作用力看作一个作用于边坡重心处、指向坡外（滑动方向）的水平静力。这一水平静力由水平地震影响系数、滑移体质量和地表峰值加速度（PGA）确定。其中，水平地震影响系数根据边坡所在地区地震基本烈度由规范查表确定。本节中，因假设岩体内部雨水入渗通道连通，坡体内地下水能够沿着破坏面自由渗透，并且在大气压作用下沿着破坏面在坡面的出露处流出，因此，地下水呈三角形分布，如图 6.38 所示。后缘裂隙水分布深度 h 由后

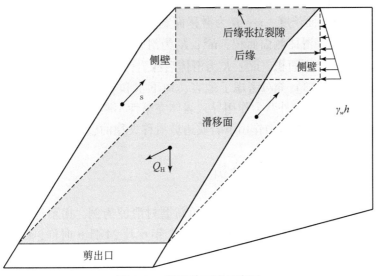

图 6.37　滑移体三维示意图

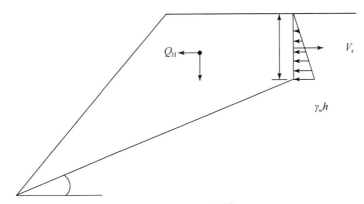

图 6.38　力学分析模型

缘岩体连通率控制，岩体中连通裂隙中本节中假设底滑面已经贯通，因此底滑面上不存在静水压力。

基于以上简化和假设，滑体的安全系数计算公式为

$$F_s = \frac{(W \cdot \cos\theta - Q_H \cdot \sin\theta + V_r \cdot \sin\theta - 0.5\gamma_w \cdot h^2 \cdot B \cdot \sin\theta)\tan\varphi + c \cdot L \cdot B + V_s + V_r \cdot \cos\theta}{W \cdot \sin\theta + 0.5\gamma_w \cdot h^2 \cdot B \cdot \cos\theta + Q_H \cdot \cos\theta}$$

$$(6.10)$$

$$V_r = S_r \cdot R_t(1 - K_r) \qquad\qquad (6.11)$$

$$V_s = 2 \cdot S_s \cdot R_s(1 - K_s) \qquad\qquad (6.12)$$

$$Q_H = \eta_H \cdot \alpha_H \cdot m \qquad\qquad (6.13)$$

式中，F_s 为滑移安全系数；V_r 为后缘岩体抗拉强度提供的张拉集中力，kN；V_s 为侧壁岩体抗剪强度提供的抗剪集中力，kN；Q_H 为水平向地震惯性力，kN；W 为滑体重量，kN；θ 为滑移面倾角，°；η_H 为水平地震影响系数；α_H 为水平向地震峰值加速度 PGA，m/s²；γ_w 为

水的容重，kN/m^3，取 $\gamma_w = 9.8 kN/m^3$；H 为滑体后缘高度，m；h 为后缘裂隙水分布深度，m，$h = H \times K_r$；L 为滑移面长度，m；B 为滑移面宽度，m；φ 为滑移面内摩擦角，°；c 为滑移面黏聚力，kPa；S_s 为滑体侧面面积，m^2；K_s 为滑体侧面岩体连通率；R_s 为岩体抗剪强度，kPa；S_r 为滑体后缘面面积，m^2；K_r 为滑体后缘岩体连通率；R_t 为岩体抗拉强度，kPa。

　　式（6.9）～式（6.13）充分考虑了地震、地下水和岩体中裂隙贯通情况对岩质边坡稳定性的影响，可以对自然外营力作用导致岩体完整性不断退化情况下岩质边坡的稳定性进行定量评价，揭示自然外营力作用下岩质边坡滑移失稳的破坏机理。

6.4.2　新磨滑坡失稳机理分析

　　本节以 2017 年四川省阿坝州茂县叠溪镇新磨村滑坡为例，揭示地震、降雨和岩体裂隙贯通率对新磨滑坡失稳的综合影响机制。2017 年 6 月 24 日 6 时许，四川省阿坝州茂县叠溪镇新磨村新村组后山约 $4.5 \times 10^6 m^3$ 的山体发生顺层高位滑动，导致 10 人死亡和 73 人失踪，如图 6.39 所示。经现场调查、卫星数据解译，大家普遍认为，新磨滑坡源区山体在 1933 年叠溪地震中山体后缘产生了众多拉张裂缝，之后在多次地震、长期重力以及降雨作用下，边坡稳定性不断降低，最终整体失稳破坏。滑源区滑落块体平均高 260m、宽 370m，厚度 46m，总方量为 $4.5 \times 10^6 m^3$。滑源区所在斜坡为岩质顺向坡，岩层产状 N80°W/SW∠47°。滑体物质为三叠系中统杂谷脑组砂岩夹板岩，岩体内发育 2 组结构面，其产状分别为 N44°E/SE∠84°（近于垂直层面的陡倾节理）和 N46°E/NW∠47°（斜向坡内）（许强等，2017）。从岩体结构分析，滑块是以岩层层面作为底滑面，陡倾裂隙作为两侧边界，形成类似于"抽屉"的扁平立方体，如图 6.39 和图 6.40 所示。

图 6.39　新磨滑坡

　　新磨滑坡的失稳是历史地震、降雨和自重等多种影响综合作用的结果，为了揭示新磨滑坡失稳的主导因素，利用式（6.10）～式（6.14）对新磨滑坡的失稳影响因素进行敏感

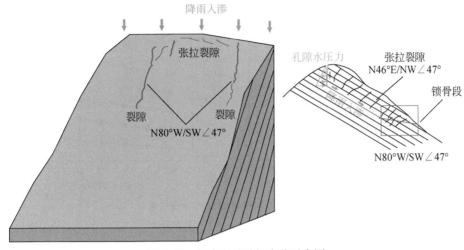

图 6.40 新磨滑坡破坏失稳示意图

性分析，分析对象包括水平向地震地表峰值加速度（PGA）、滑体侧壁岩体连通率、岩体后缘岩体连通率、滑动层面内摩擦角以及滑体后缘裂隙水分布深度。敏感性分析中采用的新磨滑坡岩土体物理力学参数如表 6.3 所示。

表 6.3 新磨滑坡岩土体物理力学参数取值

物理量	取值	物理量	取值
滑体体积 /m³	4.5×10^6	滑移面宽度 B/m	370
滑体质量 m/kg	1.07E10	滑移面内摩擦角 φ/(°)	30°~60°
重力加速度 g/(m/s²)	9.8	滑移面黏聚力 c/kPa	200
滑移面倾角 θ/(°)	47	滑体侧面面积 S_s/m²	11960
水平地震影响系数 η_H	0.25	滑体侧面岩体连通率 K_s	10%~90%
水平向地震峰值加速度 α_H/g	0.10~0.40	岩体抗剪强度 R_s/kPa	3000
水的容重 γ_w/(kN/m³)	9.8	滑体后缘面积 S_r/m²	17020
滑体后缘高度 H/m	46	滑体后缘岩体连通率 K_r	10%~90%
滑移面长度 L/m	260	岩体抗拉强度 R_t/kPa	4000

地表峰值加速度（PGA）及层面内摩擦角对新磨滑坡安全系数的影响如图 6.41 所示。图 6.41（a）表明，在侧壁和后缘连通率均为 50% 的情况下，新磨边坡安全系数随着水平向地表峰值加速度（PGA）的增大而降低。当 PGA=0.10g 时，层面安全系数为 1.37；当 PGA 增大至 0.40g 时，安全系数降低至 1.23。图 6.41（b）表明，层面内摩擦角对新磨边坡的安全系数影响较大，层面安全系数随层面内摩擦角的增加而显著提高。同时，图 6.41（b）表明，在不同的侧壁和后缘连通率情况下，层面安全系数随层面内摩擦角具有相似的变化特征，随着侧壁和后缘连通率的提高，层面的安全系数逐渐降低。

水平地震作用力一方面直接显著降低边坡的稳定性，另一方面，地震活动会诱发边坡出现新的张拉裂隙，同时加剧岩体中已有裂隙的扩展和延伸，劣化岩体的整体结构性，促

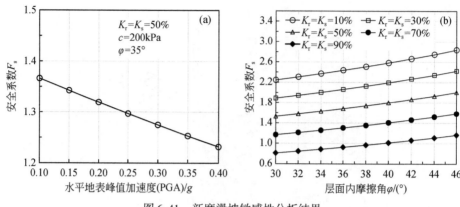

图 6.41　新磨滑坡敏感性分析结果

(a) 地表峰值加速度；(b) 层面内摩擦角

进雨、雪、风化等外营力作用对边坡稳定性的弱化作用。新磨滑坡所在区域年降雨量丰富，自然风作用明显，如图 6.42 和图 6.43 所示，降雨和风化作用对于新磨滑坡的形成具有不可忽视的作用。此外，新磨滑坡滑源区海拔较高，常年受冻融循环作用，如图 6.44 所示。地震和冻融循环联合提高了边坡中潜在滑体侧壁和后缘的裂隙贯通率。随着裂隙连通率的提高，雨水在重力作用下沿岩体中裂隙不断下渗，不断弱化潜在滑移层面的内摩擦角，并最终显著降低层面内摩擦角，导致边坡失稳。

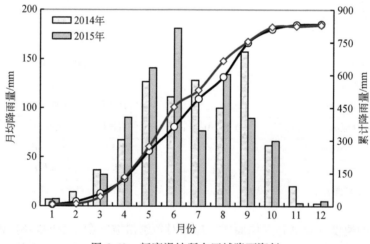

图 6.42　新磨滑坡所在区域降雨资料

图 6.45 的计算中考虑了后缘裂隙水对边坡稳定性的影响，新磨滑坡处于年均降雨量较丰富的地区，裂隙水对边坡稳定性的影响不容忽视。假定在边坡后缘裂隙完全贯通的情况下，定量探究后缘裂隙水分布深度对新磨边坡稳定性的影响，如图 6.46 所示。图 6.46 (a) 表明，后缘裂隙水的静水压力对边坡稳定性的直接影响较小。在枯水季节，后缘裂隙中可能不存在裂隙水的静水压力。在侧壁裂隙连通率为 50% 的情况下，后缘裂隙无水和饱水两种工况下的安全系数，如图 6.46 (b) 所示。无水工况指不考虑裂隙中的静水压力；饱水

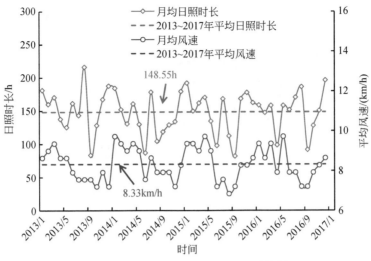

图 6.43　新磨滑坡区域日照及风速资料

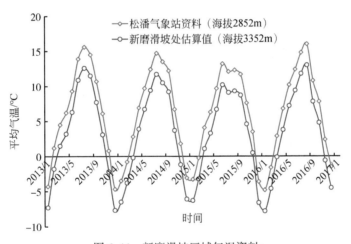

图 6.44　新磨滑坡区域气温资料

工况指后缘裂隙扩张深度均被裂隙水充满。图 6.46（b）所示的计算结果也表明后缘裂隙水的静水压力对新磨边坡稳定性的直接影响较小。但是，裂隙水对边坡层面抗剪强度参数的弱化不容忽视。

　　确定层面的内摩擦角是计算滑移体安全系数的关键，但层面多为不规则平面，层面抗剪强度参数的确定一直是一个难题。目前，确定不规则层面的抗剪强度参数尚无完整理论，主要依靠经验公式和试验方法确定。考虑到工程边坡的个性化，工程师们往往采用试验方法确定边坡中层面的抗剪强度参数。但是，现场剪切试验费用高、试验时间长、试验困难、试验点代表性差。《建筑边坡工程技术规范》（GB/T 50330—2013）中提出在无条件进行试验时，结构面的抗剪强度指标标准值在初步设计时可按表 6.4 并结合类似工程经验确定。

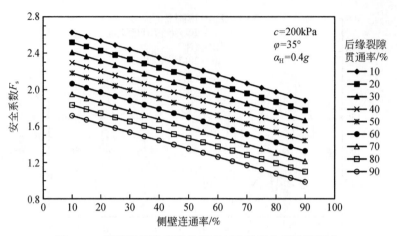

图 6.45   侧壁及后缘裂隙贯通率对边坡安全系数的影响

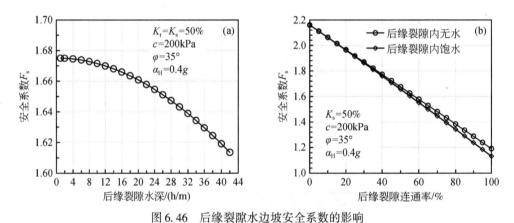

图 6.46   后缘裂隙水边坡安全系数的影响
（a）分布深度对安全系数的影响；（b）含水状态对安全系数的影响

表 6.4   结构面抗剪强度指标标准值

结构面类型		结构面结合程度	内摩擦角 $\varphi/(°)$	黏聚力 c/MPa
刚性结构面	1	结合好	>35	>0.13
	2	结合一般	35 ~ 27	0.13 ~ 0.09
	3	结合差	27 ~ 18	0.09 ~ 0.05
软弱结构面	4	结合很差	18 ~ 12	0.05 ~ 0.02
	5	结合极差（泥化层）	<12	<0.02

现有研究和工程实践表明，现场原位直剪试验、室内剪切试验和经验公式估算得到的层面抗剪强度参数离散型较大，因此，在确定层面抗剪强度参数时应以现场试验数据为基础，充分考虑其他数据的校正作用，结合层面赋存的地质条件，综合确定层面的抗剪强度参数。

6.5　本 章 小 结

本章分别以向家坝水电站建设过程中的马延坡变形体、毛尔盖库区渔巴渡变形体、2014 年云南鲁甸地震红石岩滑坡、2017 年四川茂县特大滑坡为例，通过现场调查、理论分析、室内物理模型试验和数值计算相结合的手段，揭示了降雨、水库蓄水以及地震动力作用下岩质边坡的失稳破坏力学机理：降雨往往是滑坡的触发因素而非根本原因，在长期不利地质条件作用后，斜坡的稳定性接近于极限平衡状态，极可能在小规模降雨或人工扰动下导致灾难性滑坡灾害的发生；而现实中水库的水位调度按照规范进行，出现水位骤升、骤降的情况很少，因此，蓄水和水位波动的耦合效应是水库滑坡变形和破坏的实际诱因；在地震动力条件下，在滑坡后缘先产生陡倾角的拉裂缝，随后拉裂缝逐渐贯通形成后缘主破裂面，最后在斜坡底部产生剪切滑移面，造成一个持续时间很短的破坏过程，一般只有几十秒到几分钟。

岩质滑坡的触发机制非常复杂，地质环境、水文活动以及人类活动干扰等因素的长期作用在边坡强度劣化及滑坡孕育过程中起着关键作用。影响边坡稳定性的因素包括长期效应和短期效应，边坡岩体在长期的内外地质作用和外界扰动作用下，岩体的物理力学性能不断弱化，致使岩体的稳定性不断降低；而短期的效应（如强降雨、工程扰动、强震等）在长期效应作用的基础上直接激励岩体形成贯通破裂面，发生灾难性失稳。

第7章 岩质边坡补强加固机理与稳定提升技术

7.1 概　　述

岩质边坡受地质构造、风化卸荷以及地震等作用，内部往往存在大量节理、裂隙、断层等结构面，对岩质边坡的安全稳定产生极大影响。根据结构面空间位置，可将岩体结构面分为浅层结构面与深层结构面，这两者对岩质边坡的稳定性均具有较大的影响，但影响范围和程度有一定的差异。为了改善岩体结构的物理力学特性，防止岩质边坡沿浅层或深层结构面发生破坏，在工程施工中常采用相关补强加固措施以提升岩质边坡的安全稳定性。如图 7.1 所示，在边坡浅层修建挡墙、抗滑桩或对边坡进行喷锚支护，可以防止边坡发生浅层滑动破坏；对于可能存在深层滑动的岩质边坡来说，还需针对断层、软弱夹层等深部地质缺陷，采用锚索、灌浆、抗剪洞等方式进行加固处理。岩质边坡补强加固措施可显著弥补边坡表层及深部的结构性缺陷、提高岩体结构的完整性、改善岩体内部软弱结构的受力状况，从而有效提高边坡的安全稳定性。

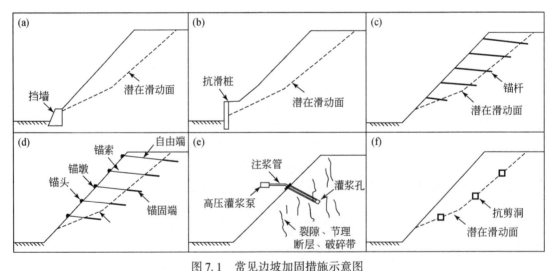

图 7.1　常见边坡加固措施示意图

（a）挡墙；（b）抗滑桩；（c）锚杆；（d）锚索；（e）灌浆；（f）抗剪洞

本章结合杨房沟坝肩边坡开挖支护和锦屏Ⅰ级电站左岸边坡的加固处置，主要介绍岩质边坡喷锚支护、灌浆补强与抗剪洞等技术的作用机理、效果及对应的补强效果评价方法。

7.2　喷锚支护加固技术

喷锚支护是一种最为常见的边坡治理措施，其原理是锚杆、混凝土喷层和岩体三者形成共同受力体系，该体系可以防止岩体松动、分离。喷射的混凝土能侵入围岩裂隙、封闭节理、加固浅层的结构面和层面，从而提高岩体的整体性并抑制变形的发展。喷锚支护结构与岩体的形成受力体系后，可以有效地控制和调整岩体应力的重分布，避免岩体松动和坍塌，从而提高岩质边坡的稳定性。目前对喷锚支护边坡稳定的计算已有大量的研究成果，但由于面板加固层和锚杆的联合作用机理比较复杂，如何有效地评价喷锚支护边坡的稳定问题还需要更深一步地研究（常士骠，1983）。传统算法仅仅考虑了锚固力，忽略了面板加固层对边坡安全系数的提高，得到的安全系数相对较低。

本节基于应力等效和一定范围内面板加固层的传压原理，提出了一种对喷锚支护边坡的稳定性进行计算的方法。该方法不再单一地考虑锚固力或者面板加固层对边坡安全系数的提高，而是将集中力转化为面力，并结合极限平衡原理得到了边坡稳定的计算公式，最后应用于工程实例来验证该方法的合理性（刘立鹏等，2010）。

7.2.1　喷锚支护力学机理

喷锚支护结构由锚杆、钢筋网喷射混凝土面层和被锚固的岩体三者组合而成。锚杆的一端锚固于滑动面以外的稳定岩体中，另一端锚固于喷射混凝土面层结构上并利用锚固端来保持稳定。锚杆和喷射混凝土形成的稳定面板加固层，使滑动面以内的被锚固的松动岩体处于稳定状态（彭宁和拙梁毅，1984）。喷射的混凝土可以填充边坡表面的节理、裂隙和孔洞，使岩质边坡表面整体黏聚力得到提高，并形成类似于具有一定厚度的钢筋混凝土面板，最终由锚喷形成的联合传力系统来提高边坡的整体稳定性（朱维申和任伟中，2001）。

喷射的混凝上使边坡表层的松散岩体具有很强的黏聚力，其力学性质完全不同于松散堆积体或者强风化岩体。由于锚杆的锚固段作用在面板之上，结合应力等效和传压原理，即锚固力可以由面板加固层的传力效应作用于覆盖的岩体上，如图 7.2（a）~（c）所示，其中传力效应随距离的函数大致呈开口向下的二次抛物线的形式，在两相邻的锚杆之间的区域形成传力的交汇区。

锚杆的支护体系不仅仅给浅层岩体施加了一个约束力，另外也可以使山体裂隙逐渐地愈合。由图 7.2（b）所示的传压板，通过实验实测数据发现，在一定的锚杆间距范围内，面板各处被覆盖岩体承受的压力大致是相等的。因此根据集中力与面力的转化关系，完全可以把复杂交汇面上不同力的情况转化为如图 7.2（c）的模型，即把二者交汇的作用力转化为施加在一定厚度岩体上的均布力。对图 7.2（c）的结构进行受力平衡分析，可知：

$$q_i = 2KF_0/L_0 \tag{7.1}$$

式中，q_i 为简化的均布力；K 为面板加固层的增大系数；F_0 为锚固力；L_0 为两相邻锚杆之间的距离。

经过室内试验测试，当单根锚杆锚固力为 600kN，不同锚杆间距下等效均布力的大小如图 7.3 所示。

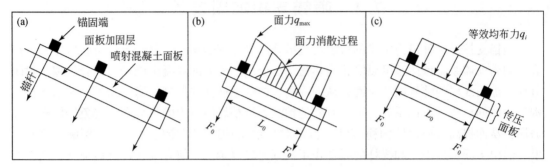

图 7.2 喷锚支护措施传压过程

（a）边坡喷锚支护结构示意图；（b）混凝土面板对锚固力的传压过程；（c）基于传力原理的简化结构受力

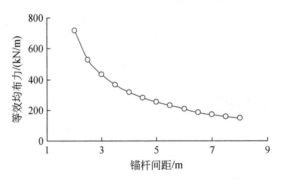

图 7.3 等效均布力与锚杆间距之间的关系

由图 7.3 可以看出：当锚杆之间的距离过小时，均布力随间距的增大下降地比较快；当锚杆间距介于 3~6m 时，均布力与锚杆之间的间距大致呈反比例相关，面板加固层的加固增大系数接近于 1.05；当锚杆间距大于 6m 时，面板加固层的增大效应越来越不明显，这种情况下面板加固层的传压效应可以忽略不计。由式（7.1）可知：如果锚杆以梅花形布置，当锚杆的单根锚固力为 600kN 且两相邻锚杆之间的距离为 4m 时，简化的均布荷载则为 315kN/m，此时理论值与实际值吻合度较高，这种等效方法可以为边坡喷锚支护的稳定计算提供更加简便且合理的途径。

7.2.2 基于传压原理的边坡安全系数计算

针对喷锚支护边坡的稳定分析来说，引入均布的锚固力并利用条分法进行计算（张鲁渝，2005）。首先假定条块间水平作用力，并保证每个条块都满足极限平衡条件，再通过对滑动体中条块进行极限平衡分析，即可得到稳定安全系数，图 7.4 给出了条块 i 的受力情况。

引入均布力 q_i 对条块 i 的受力情况有较大的影响，由该条块在竖直方向上力的平衡可得：

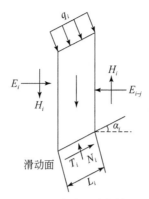

图 7.4　条块 i 受力情况

$$N_i\cos\alpha_i + T_i\sin\alpha_i - W_i - q_iL_i\cos\alpha_i = H_i - H_{i-1} \tag{7.2}$$

式中，N_i 为滑动面上的径向反力；T_i 为滑动面上的切向反力；α_i 为滑动面水平面的夹角；W_i 为条块的重力；L_i 为条块的垂直均布力长度；H_i 和 H_{i-1} 为条间切向力。

令 ΔH_i 为条间切向力的差值：

$$\Delta H_i = H_i - H_{i-1} \tag{7.3}$$

则可得底滑面上的法向力为

$$N_i = (W_i + q_iL_i\cos\alpha_i + \Delta H_i - T_i\sin\alpha_i)/\cos\alpha_i \tag{7.4}$$

由该条块在水平方向上力的平衡可得：

$$N_i\sin\alpha_i - T_i\cos\alpha_i + q_iL_i\sin\alpha_i = E_i - E_{i-1} \tag{7.5}$$

$$\Delta E_i = E_i - E_{i-1} \tag{7.6}$$

式中，E_i 和 E_{i-1} 为条间水平向力。

根据极限平衡原理可得边坡的安全系数计算公式如下：

$$F_s = \frac{\sum\{c_iL_i + (W_i\cos\alpha_i + q_iL_i + \Delta E_i\sin\alpha_i)\tan\varphi_i\}}{\sum(W_i + q_iL_i\cos\alpha_i)\sin\alpha_i} \tag{7.7}$$

式中，n 为条块的总数；c_i 为底滑面的黏聚力；φ_i 为底滑面的内摩擦角。

将式（7.4）代入式（7.7）可得：

$$F_s = \frac{\sum\{c_iL_i\cos\alpha_i + (W_i + q_iL_i\cos\alpha_i)\tan\varphi_i\}\sec\alpha_i \bigg/ \left(1 + \dfrac{\tan\varphi_i\tan\alpha_i}{F_s}\right)}{\sum(W_i + q_iL_i\cos\alpha_i)\sin\alpha_i} \tag{7.8}$$

通过迭代计算可以求得边坡的安全系数，锚固力对边坡安全系数地提高主要通过提高滑动面上法向力 N_i 来实现。均布力 q_i 对滑动面上法向力 N_i 的提高较为明显，通过这种等效处理可以实现对喷锚支护边坡稳定地计算。

对锚固力的力学简化考虑了喷射混凝土形成的面板加固层对边坡安全系数地提高，并把此简化的均布力作用到条块体上。结合极限平衡分析方法，得到了基于等效面力的喷锚支护边坡安全系数计算公式。后文通过采用该计算模型对喷锚支护后杨房沟坝肩槽边坡稳定性进行计算，计算结果和传统方法结果进行比较以验证方法的合理性。

7.2.3　典型应用案例

杨房沟坝肩槽开挖部位的岩体岩性主要为花岗闪长岩，基岩裸露，坡体中裂隙型小断层、节理较发育。在岩体开挖一段时间后（通常为几天），开挖面地应力消失，岩体内部应力进行自动调整，岩体表面出现明显卸荷破坏现象，加之部分坡面受结构面组合影响，处于部分或全切割状态，极不稳定，如图7.5所示。

图7.5　杨房沟坝肩开挖现场

图7.5中的开挖面的主控结构面为J_{13}节理，被断层F_7切割成，在卸荷作用下与表层卸荷面形成不稳定组合块体，极易失稳破坏。现通过极限平衡法对开挖边坡进行稳定性计算，计算参数根据现场地质调查报告进行选取，见表7.1。

表7.1　岩体力学参数取值

岩体	容重 $\gamma/(kN/m^3)$	黏聚力 c/MPa	摩擦系数 f
强风化层	24	1.3	0.8
断层/节理	20	0.1	0.5

计算结果显示，边坡开挖后的安全系数为1.056[图7.6（a）]，随时可能发生失稳，必须采取加固措施。针对此情况，工程对开挖边坡采用了喷锚支护，锚杆锚固力为600kN，长12~15m不等，间排距均为5m。对该边坡锚固力进行等效面力计算时，根据图7.3，等效后支护区域作用面力取200kN/m，计算结果如图7.6（b）、（c）所示。

计算结果表明：采用面力等效法计算得到边坡的安全系数为1.685。当采用传统的算法时，即将锚固力考虑为集中力，计算得到边坡的安全系数为1.541，与面力等效法计算得到的安全系数存在约9%的误差，说明通过面力等效可以实现对喷锚支护边坡地稳定计算。对其喷锚支护前后该边坡的表层岩心取样发现：喷锚支护后的岩体完整性得到了提高，一方面是浆液进入岩石裂隙提高了岩石黏聚力，另一方面是盖板的传压作用使锚固各部位均受到了约束，喷锚支护措施有效地提高了边坡的稳定性。

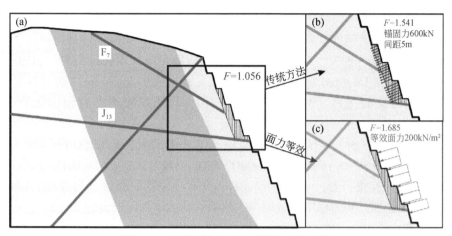

图 7.6　杨房沟坝肩边坡开挖稳定性计算
（a）无支护；（b）传统算法；（c）等效面力算法

7.3　灌浆补强加固技术

灌浆是工程中加固岩体的常用工程措施。对于无法通过浅表层工程措施治理的深部破碎岩体、结构面或断层，工程界主要通过固结灌浆的方式来提高其强度。通过适当的压力，将水泥浆液或其他化学固化材料灌注到岩体裂隙、断层破碎带、软弱夹层等地质缺陷的孔隙中去，经过充填、压密、黏合和胶结作用等，提高缺陷体的物质力学性质，从而达到对深部岩体进行加固的目的（连镇营等，2001；郑秀华，2002）。灌浆能有效改善岩体结构面力学特征及其组合关系，可以提高岩体的整体强度和弹性模量，使其整体刚度增大。并且，灌浆能修复岩体内的微细裂隙，使其端部应力集中被降低或消除，使岩体屈服极限增大，抗压抗剪强度提高，从而有效减小岩体变形（袁进科，2008；Xing et al.，2014）。

7.3.1　软弱结构面灌浆强化机理

灌浆是通过给水泥浆液或化学浆液一个较大的压力，将之灌入结构面、断层及破碎带中，经过充填、压密、固化等作用过程，使离散的岩体互相黏结形成整体，成为基本承载骨架（陈在铁，2007）。灌浆技术在边坡工程岩体加固中应用广泛，能有效加固复杂岩体中的地质缺陷体，使之满足工程建设需要，为确保工程稳定、安全、正常运行发挥重要作用（郑玉辉，2005；吕汉江，2008）。

灌浆材料的优劣是决定灌浆强化效果的重要因素。灌浆材料从最早的石灰、黏土、水泥，发展到水泥−水玻璃浆液和各种化学浆液。常见的灌浆补强方法有水泥灌浆、化学灌浆、水泥−化学复合灌浆等（郑玉辉，2005），不同的灌浆方法，对岩体力学参数的影响效应也不同。

1. 水泥灌浆

水泥灌浆浆液的主要成分为硅酸三钙（$3CaO \cdot SiO_2$）、硅酸二钙（$2CaO \cdot SiO_2$），其占水泥总重量的 70%～80%。$3CaO \cdot SiO_2$ 与水反应能可生产水化硅酸钙（$xCaO \cdot SiO_2 \cdot H_2O$）和氢氧化钙 [$Ca(OH)_2$]，化学反应式见式（7.9a）。硅酸二钙（$2CaO \cdot SiO_2$）与水反应过程与硅酸三钙（$3CaO \cdot SiO_2$）类似，只是反应速度较慢，化学反应式见式（7.9b）。

$$3CaO \cdot SiO_2 + nH_2O \Longrightarrow xCaO \cdot SiO_2 \cdot yH_2O + (3-x)Ca(OH)_2 \tag{7.9a}$$

$$2CaO \cdot SiO_2 + mH_2O \Longrightarrow xCaO \cdot SiO_2 \cdot yH_2O + (2-x)Ca(OH)_2 \tag{7.9b}$$

水化硅酸钙呈胶质状态，几乎不溶于水，具有一定的胶凝性，与被灌岩体胶结在一起，其强度不断增加并转为稳定的凝固体，从而达到灌浆加固的目的。

2. 化学灌浆

化学灌浆加固主要是通过浆液的化学反应，形成胶凝材料，把破碎的岩体胶凝固结，同时形成的胶凝材料性质固定，遇水不发生化学反应。化学灌浆由于粒子较小，能灌入水泥颗粒不能进入的微细裂缝，因而其致密性相对更好。通过灌浆，可增强岩体的致密性，进而大大提高破碎带的整体物理力学性能和抗渗性能。

化学灌浆的化学反应过程较为复杂，通常需要按先后顺序注入不同的化学浆液。例如，应用于锦屏 I 级 F_2 断层及两侧挤压错动带的帕斯卡灌浆材料 PSI-501 分为 A、B 两种液体，各自包含了主液、活性剂、助剂等多种化学液体，其反应原理为伯胺与环氧基反应生成仲胺并产生一个羟基，生成的仲胺与另外的环氧基反应生成叔胺并产生另一个羟基。新生成的羟基与环氧基反应参与交联结构的形成，化学反应式如图 7.7 所示。

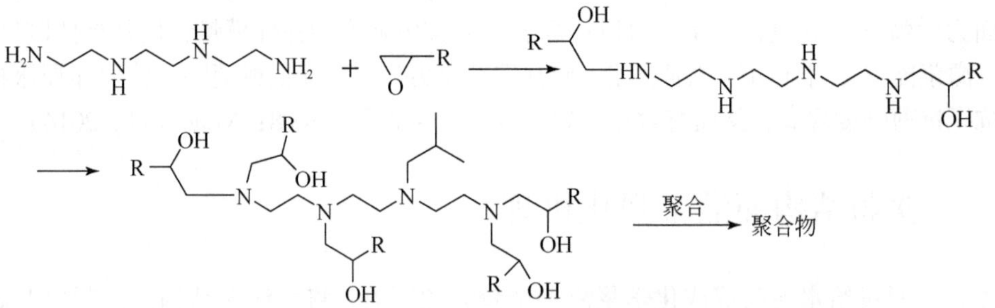

图 7.7　锦屏 I 级水电站 F_2 断层化学灌浆反应原理

叔胺的作用与伯胺、仲胺不同，其只进行催化开环，环氧树脂的环氧基被叔胺开环变成阴离子，这个阴离子又能打开一个新的环氧基环，继续反应下去，最后生成网状或体型结构的大分子。

3. 水泥-化学复合灌浆

水泥-化学复合灌浆是在普通水泥灌浆与化学灌浆的技术上发展起来的新技术。它先用颗粒状的水泥浆液充填裂隙岩体中的较大孔隙，形成承载骨架，再利用溶液状的化学浆液经过浸润、渗透以及改性固化进入岩体中的微裂隙，从而将普通水泥灌浆价格低、结石强度高和化学灌浆超强的可灌性优点结合起来。水泥–化学灌浆技术攻克了普通水泥灌浆不能达到防渗要求与化学灌浆价格昂贵、无法大幅提高岩体强度的缺点，达到安全经济的目的。水泥–化学复合灌浆补强加固技术可显著提升岩体的完整性、强度以及渗透性。

水泥–化学复合灌浆关键在于化学浆液的选择，目前工程中常用化学浆液主要有：水玻璃类、丙烯酰胺类、丙烯酸盐类、聚氨酯类、环氧树脂类、甲基丙烯酸盐类等。其中经过改性的环氧树脂类浆液具有凝胶结石体抗压强度和抗拉强度高、黏聚力大、收缩性小、能抗酸碱溶液侵蚀并且有黏度低、高亲水性的优点，在李家峡、三峡、天生桥二级等多个大型工程中取得了良好的效果。

7.3.2　灌后岩体质量现场检测

对灌后岩体进行室内试验时，必须先将岩体制成标准式样，这就从一定程度上改变了岩石的物理特性。因此，对灌后岩体进行现场检测是评价灌浆补强效果不可缺少的一部分。现场试验检测岩体灌浆效果可采用声波、钻孔变模、承压板以及钻孔全景图像等方式。

1. 现场声波试验

岩体波速是衡量岩体质量的重要力学指标，是岩体完整程度和岩石强度的综合反映。对于岩质边坡，其岩体内部的孔隙率、结构面的几何形态、充填度等，都对波速的大小有重要影响（陈旭荣，1991）。声波速度是岩体物理力学性质的重要指标，与控制岩体质量的一系列地质要素有着密切关系。声波速度不仅取决于岩石本身的强度，而且，当声波穿透裂隙岩体时，往往会产生不同程度的断面效应，导致波速下降、振幅衰减、频率降低。这种散射现象与岩体中结构面的发育程度、组合形态、裂隙宽度及充填物质有关，结构面越发育，则声波波速越低，因此，声波速度可以作为评价灌后岩体质量的定量指标之一。声波测试可分为单孔声波与对穿声波，其中对穿声波是常用于评价相邻钻孔之间的岩体质量。

2. 钻孔变模试验

钻孔变形模量测试是一种常用的现场测量岩体变形模量的方法，其原理是在岩体钻孔中的有限长度内使用钻孔压力膨胀计对孔壁进行应力–应变检测。在灌浆完成后，利用钻孔压力膨胀计向孔壁施加均匀的径向压力，同时测得孔壁的径向变形，按弹性力学平面应变的厚壁圆筒公式计算岩体的变形模量。

3. 钻孔全景图像

钻孔全景图像成像是一种能直观获得钻孔孔壁岩层表面特征原始图像的技术，具有直观性、真实性等优点，如图 7.8 所示。在传统的地质调查方法基础上，钻孔全景图像能更精确地划分地层结构、确定软弱泥化夹层，检测断层、裂隙、破碎带，观察地下水活动状况，佐证岩心鉴定和弥补取心不足等。钻孔全景图像测试已广泛应用于地质勘探和工程检测中，采用先进的 DSP 图像采集与处理技术，配合高效图像处理算法，可保证全景图像实时自动采集。

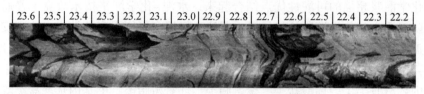

| 23.6 | 23.5 | 23.4 | 23.3 | 23.2 | 23.1 | 23.0 | 22.9 | 22.8 | 22.7 | 22.6 | 22.5 | 22.4 | 22.3 | 22.2 |

图 7.8　钻孔全景图像测试成果示意图

4. 压水试验

压水试验是利用水泵或者水柱自重，将清水压入钻孔试验段，根据一定时间内压入的水量和施加压力大小的关系，计算岩体的渗透系数，并了解裂隙发育程度的试验。压水试验是常用的现场检测灌浆质量的方法。灌浆利用浆液来填充岩体内部原有裂缝，理论上可以提高岩体的抗渗性。对灌后岩体进行压水试验，能快速对灌后岩体的抗渗性进行测试，检验灌浆质量效果。

7.3.3　灌后岩体性能室内检测

对经过灌浆补强后的岩石进行室内测试，常用方法主要包括岩样常规物理力学参数分析，室内物理力学试验以及微观结构分析。

1. 灌后岩体常规物理指标

对灌浆岩体的常规物理性质检测主要包括对灌后岩体的比重、密度、孔隙率、含水量以及渗透系数等物理参数。

1）密度：密度包括真密度和视密度。真密度是指材料在绝对密实的状态下单位体积的固体物质的实际质量，即去除内部孔隙或者颗粒间的空隙后的密度，而视密度又称容重或体重。视密度可通过蜡封法进行计算，真密度可根据中华人民共和国煤炭工业部部标准提供的《岩石真密度测定方法》（MT39—87）进行测定。

2）孔隙率：灌浆能有效提高岩体孔隙率，灌后岩体的孔隙率可采用气体孔隙率测定仪进行分析。气体孔隙率仪测定岩样的孔隙率，是通过测定岩样的外表体积和骨架体积计算岩石的孔隙率。其中岩样骨架体积的测定是利用气体膨胀原理（玻义耳定律）来确定。

3）渗透系数：岩石渗透系数是定量描述岩石透水性能的物理指标，岩石孔隙越大、连通性越好，则渗透系数越大，单位时间内通过过水断面的水量越多。渗透系数在数值上等于水力坡度为 1 时的渗流速度。岩石的渗透系数可通过现场压水试验或室内的达西定律测试仪进行测试。

2. 灌后岩体强度变形与软化特性

灌浆能提高岩体强度，改善岩体变形与软化特性。评价灌后岩体强度的参数包括单轴抗压强度和抗剪强度，灌后岩的变形与软化特性可以用分别用弹性模量、泊松比以及软化系数来表示。

1）单轴抗压强度：岩体的单轴抗压强度，是指试样只在一个方向受压时所得的极限破坏强度，也就是说将岩石试样放在压力机的上下压板之间进行加压，直至试样被压坏时测得的压力强度值。岩石抵抗单轴压力破坏的最大能力，称为岩石的单轴抗压强度，即标准岩石试件在压力作用下破坏时的最大荷载与垂直于荷载方向的截面积之比：

$$R = \frac{P}{\pi \cdot \left(\dfrac{D}{2}\right)^2} \tag{7.10}$$

式中，R 为岩石单轴抗压强度，MPa；P 为试验过程中岩样破坏时的轴向荷载，N；π 为圆周率；D 为岩样直径，mm。

2）弹性模量和泊松比：岩石的弹性模量和泊松比能反映岩石的弹性性质。弹性模量可视为衡量材料产生弹性变形难易程度的指标，在一定的应力作用下，弹性模量越大，岩体的变形量越小。泊松比是指材料在单向受拉或受压时，横向正应变与轴向正应变的绝对值的比值。

可利用单轴压缩试验中获取的岩石应力–应变关系曲线来计算灌后岩体的弹性模量与泊松比，公式如下：

$$E_a = \frac{\sigma_b - \sigma_a}{\varepsilon_{vb} - \varepsilon_{va}} \tag{7.11}$$

$$\mu_a = \frac{\varepsilon_{hb} - \varepsilon_{ha}}{\varepsilon_{vb} - \varepsilon_{va}} \tag{7.12}$$

式中，E_a 为平均弹性模量；μ_a 为平均泊松比；σ_a 为曲线直线部分起点处的应力值；σ_b 为曲线直线部分终点处的应力值；ε_{va} 为应力是 σ_a 时的轴向应变值；ε_{vb} 为应力是 σ_b 时的轴向应变值；ε_{ha} 为应力是 σ_a 时的横向应变值；ε_{hb} 为应力是 σ_b 时的横向应变值。

3）软化系数：水对岩体具有软化作用，岩石的软化系数是表征岩石耐水性性质的参数，是用于判定岩石耐风化、耐水浸能力的指标之一。地下水、裂隙水、地表水入渗等因素，岩体或多或少会处于被水包围的环境，导致岩体强度降低，因此有必要对灌后岩体的软化系数进行测定。基于单轴抗压强度试验，通过比较饱和与干燥（或自然含水状态下）的岩石式样的单轴抗压强度之比，可以计算岩石的软化系数，公式如下：

$$K = \frac{R_S}{R_D} \tag{7.13}$$

式中，K 为软化系数；R_S 为岩石饱和抗压强度；R_D 为岩石干燥抗压强度。

3. 灌后岩体抗剪强度

在工程计算中，岩石的抗剪强度一般由黏聚力 c 和内摩擦角 φ 表示，可以通过三轴压缩试验或剪切试验来获取。这两种试验方法均基于 Mohr-Coulomb 准则，用多个试件破坏点的强度值绘制强度包络线，利用强度包络线在纵轴上的截距和斜率求出岩石的内摩擦角和黏聚力等抗剪强度参数。其中，岩石三轴压缩强度试验是在三向应力状态下，测定和研究岩石变形和强度特性的一种试验。在进行三轴试验时，通常的方法是对若干个标准试件施加不同围压，在围压保持不变的情况下，施加轴向荷载，使试件破坏。直剪试验是对岩石直接施加剪切荷载，使其达到最大承载力并破坏。常用的室内直剪试验方法是对若干个试件，施加不同的法向荷载，在保持法向荷载不变的情况下，用平推法施加水平剪切力，直至试件被剪坏。抗剪强度参数的计算公式如下：

$$c = \frac{\sigma_c (1 - \sin\varphi)}{2\cos\varphi} \qquad (7.14)$$

$$\varphi = \arcsin\frac{m-1}{m+1} \qquad (7.15)$$

式中，c 为岩石的黏聚力，MPa；φ 为岩石的内摩擦角，°；σ_c 为曲线在纵坐标上的截距，MPa；m 为 $\sigma_1 - \sigma_3$ 最佳强度包络线的斜率。

4. 灌后岩体物质组成与细观结构

灌后岩体的微观结构与矿物组成在一定程度上决定了其力学性质，深入了解灌后岩体的内部微观结构以及矿物组成对于研究其力学特性具有重要的指导作用。目前，对岩体的物质组成与细观结构，可以通过 X 射线物相分析法、扫描电子显微镜（SEM）和偏光显微镜等进行分析。

X 射线物相分析法是利用光的衍射原理来分析岩石的物质组成。X 射线是一种波长短、能量大的横向电磁辐射，在遇到晶体时会发生衍射。由于每一种结晶物质都有各自独特的化学组成和晶体结构，当 X 射线被晶体衍射时，每一种结晶物质都有自己独特的衍射花样，它们的特征可以用各个衍射晶面间距 d 和衍射线的相对强度 I/I_0 来表征，图 7.9 为某灌后岩样的 X 衍射测试结果。

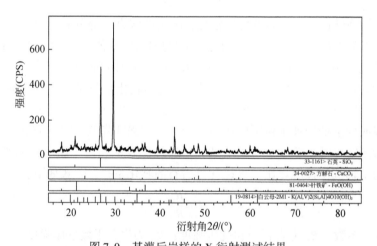

图 7.9　某灌后岩样的 X 衍射测试结果

其中 SiO_2 占 38.63%；$CaCO_3$ 占 30.56%；$FeO(OH)$ 占 12.65%；Al_2O_3 占 5.64%；
CaO 占 3.29%；K_2O 占 2.35%；FeO 占 2.16%；Na_2O 占 1.15%

扫描电子显微镜（SEM）是一种新型的电子光学仪器。它具有制样简单、放大倍数可调范围宽、图像分辨率高、景深大等特点。数十年来，扫描电子显微镜已广泛地应用在生物学、医学、冶金学等学科的领域中，促进了各有关学科的发展。扫描电子显微镜的成像原理：用聚焦电子束在样品表面扫描时激发产生的某些物理信号来调制成像，不用透镜放大成像，类似电视或摄像的方式成像。

偏光显微镜是用于研究所谓透明与不透明各向异性材料的一种显微镜。灌浆后的岩体，其内部浆液与周围岩石的透明度具有明显的区别。图 7.10 为某灌后岩体的偏光显微镜测试结果。

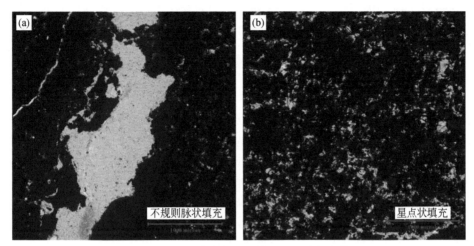

图 7.10　灌后岩体偏光显微镜测试（黄色为浆液）

（a）浆液呈不规则脉状填充；（b）浆液呈星点状填充

7.3.4　灌后岩体抗剪强度参数估计方法

当使用广义 Hoek-Brown 节理岩体强度准则估算岩体强度与力学参数时，需要确定 4 个基本参数：岩体的地质强度指标 GSI、岩体的扰动因子 D、完整岩块单轴抗压强度 σ_{ci}、岩石的完整性系数 m_i。其中，最关键的是确定地质强度指标 GSI 和岩体扰动参数 D。为了获得更加精确的 GSI 值与 D 值，以提高岩体力学参数结果的精确性和减少对经验的依赖，本节建立了岩体波速与地质强度指标 GSI 的计算公式，利用岩体波速与岩体力学参数之间较好的相关性，给出了由岩体波速计算 GSI 和 D 值的方法。

1. 地质强度指标 GSI 值的计算

Barton 和 Bandis（1980）通过大量岩质工程数据的统计和分析研究，总结出了工程岩体波速 V_{up} 与岩体质量指标 Q 之间的相关关系如下：

$$Q = 10^{V_{up}-3.5} \tag{7.16}$$

随后，Barton 和 Bandis 又提出了 RMR_{89} 分类值与岩体质量指标 Q 之间的相关关系：

$$RMR_{89} = 15\lg Q + 50 \tag{7.17}$$

式中，RMR_{89}（rock mass rating）为地质力学分类指标，是 Bieniawski 的 1989 年分类系统值，对早先提出的 RMR 指标进行了改进。

联立式（7.16）和式（7.17），就能得到工程岩体波速 V_{up} 与 RMR_{89} 之间的关系：

$$RMR_{89} = 15V_{up} - 2.5 \tag{7.18}$$

根据 Hock、Kaiser 和 Brown 建立的 GSI 值与 RMR_{89} 值之间的关系式：

$$GSI = RMR_{89} - 5 \tag{7.19}$$

建立岩体波速 V_{up} 和地质强度指标 GSI 的相关关系：

$$\text{GSI} = 15V_{up} - 7.5 \qquad (7.20)$$

在 Hoek-Brown 强度准则中，σ_{ci}、m_i 和 GSI 均为开挖扰动前岩体的地质力学参数，因此式（7.18）与式（7.20）中 V_{up} 指的是未扰动的岩体波速，并且只适用于质量较好（纵波波速大于 1700m/s）的岩体中。

2. 岩体灌浆增强因子 D_g 值的计算

虽然利用 Hoek-Brown 强度准则确定岩体力学参数已经过了许多工程不断地验证、改进和完善，但在以往的研究中，主要着重于开挖爆破等外界扰动对岩体性能的弱化效应，而对于工程中的加固处理措施对岩体性能的强化影响，Hoek-Brown 强度准则应用较少（王火利，2002）。考虑灌浆对岩体的作用效应时，在某种程度上可把灌后岩体看做扰动岩体，与边坡开挖施工不同的是灌浆对岩体力学参数起着增强作用（胡国兵，2009），因此，传统的开挖扰动因子不能直接照搬来描述灌浆对岩体强度的影响。据此，仍采用开挖方法影响系数的思想，引入灌浆增强因子 D_g，表示灌浆对岩体力学参数的影响程度。

为了准确获得灌浆增强因子 D_g，客观描述灌浆技术对岩体质量的影响程度，本节利用锦屏 I 级可研及技施阶段大量的钻孔声波和变模测试，通过大量的测试数据，建立钻孔变模与声波速度间的相关关系如下。

根据锦屏 I 级水电站大量的岩体纵波波速和变形模量实测数据（图 7.11），基于岩体波速的岩体岩体变形模量估计公式如下：

$$E_m = 0.011 (V_p)^{4.0} \qquad (7.21)$$

式中，E_m 为变形模量，GPa；V_p 为声波速度，km/s。

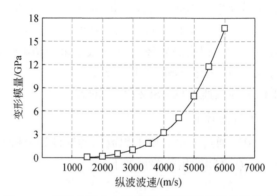

图 7.11　锦屏 I 级水电站岩体变形模量估算经验公式

而根据广义 Hoek-Brown 强度准则，岩体变形模量 E_m 与 GSI 和 D 的关系式如下：

$$E_m = \begin{cases} \left(1-\dfrac{2}{D}\right)\sqrt{\dfrac{\sigma_{ci}}{100}}10^{\left(\frac{\text{GSI}-10}{40}\right)} & (\sigma_{ci} \leqslant 100\text{MPa}) \\ \left(1-\dfrac{2}{D}\right)10^{\left(\frac{\text{GSI}-10}{40}\right)} & (\sigma_{ci} > 100\text{MPa}) \end{cases} \qquad (7.22)$$

式中，σ_{ci} 为完整岩块的单轴抗压强度。

假设岩体未受扰动，此时扰动因子 $D_g=0$，变形模量为 E_{ud}；当岩体受扰动后，其扰动因子为 D_g，变形模量为 E_d，由式（7.22）可得：

$$\frac{E_{ud}}{E_d} = \frac{1}{1-D_g/2} \tag{7.23}$$

联立式 (7.21) 和式 (7.23) 可得：

$$D_g = 2\left[1-\left(\frac{V_p}{V_{up}}\right)^{4.0}\right] \tag{7.24}$$

式中，V_{up} 为灌浆前岩体波速；V_p 为灌后岩体的纵波波速。

任何条件下，都有 $V_{up} < V_p$，因此灌浆增强因子值总是小于等于 0，其绝对值越大，表明灌浆效果越好，当 $V_{up} = V_p$ 时，即岩体未受任何扰动，未实施任何加固措施。因此，可以看出，灌浆增强因子 D_g 可以用来表示灌浆对岩体力学参数增强程度的参数。

结合式 (7.20) 和式 (7.24)，准确得到岩体的地质强度指标 GSI 和灌浆增强因子 D_g，从而快速获得灌后岩体的抗剪强度参数。

7.3.5　基于块体离散元的灌后岩体质量评价

数值模拟方法可以有效提高对边坡稳定性计算的速度与精度。数值模拟计算边坡稳定性通过建立边坡的二维或三维模型，将现场或室内试验获得的灌前与灌后的岩体力学参数输入模型中，再利用极限平衡法、强度折减法等强度准则对边坡安全系数进行分析，来评价灌浆对岩体的补强作用。

1. 二维块体离散元模型

在二维块体离散元模型中，岩体被简化为一组由特定接触模型连接的多面体块体，块体可以通过内部网格化为有限差分四面体单元进行变形。各块体的运动规律遵循牛顿第二定律：

$$m\ddot{u}_i = f_i^e \tag{7.25}$$

$$f_i^e = \int_S \sigma_{ij} n_j ds + F_i^C + F_i^l + mg_i \tag{7.26}$$

式中，m 为块体质量；u_i 为第 i 个时间步的块体位移；$\ddot{u}_i$ 为第 i 个时间步的块体加速度；f_i^e 为块体所受外力合力，包含面力 $\int_S \sigma_{ij} n_j ds$，接触力 F_i^C，外部载荷 F_i^l，重力 mg_i。

块体间的接触力遵循应力–位移定律：

$$F_i^n = F_{i-1}^n + K_n \Delta U^n \tag{7.27}$$

$$F_i^s = F_{i-1}^s + K_s \Delta U^s \tag{7.28}$$

式中，F_i^n、F_i^s 分别为法向、切向接触力；K_n、K_s 分别为接触法向、切向刚度；ΔU^n 和 ΔU^s 分别为第 i 个时间步接触法向、切向位移增量。

2. 强度折减法

强度折减法是边坡稳定性离散元模型中计算边坡安全系数的一种方法 (Griffiths and Lane, 1999)。强度折减法在迭代计算过程中，将岩土体的强度参数 (黏聚力和内摩擦角) 除以折减系数后导入模型进行迭代计算，若计算结果收敛，表明边坡仍处于稳定状态。随后，人为对折减系数进行放大或缩小，再次导入模型进行迭代计算，直到计算结果不收敛为止，即到达边坡处于失稳的临界状态，此时边坡的折减系数即边坡的安全系数。

7.3.6　典型应用案例

7.3.6.1　工程背景

锦屏Ⅰ级水电站左岸为反向坡，在左岸抗力体范围内出露的基岩有大理岩、砂板岩和煌斑岩脉，其中大理岩分布于1820m以下，坡度为55°~70°，总厚度约为600m，地形完整；砂板岩出露于1820~2300m，坡度为35°~45°，厚度约为400m，地形完整性较差；煌斑岩脉分布于左岸坝基及抗力体内，一般厚度为2~3m，局部达7m。锦屏Ⅰ级水电站拱坝正常蓄水位时，坝体承受总水推力近1200万t，对坝基及两岸岩体质量要求较高。坝址区地质条件复杂，断层、层间挤压错动带、节理裂隙等结构面发育，在左岸坡体内存在深部裂缝，发育规模较大、性状较差的 F_2、F_5、F_8，F_{42-9} 断层及煌斑岩脉（王胜等，2009），对建筑物的稳定、基础应力传递等极为不利，如图7.12。

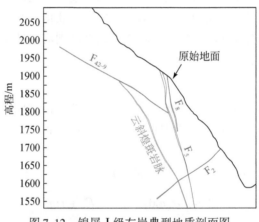

图7.12　锦屏Ⅰ级左岸典型地质剖面图

左岸 F_2 断层及两侧挤压错动带由炭化片状岩、糜棱岩和断层泥等组成，局部软化、泥化，散体结构，其产状为 N30°~40°E，NW∠40°~56°，破碎带宽一般为 0.2~0.8m，个别部位可达 1.0~2.0m。设计地质报告中对 F_2 断层及两侧挤压错动带岩体力学参数的建议值为 $f=0.25$，$c=0$MPa，渗透系数 $K=2.36×10^{-3}$cm/s。

工程上采用水泥-化学复合灌浆对 F_2 断层进行加固。水泥灌浆采用 P·O42.5 普通硅酸盐水泥，水灰比为 2:1、1:1、0.7:1、0.5:1（质量比）四级，试验后选定深圳市帕斯卡系统建材有限公司生产的帕斯卡灌浆材料 PSI-501 作为水泥-化学灌浆复合灌浆的化灌材料。

7.3.6.2　现场检测结果

在对 F_2 断层进行灌浆补强后，分别对灌后岩体进行了现场单孔声波试验，对穿声波试验，钻孔变模试验以及钻孔影像获取，其结果总结如下：

1. 单孔及对穿声波

根据单孔声波检测结果，F_2 及挤压带灌后岩体声波波速多分布在 4200～5600m/s，灌后岩体平均声波波速为 5022m/s，声波波速<3800m/s 的测点占灌后测点总数的 9.4%，声波波速≥4700m/s 的测点占灌后测点总数的 72.9%。

根据对穿声波结果，对穿声波波速多分布在 4100～5100m/s，平均波速为 4588m/s，声波波速<4400m/s 的测点占灌后测点总数的 37.73%，对穿声波波速≥5200m/s 的测点占灌后测点总数的 12.06%，结果见表 7.2。

表 7.2 F_2 断层单孔及对穿声波试验结果

类型	灌序	断层带	声波波速/(km/s)			波速标准/(km/s)		波速比例/%		提高率/%
			平均速度	大值平均	小值平均	低限值	高限值	<低限值	≥高限值	
平硐声波测试	灌前	F_2 及挤压带	<3500	—	—	—	—	—	—	—
孔声波	灌后	F_2 及挤压带	5022	5530	4255	4.4	5.2	20.3	52.8	>43
穿声波	灌后	F_2 及挤压带	4588	5038	4194	4.4	5.2	37.73	12.06	>31

2. 钻孔变模结果

在灌浆后，使用钻孔压力膨胀计对孔壁进行应力–应变检测，结果显示 F_2 及挤压带灌后岩体变模值分布在 11～35GPa，灌后岩体平均变模值为 18.11GPa，结果见表 7.3。

表 7.3 F_2 断层钻孔变模结果

岩级岩性	孔段/m	灌序	变模值/GPa			变模值分布特征/GPa					
			平均值	大值平均	小值平均	0%～5%	5%～7%	7%～9%	9%～11%	11%～15%	>15%
F_2 及挤压带	0～孔底	灌后	18.11	34.62	11.04	5.26	5.26	21.05	0	26.32	42.11

3. 钻孔全景影像

在灌浆完成后，使用钻孔全景图像成像仪对钻孔内部的岩体进行影像获取，如图 7.13 所示。

7.3.6.3 室内检测结果

在灌浆完成后，将钻孔岩心制成标准试样后进行了常规物理指标检测、单轴抗压试验、三轴压缩试验、直剪试验，并使用扫描电子显微镜对灌后岩样进行了细观结构观测。

1. 灌后 F_2 断层常规物理指标

断层破碎带内主要有 4 种岩石：风化绿片岩（A），风化片岩、糜棱岩（B），碳化片岩夹大理炭块（C），黑色炭化片岩（D）。按规程将岩心制成高 50mm 直径 25mm 的圆柱形进行岩石常规物理性质（相对密度、密度、孔隙率及含水率）的检测。采用密封法、比重法分别测定岩样的密度和相对密度，用烘干法测定岩样的含水率，而孔隙率是采用依据

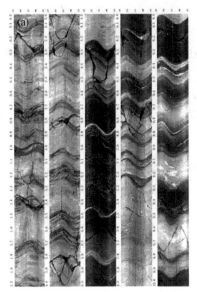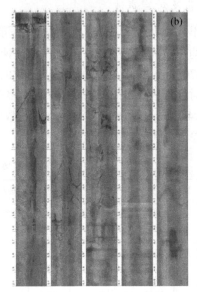

图 7.13　灌浆钻孔全景影像

(a) 灌前；(b) 灌后

波义耳定律制成的气体孔隙率测定仪进行检测，测定成果见表 7.4。

表 7.4　灌后岩石基本物理性质

岩性代号	密度/(g/cm³)	相对密度	含水率/%	孔隙率/%
A	2.142	2.15	2.06	6.62
B	2.447	2.45	2.05	9.61
C	2.281	2.29	1.55	6.59
D	2.351	2.36	2.73	9.94

从表 7.4 可以看出，各岩样的密度、比重、含水率以及孔隙率均比较均一，离散性较小，各指标的变化主要与岩性有关。灌后 F_2 断层岩石的密度、相对密度为 2.142 ~ 2.447g/cm³ 和 2.15 ~ 2.45g/cm³。含水率的变化较小，为 1.55% ~ 2.73%，孔隙率为 6.59% ~ 9.94%。相对于灌前来说，F_2 断层的岩体的均匀性得到了很大的提高。

2. 单轴抗压强度

将岩心制成标准式样后，对每种岩样均分为天然状态和饱和状态（自由水法饱和）进行测试。试验采用轴向位移控制，加载速度为 0.1mm/min。

结果显示，灌后岩石岩石的抗压强度受岩性的影响较大。天然状态下，风化绿片岩的强度最高为 42.78MPa，黑色炭化片岩夹大理炭块的岩样强度最低为 20.71MPa。风化片岩、糜棱岩和黑色炭化片岩的强度介于两者之间分别为 30.89、24.70MPa。F_2 断层岩石变形模量天然状态下为 6.31 ~ 9.15GPa，饱和状态下为 5.12 ~ 7.78GPa。F_2 断层岩石在饱和条件下，强度均有所下降。软化系数风化绿片岩的最高为 0.88，黑色炭化片岩夹大理炭块最低仅为 0.61。黑色炭化片岩与风化片状岩、糜棱岩接近分别为 0.74 和 0.71。

3. 抗剪强度参数

根据岩样取心情况，对风化绿片岩采用三轴试验测定岩石的抗剪强度参数。试验中，对 4 个试件分别加 5MPa，10MPa，15MPa，20MPa 围压，保持围压不变，以 0.1mm/min 的加载速度直至试件破坏。其余岩样采用岩土力学多功能试验仪进行直剪试验。试验时，保持法向荷载不变，施加水平荷载直至试件被剪坏。因为岩体是含软弱结构面的地质体，岩体的抗剪强度取决于岩石的抗剪强度、弱面的抗剪强度以及岩体中弱面的分布等因素。故依据《工程地质勘察规范》（GB/T 50487—2008）规定，对水泥−化学复合灌浆后 F_2 岩土的抗剪强度进行估算。灌后 F_2 岩体较为完整，内摩擦角折减系数取 0.90，黏聚力折减系数取 0.25。F_2 断层岩体室内试验抗剪强度参数如表 7.5 所示。

表 7.5　灌后岩石抗剪强度参数

岩性代号	抗剪强度		试验方法	规范取值	
	$\varphi/(°)$	c/MPa		c/MPa	f
A	43.18	5.28	三轴压缩	1.32	0.81
B	45.76	4.99	直剪	1.25	0.87
C	42.78	3.6	直剪	0.9	0.80
D	46.54	5.97	直剪	1.49	0.90

由表 7.5 可知，水泥−化学复合灌浆后，F_2 岩体的抗剪强度 f 为 0.81~0.90，达到灌前水平的 3.24~3.6 倍，满足工程要求（$f>0.8$）。黏聚力 c 为 0.90~1.49MPa，满足设计提出 $c>0.8MPa$ 的要求。

灌后 F_2 断层岩石的破坏形态如图 7.14 所示，灌后风化绿片岩在三轴压缩条件下的破坏基本为剪切破裂。其余 3 种岩石在直剪条件下的破坏断口基本呈一水平面，但由于受岩石内部结构不均匀及化学浆液颗粒的作用，断口部位有一定的起伏。

图 7.14　灌后岩石破坏形态
（a）三轴压缩试样；（b）直接剪切试样

4. 细观结构

将灌后岩体切片后制成 1cm×1cm 的薄层状块体进行试验，采用扫描电子显微镜技术（SEM）观察其内部细观结构特征。检测结果所示。

　　从扫描电子显微镜对灌后岩石的检测结果来看，对孔隙度较大、节理裂隙发育的岩体，化学浆液能够有效地进入岩石内部，浆液有效的充填了结构面、微小空隙［图7.15（a）、（b）］，并且和岩石表面产生了较好的连接，对岩石的完整性、强度及抗渗性能有较大程度的提高；但是由于岩性不同，化学浆液的充填效果亦有所差别，风化绿片岩等节理裂隙发育的岩体，宽度在5μm以上的空隙均被较好充填［图7.15（c）］。而黑色炭化片状岩由于没有明显的节理裂隙，且结构不利于浆液的扩散，发现局部未被完全充填的空洞［图7.15（d）］，但未超过10μm，对此类岩来说也取得了较好的效果。内部空隙未被良好填充的黑色炭化片状岩其抗压强度为24.70MPa低于F_2断层岩体抗压强度的平均值29.77MPa。抗剪强度参数$f=0.8$，$c=0.9$MPa明显低于$f=0.845$，$c=1.24$MPa的平均值。

图7.15　灌后岩石细观特征

7.3.6.4　离散元数值模拟

　　离散元模型高为883m，宽为620m，垂向厚度为10m。块体内部采用四面体单元进行离散，单元平均长度为10m。岩体采用弹塑性本构模型，断层F_5及煌斑岩脉采用库伦滑动本构模型。块体及接触参数取值分别见表7.6及表7.7。

表7.6　离散元模型岩体参数

材料	密度/(kg/m³)	内摩擦角/(°)	黏聚力/MPa	体积模量/GPa	剪切模量/GPa
板岩	2700	46.9	1.5	6	3.6
大理岩	2700	46.9	1.5	7.33	4.4

表 7.7　结构面参数

材料	灌序	内摩擦角/(°)	黏聚力/MPa	压缩模量/GPa	剪切模量/GPa
断层 F_5	灌浆前	16.7	0.02	0.45	0.45
	水泥–化学灌浆	42.86	1.96	0.45	0.45
煌斑岩脉	灌浆前	16.7	0.02	1	1
	水泥–化学灌浆	47.28	1.28	1	1

采用强度折减法对边坡安全系数进行计算，计算结果如图 7.16。从图 7.16 中可以看出，在灌浆之前，边坡稳定性主要受到云斜煌斑岩脉控制，极限状态下的破坏面基本沿着该岩脉发育；在灌浆完成之后，极限状态下的潜在破坏面出现在岩体内部，说明此时灌浆后的煌斑岩脉已不对面边坡稳定造成影响，其强度远大于岩体本身。

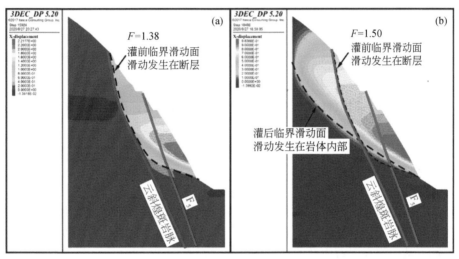

图 7.16　强度折减计算结果，离散元位移云图
(a) 灌前破坏形式；(b) 灌后破坏形式

7.4　开挖置换加固技术

由于断层、裂隙、节理等地质缺陷，部分岩体达不到工程所需的承载力或抗剪强度，可采用开挖置换技术对部分或全部岩体进行置换，将软弱、破碎的岩体用高强度混凝替代，以提高岩体强度，满足工程需要。例如，锦屏 I 级左岸的 F_{42-9} 对坝基整体稳定性造成影响，但由于其长度和所处部位，不利于采取灌浆处理，因此沿断层走向布置 3 个抗剪洞对其进行加强。

7.4.1　边坡浅层开挖置换

开挖置换即把存在地质缺陷的岩土体人工挖除后，回填强度更高的良土、块石以及混凝土等，达到提高边坡稳定性、岩体完整性或地基承载力的目的。典型的开挖置换技术包括抗剪洞、地基土置换等。事实上，涉及对岩体开挖并使用更高强度材料回填的加固技术均可视为开挖置换技术：例如，挡墙与抗滑桩均需要对原本土体或岩体进行开挖，将结构的基础埋置于地下，利用地表以上的结构对边坡进行支护，如图 7.17 所示。

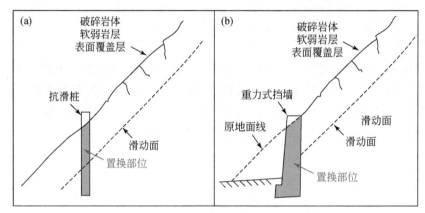

图 7.17　抗滑桩及挡墙开挖置换示意图

开挖置换需保证虑回填材料与原材料的充分接触与黏合，因此通常需在开挖完成后对接缝部位进行加固处理，保证回填材料与原材料的充分耦合。

7.4.2　边坡深部抗剪洞

抗剪洞是一种适用于岩石高边坡的深层开挖置换技术，其方法是采用大体积（膨胀）混凝土置换岩石边坡内部软弱结构面或破碎岩体，提升结构面的抗剪强度及刚度，改善边坡受力性能，从而提高岩石边坡的抗滑稳定性（庄端阳等，2017）。目前，抗剪洞已在大岗山、锦屏、拉西瓦（李海萍，2009）、沙沱水电站（陈杰和黄博，2013）等水电站工程中得到应用。马克等（2013）基于岩石破裂过程分析法，揭示了大岗山右岸边坡与抗剪洞的相互作用机理及变形协调分担机制。黎满林等（2014）借助极限平衡计算和变形监测资料，分析发现大岗山右岸边坡抗剪洞加固后满足稳定性控制标准，边坡稳定状态良好。刘兴宗等（2019）借助微震监测技术对蓄水期大岗山水电站右岸边坡抗剪洞的加固机理和加固效果进行了研究。漆祖芳等（2012）用有限元强度折减法分析了锦屏 I 级电站左岸边坡抗剪洞的加固作用，分析结果表明加固后的拉裂变形体安全裕度明显增加。邢亚子等（2017）利用微震监测技术和有限差分数值软件 FLAC[3D]，对抗剪洞加固前、后的边坡稳定性以及岩-洞两体的相互作用进行了分析，指出了边坡开挖过程中岩体空间损伤劣化的微震活动规律和可能发生坡体失稳的滑动面位置。

7.4.3　典型应用案例

根据锦屏 I 级电站左岸边坡的稳定分析结果，断层 F_{42-9} 参与的组合块体安全系数较低，并与多条结构面组合形成潜在失稳块体，断层 F_{42-9} 在边坡开挖后的错动变形极为明显。从断层 F_{42-9} 在开挖过程中的错动机理及其在开挖过程中的错动变形量值上看，对拱肩槽边坡的加固重点应是对 F_{42-9} 的加固。通过方案比选，采用抗剪洞对断层 F_{42-9} 进行加固。抗剪洞沿断层 F_{42-9} 走向布置，抗剪洞布置在 1883m、1860m 及 1834m 三个高程，均采用 9m×10m 的断面，如图 7.18 和图 7.19 所示。

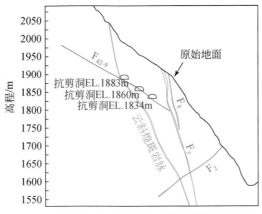

图 7.18　锦屏 I 级电站左岸边坡抗剪洞布置图

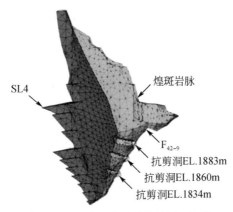

图 7.19　锦屏 I 级电站左岸边坡抗剪洞空间位置示意图

为了定量评价抗剪洞的效果，利用块体离散元建立概化数值计算模型，模型参数如表 7.8 所示。断层的内摩擦角取值为 27.9°，黏聚力取值为 0.26MPa，压缩模量和剪切模量均为 2GPa（漆祖芳等，2012）。基于强度折减法对抗剪洞进行数值计算，得到的边坡水平向位移场如图 7.20 所示。

表 7.8　离散元模型块体参数

材料	密度/(kg/m³)	内摩擦角/(°)	黏聚力/MPa	体积模量/GPa	剪切模量/GPa
岩体（板岩）	2700	46.9	1.5	6	3.6
抗剪洞混凝土	2700	45	1	14.44	10.83

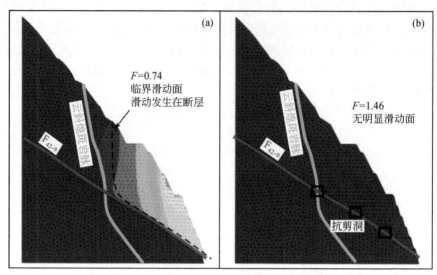

图 7.20　抗剪洞加固前后边坡水平方向位移场云图（mm）

(a) 加固前；(b) 加固后

从图 7.20 可以看出，经抗剪洞加固处理后，边坡的水平向位移明显降低，加固前坡面最大位移约 7mm，加固后坡面水平向位移几乎为 0，表明抗剪洞对抑制边坡沿软弱结构面滑移具有理想的效果。边坡安全系数计算结果显示边坡开挖完成后未加固前安全系数为 0.74，经抗剪洞加固后安全系数提升至 1.46，边坡抗剪洞加固之后安全系数增大明显。

7.5　本　章　小　结

岩体内部的裂隙、节理、断层等地质缺陷会严重影响边坡稳定性，需要采取浅表层及深层补强措施对边坡进行加固。常用的加固方法包括浅表层强化措施，如抗滑桩、挡墙、锚杆、喷锚支护等，以及深部的强化措施，包括预应力锚索、灌浆、抗剪洞等。传统的喷锚支护计算中未考虑面板加固层对喷锚支护的强化作用，导致计算出的安全系数偏低。利用等效面力及面板传压原理，可对面板加固层的强化作用，提高边坡安全系数计算精度。水泥–化学灌浆技术通过向岩体裂隙注入高强度浆液，将岩质边坡深层的挤压破碎带和断层等离散岩体黏接在一起，能有效提高岩体整体强度和稳定性。通过对灌后岩体进行现场试验和室内试验，可以有效评价灌浆对岩体加固的效果。除了灌浆加固外，针对岩体深部的断层及破碎带，还可采用开挖置换的方式对其进行加固。此外，利用二维和三维数值模型对岩质边坡加固技术进行模拟计算，通过数值计算来模拟加固措施对边坡稳定性的效果，从理论上为工程决策提供技术支撑。

第8章　岩质边坡块体失稳风险与综合治理

8.1　概　　述

西南山区板块运动导致大部分区域河谷深切狭窄、斜坡陡峻，地质环境较为脆弱，大量的人工开挖边坡和自然边坡均存在局部块体失稳问题。岩体材料是一种经历了漫长成岩历史并赋存于一定地质环境中的地质体，内部总是存在着各种缺陷，如节理、裂隙甚至断层等，岩质边坡表面岩体受这些结构面切割影响，会形成大小不一的块体结构。对于人工开挖边坡而言，伴随着开挖工程，这些块体由于结构面切割、卸荷变形、雨水侵蚀等作用而发生局部失稳。其次，对开挖面采取爆破开挖时，易诱发开挖面以上的环境边坡上发生局部块体失稳，如图 8.1，杨房沟坝肩边坡开挖时，其顶部的环境边坡与开挖边坡均发生多次块体失稳现象。局部岩石块体失稳，也被称为"落石"或者"滚石"灾害。落石灾害形成后，块体从原始位置失稳脱落，沿坡面经历自由落体、弹跳、滚动、滑动等一系列运动，期间会经历摩擦、碰撞、破碎等消能过程，其特点是源区分布多而广，启动过程快，运动历时短，轨迹随机性强，碰撞点集中，能量大，破坏力强，危险性高等（沈传新，2012）。

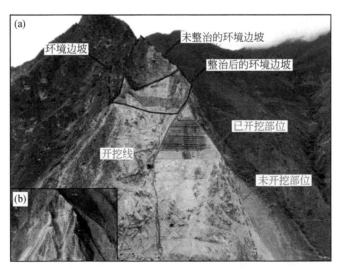

图 8.1　杨房沟水电站坝肩开挖
（a）坝肩开挖施工时现场照片；（b）施工前原始地形

从落石块体开始脱落直到其运动结束，经历的时间往往很短，这是因为落石通常是由块径较小的岩块引起，块体剥落时不易被发现，而在运动过程中的速度通常很快。由于高速度、高能量和撞击过于集中等特征，落石发生后极易对人员、车辆和建筑设施造成严重伤害。因此，对岩质边坡块体的失稳机理、失稳模式、运动过程、危害程度以及对应的治理措施进行研究有重要意义。

8.2　岩质边坡块体失稳分析

8.2.1　岩质边坡块体失稳模式

岩质边坡块体失稳具有随机性，即分布的随机性以及启动时间的随机性。岩质边坡表面受结构面切割，会形成大小不一、形状各异且遍布整个边坡的块体，其中的不稳定块体的空间分布通常难以确定，不同部位的不稳定块体的卸荷程度不同，结构面的发育也不同，受到雨水和地下水侵蚀的程度也不同，因此其掉落时间难以估计。根据失稳块体的失稳模式以及启动过程，可将其大致分为孤石与结构性破坏两大类。结构性破坏是指岩石块体由于结构面完整性遭到破坏而断裂脱落，可以分为平面破坏、倾倒破坏与楔形体破坏三类（Li et al.，2019a）。

1. 孤石（孤石群）

孤石（孤石群）是指岩质边坡块体在与母岩分离向下崩落过程中，受到下部缓坡上的岩土体或植被等的缓冲或阻挡作用而逐渐停止运动，停止在边坡表面，如图8.2所示。从外部看来，孤石已完全与母岩分离，仅靠与坡表面的摩擦力或者支撑力保持暂时稳定。在降雨作用下，孤石基座（土体或植被）受地表水的冲刷后发生软化，或在爆破、地震等作用下发生松动或被破坏，导致孤石与孤石群的发生偏移或旋转，最终失稳并沿坡面滚动或坠落。除重力以外的外荷载（如风、爆破震动、地震等）突然增大造成孤石与孤石群的受力平衡被破坏，也会导块体失稳。

图 8.2　孤石及孤石群示意图

2. 平面破坏

岩体平面破坏通常发生在边坡发育缓倾（倾角小于坡度）坡外的结构面。在卸荷作用以及构造运动等地质作用下，加之风化作用、水流侵蚀、地震等因素，岩体内部出现顺层的逐渐贯通的主控结构面。当主控结构面上部的岩体的下滑力大于该结构面的抗滑力时，块体就会沿结构面发生剪切滑移，进而形成失稳块体（或落石），如图 8.3 所示。

图 8.3　平面破坏示意图

3. 倾倒破坏

倾倒破坏通常发生在陡峭边坡。在自重或其较大水平力（地震、静水压力、动水压力以及植物根劈作用等）作用下，岩体发生开裂，陡倾结构面外侧的岩体以其底部外侧为支点，向临空方向发生转动变形，当变形积累到一定程度，即发生倾倒（翻转）破坏，如图 8.4 所示。

图 8.4　倾倒破坏示意图

4. 楔形破坏

发生楔形破坏的岩质块体通常存在着多组与基岩坡面近似平行的弱结构面，并与临空面形成不利组合，如图 8.5 所示。重力作用、风化作用以及降雨入渗作用等都可能导致节理裂隙进一步扩张，或者使结构面发生软化，导致结构面强度降低，从使楔形块体沿结构面交线向临空面发生剪切滑移，形成楔形破坏。

8.2.2　岩质边坡块体失稳影响因素

岩质边坡块体失稳的影响因素可分为内在因素和外在因素两大类（郭素芳，2008；刘卫华，2008）。内在因素主要包括地形地貌、地层岩性、地质构造、风化卸荷等。外在因素主要包括降雨、地下水、地震、风化作用、河流切割侵蚀、植物根劈、人类活动等。其

图 8.5　楔形破坏示意图

中地形地貌、地层岩性、地质构造是失稳块体逐渐发育的必要前提，降雨、地震或爆破震动是块体失稳的重要诱发因素。

1. 地形地貌影响

地形地貌是形成失稳块体的必要条件。刘卫华（2008）研究成果表明：岩石块体失稳在陡峻的斜坡地形以及人类工程活动形成的高陡边坡处最易发生，发育在高高程危岩体的比例明显高于中低高程部位。微地貌形态也是影响危岩体发育特征的另一个重要地形因素。被纵向冲沟切割的坡体常常形成"沟""梁"相间的微地貌形态。在"梁"的部位，边坡岩体可以充分卸荷，故卸荷发育深度会显著大于"沟"的部位，因此，大部分失稳块体位于地形突出的山梁部位。背斜和向斜对块体的稳定性有一定的影响。具体来说强烈弯曲的背斜核部岩层折断，同时在岩层法向发育张性结构面，使岩体破碎，破碎岩体在地质构造、风化、震动以及水压力作用下，常形成不稳定块体；斜核部岩层受到挤压，褶皱作用强烈时，向斜核部岩层也会折断，并产生一系列压张结构面，使岩体破碎，继而形成不稳定块体。

2. 岩体结构影响

在经历长期的地质构造运动以及地震作用后，岩体内部通常存在大量的裂隙、节理以及断层。这些不同的结构面相互交错，将岩体切割成岩石块体，减弱了块体之间的相互作用力，使岩体的完整性受到破坏。岩体内的原生结构面、构造结构面和次生结构面相互交错，容易形成组合式的不利结构面，将岩体分割为多个独立单元。结构面较软弱的岩体可塑性较大，往往在风化或侵蚀作用下变形比较小。较坚硬的岩体则整体性较差，比较容易发生脆性破坏，受到外力作用更明显，这种岩体在地壳抬升过程中更容易产生裂隙，进而使裂隙扩大以致发生失稳。

3. 震动激励影响

震动激励影响主要包括地震和爆破震动两种因素，其作用机理可分为两个方面：一是由于惯性力，促进了结构面的张裂与贯通，降低了结构面的强度以及岩体的完整性。二是振动导致岩体处于反复压缩与松弛的状态，造成岩体产生损伤：首先，当孔隙中有水时便会产生超孔隙水压力，促进结构面的张裂；其次，在经历反复的压缩和松弛后，岩体质量的损伤将发生累积效应。地震诱发岩体失稳十分常见，据统计，我国二十多个省份都有地震诱发崩塌和落石灾害的案例，尤其是地震构造发育的西部地区，地震发生频率大，每年都会导致大量的崩塌和落石灾害。

4. 水的不利影响

降雨、库水位变动（浸泡）、地下水等多种与水有关的因素均会对岩石块体的稳定性产生影响，主要体现在以下几个方面。岩体表面存在大小不一的节理，裂隙以及结构面，在暴雨后，大量的地表水通过这些裂缝深入岩体内部，产生高水头劈裂作用，这一方面加快了裂缝的扩张与贯通，降低了岩体的力学性能，另一方面增加了裂缝内的水压力（包括动水压力和孔隙水压力），促使裂隙进一步发展，进而导致岩体失稳。长期处于地下水环境或浸泡于水库中的岩体，其化学成分易被溶解，造成岩体性质劣化，岩体强度降低，块体与块体之间的作用力减弱，这部分岩体易发生块体失稳。

8.2.3　基于赤平投影的失稳块体源区识别

失稳块体的源区识别主要基于 Goodman（1980）提出的岩体运动学分析（kinematic analysis）方法。其主要方法是利用对结构面产状进行赤平投影后，通过判断摩擦角包络线、光照包络线以及坡面线等的相对位置划定潜在的平面、倾倒以及楔形破坏区域，最终根据结构面是否落在该区域判断其是否可能发生相应的失稳模式（康志亮等，2020）。

1. 结构面识别

结构面识别主要是对结构面的产状进行统计，主要包括结构面的走向、倾向和倾角。结构面产状的统计可以通过地址罗盘仪在野外实测，也可以通过远程探测技术进行识别，如三维激光扫描技术和无人机正（斜）摄影像技术（Fanos and Pradhan，2018；Li et al.，2019d）。对岩体结构面产状进行统计是赤平投影以及岩体运动学分析的前提。

2. 赤平投影

赤平投影法主要用来表示空间中的线和面的方位、相互之间的角距关系及其运动轨迹，把物体三维空间的几何要素投影到平面上来进行研究，即将三维问题转换为二维问题。赤平投影法的特点是只反映物体线和面产状和角距的关系，而不涉及他们的具体位置、长短大小和距离远近。岩质边坡稳定性分析采用赤平投影时，把结构面与下半球球面相交成的圆上各点和上极射点进行连线，再将各连线与赤平面的所有交点连线后弧线称为相应结构面的下半球赤平投影（程宏光和吴明亮，2020）。

3. 岩质边坡运动学分析

根据 Goodman（1980）的研究成果，通过在赤平投影面上添加日照包络线、摩擦角、坡面线等，可对岩质边坡稳定性进行运动学分析，判别岩质边坡块体失稳模式，详见2.4.2 节~2.4.4 节。

4. 计算实例

某危岩体为一古滑坡的滑坡残留体，呈楔形状，由左侧缘、后缘以及右侧缘构成。在地质构造作用下，该部位水平向的岩层发生了近 90°的旋转，形成了明显的褶皱带，加之该部位为软岩–硬岩–软岩形式的岩层分布结构，其表面存在大量的凹腔。在长期的卸荷、风化、雨水侵蚀的作用下，滑坡残留体表面的石块持续失稳，对下方公路以及施工区形成严重威胁。现以该危岩体为例，分析其表面不稳定块体的位置及可能的失稳模式。

本案例采用三维激光扫描仪对结构面的产状进行统计。如图 8.6（a），产状统计结果显示，该滑坡残留提表面共有 4 组主要结构面：J_1、J_2、J_3 和 J_4。其中结构面 J_1（黄色）与原始岩层近乎平行，倾角为 30°～50°，倾向为 341°～16°。结构面 J_2（红色）广泛分布于左侧缘，倾向为 300°～340°，倾角为 75°～90°。结构面 J_3（蓝色）的倾向为 173°～196°，倾角为 67°～90°，与坡面大致平行。结构面 J_4（绿色）主要分布在右侧缘，倾向为 47°～76°，倾角为 60°～90°。图 8.6（b）为 4 组主要结构面的赤平投影图。

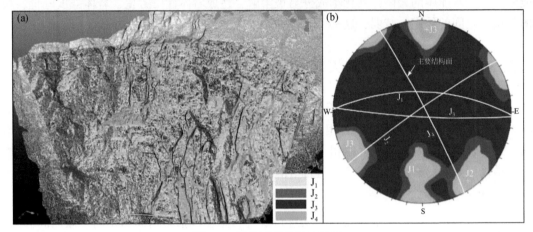

图 8.6　结构面产状统计结果

（a）结构面识别；（b）赤平投影结果

根据现场地质调查报告，该岩质边坡的内摩擦角为 35°。根据 2.4.2 节～2.4.4 节，通过岩体运动学分析，可以绘制出该岩质边坡的倾倒破坏、平面破坏和楔形破坏的破坏区域，如图 8.7（a）～（c）。图 8.7（a），（b）中，落在破坏区内的结构面有极大可能发生对应的倾倒破坏以及平面破坏。图 8.7（c）中，楔形破坏主要包括 J_1-J_4 以及 J_1-J_2 两组不利组合。

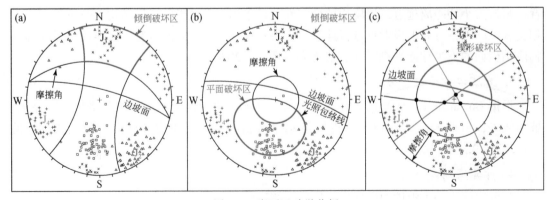

图 8.7　岩石运动学分析

（a）倾倒破坏；（b）平面破坏；（c）楔形破坏

8.3 落石运动模拟

落石模拟的目的是确定块体在失稳后的运动轨迹，这是评价保护区内落石的敏感性或者危险性的前提。此外，失稳石块的运动速度、弹跳高度和空间分布是设计和验证防护措施的重要依据。按照空间尺寸进行分类，常用的块体失稳运动模拟模型可以分为二维模型和三维模型；按照落石体型及尺寸可分为质点集中法（lumped mass）与刚体法（rigid block）；按照块体运动过程的确定性与随机性分类，可分为确定性模型（deterministic model）与概率模型（probabilistic model）（Volkwein et al.，2011）。

在对失稳块体（后文统称为落石）运动进行计算时，大都将落石与地面的碰撞简化为点-面碰撞（如图 8.8），通过建立二维/三维坐标系，模拟块体的运动过程，进而建立轨迹方程，随后对落石运动特征值（速度、能量、高度、时间）进行计算（Guzzetti et al.，2004）。在落石运动过程中，影响其运动过程的因素包括：石块自转的角速度、边坡坡面法向恢复系数 R_n、边坡坡面切向恢复系数 R_t、边坡坡面粗糙程度、边坡坡面摩擦角度数、边坡植被覆盖率、地表起伏度、坡面孤块石以及植物残骸等（Laura and Strada，2015）。对于同一边坡，岩石本身的大小、形状、硬度、质量、岩性以及其内部的破碎程度等也会对其运动过程产生重要影响（Olmedo et al.，2015）。本节以落石模拟软件 RocPro³D 为例，介绍了几种常用的落石运动模型。

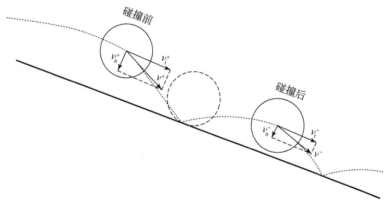

图 8.8 落石运动示意图

8.3.1 二维运动模拟

落石的二维运动模拟可以定义为在两个轴线定义的二维空间内进行落石运动模拟。通常情况下，二维运动模型需要用户提前对落石运动所在的边坡剖面进行定义，常用距离轴（x 或 y）和高度轴（z）来定义，如商业软件 Rocfall。二维落石模型中，石块的运动范围被固定在提前定义的边坡剖面内（图 8.9），但无法计算落石的侧向运动。落石二维运动模型的优势在于能简单、快速判断复杂地区与的落石运动轨迹以及其特征值，缺点在于不能准确反映其在三维空间内的运动，尤其是侧向运动，有时会导致模拟结果与实际结果偏差较大。

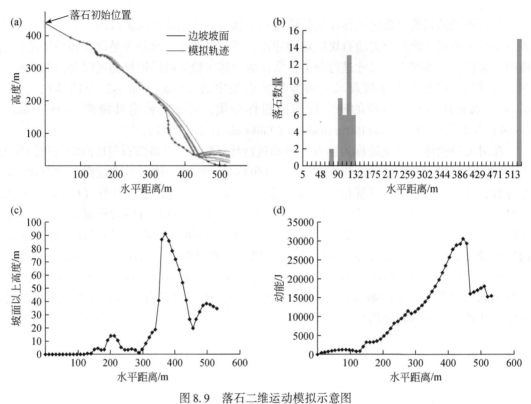

图 8.9　落石二维运动模拟示意图

（a）落石运动轨迹模拟；（b）落石运动距离统计；（c）落石高度统计；（d）落石能量统计

8.3.2　三维运动模拟

落石三维运动模型主要基于三维的数字地面模型（digital terrain model），在三维平面（x、y、z）中计算落石的运动轨迹。相比落石二维运动模型，三维模型在 x-y 平面内的落石运动方向、速度、能量、高度、弹跳过程以及树木、碎石、地表凹陷等随机因素之间存在耦合关系。三维模型的主要优点是地形的发散和收敛性，能计算出一些特殊的、乍看之下不太可能的而真实存在的落石轨迹（Ferrari et al., 2016）。三维模型的缺点在于需要在三维空间内确定所有的物理参数，包括恢复系数（restitution coefficient）与摩擦系数以及其他考虑随机性的参数，相对二维落石模拟更为复杂与费时。图 8.10（a）为某三维落石运动模拟实例，图 8.10（b）为某一条三维落石轨迹的二维剖面，图 8.10（c）~（e）为该落石轨迹的运动特征值（切线速度、运动高度、旋转线速度）。

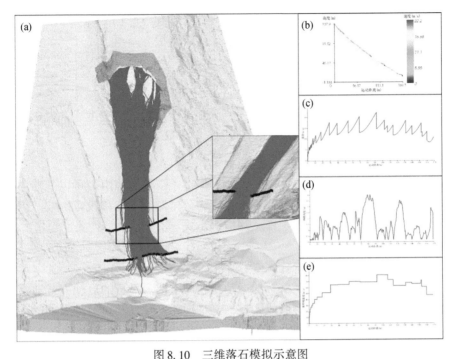

图 8.10　三维落石模拟示意图

（a）三维落石轨迹；（b）某条落石轨迹剖面图；（c）该落石轨迹的运动速度；
（d）该落石轨迹的弹跳高度；（e）该落石轨迹的旋转线速度

8.3.3　三维确定性模型

真实的落石运动是一个随机而复杂的过程。导致落石发生随机运动的主要因素是落石与地面的接触过程。不同的岩石块体形状、大小各异，并且地面起伏不定，导致落石与地面的接触过程中（碰撞、滚动、滑动）即使受微小干扰因素也会产生较大的运动偏差。即使同一个石块从同一个位置以相同的初速度发生失稳，其运动过程也一定不同（Hervás 和 Bobrowsky，2009）。

因此，三维确定性模型的目的是将复杂的落石运动过程进行简化：将落石块体简化为一个点，将坡面简化为连续的光滑平面，将落石与破面的接触简化为点−面形式（Lan et al.，2007）。其中针对第一个简化过程，质点集中法不考虑落石的旋转，而刚体法将落石运动分为平动与旋转两部分，其中平动过程与质点集中法相同，旋转过程则将落石视为有一定体积的刚体。在三维确定性模型中，所有的物理参数（mechanical parameters）包括弹性恢复系数以及摩擦系数均为定值，同一个落石块体的初始条件如果相同，则其运动轨迹是固定的。

8.3.3.1　自由落体运动

1. 质点集中法

将落石块体视为一个质点，不考虑空气的摩擦阻力，块体只受重力作用，不存在能量损失，其自由落体运动可采用抛物线公式进行计算，如式（8.1）：

$$v_{自由落体} = \begin{bmatrix} v_{x\,0}t + x_0 \\ v_{y_0}t + y_0 \\ -0.5gt^2 + v_{z0}t + z_0 \end{bmatrix} = \begin{bmatrix} 0 \\ 0 \\ -0.5gt^2 \end{bmatrix} + \begin{bmatrix} v_{x\,0} \\ v_{y_0} \\ v_{z0} \end{bmatrix}t + \begin{bmatrix} x_0 \\ y_0 \\ z_0 \end{bmatrix} \tag{8.1}$$

式中，v_{x0}、v_{y0}、v_{z0} 为自由落体运动的初速度，除地震作用外，初速度通常为 0；x_0、y_0、z_0 为滚石起始位置的三维空间坐标；t 为运动时间；g 为重力加速度。

2. 刚体法

在自由落体中，虽然考虑了块体形状大小，但由于空气摩擦阻力可以忽略不计，在块体的自由下落期间转速不会发生改变，并且其旋转分量对整体位移没有影响。因此刚体运动法中的自由落体与集中质量法中一样，均应满足式（8.1）。

8.3.3.2　滚动与滑动

落石的滚动与滑动通常出现在落石的运动初期与末期。孤石的启动方式通常为滚动或滑动。此外，落石与坡面的碰撞会造成大量的能量损耗，导致其在运动末期的动能不足以起跳，此时落石也会沿坡面滚动或滑动。

1. 质点集中法

在质点集中法中，落石被视为一个质点，其运动轨迹须满足以下运动平衡方程：

$$\sum \boldsymbol{F} = m \cdot \frac{\mathrm{d}^2 \boldsymbol{x}}{\mathrm{d}t^2} \tag{8.2}$$

式中，$\boldsymbol{F}$ 为合外力；m 为块体质量；$\boldsymbol{x}$ 为空间坐标矢量；t 为时间。

由于其在坡面上的运动状态仅为滑动，该滑动摩擦可以用库伦动态摩擦模型来表示，式中摩擦力 T 定义为

$$\begin{cases} \| \boldsymbol{T} \| = k_s \cdot \| \boldsymbol{N} \| \\ \dfrac{\boldsymbol{T}}{\| \boldsymbol{T} \|} = -\dfrac{\boldsymbol{V}}{\| \boldsymbol{V} \|} \end{cases} \tag{8.3}$$

式中，k_s 为运动滑动摩擦系数；$\boldsymbol{T}$ 为滑动摩擦力；$\boldsymbol{N}$ 为法向反作用力；$\boldsymbol{V}$ 为块体在运动平面内的速度。

此时公式（8.2）中的合外力 $\boldsymbol{F}$ 包括：块体重量 $\boldsymbol{P}$、滑动摩擦力 $\boldsymbol{T}$ 和法向反作用力 $\boldsymbol{N}$。现定义一由局部空间参考系（n，h，d）定义的平面，如图 8.11，并且 $V_n = 0$，将式（8.3）代入式（8.2）后可得：

$$\begin{cases} \dfrac{\mathrm{d}V_h}{\mathrm{d}t} = k_s \cdot g \cdot \cos\alpha \cdot \dfrac{V_h}{\| \boldsymbol{V} \|} \\ \dfrac{\mathrm{d}V_d}{\mathrm{d}t} = k_s \cdot g \cdot \cos\alpha \cdot \dfrac{V_d}{\| \boldsymbol{V} \|} - g \cdot \sin\alpha \\ \| \boldsymbol{V} \| = \sqrt{V_h^2 + V_d^2} \end{cases} \tag{8.4}$$

2. 刚体法

刚体法把运动物体看作能旋转的，有一定体积的块体，通常假设为球体或者圆柱体。

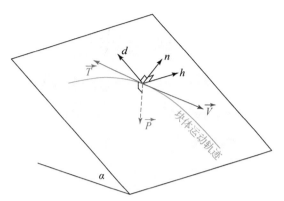

图 8.11　质点平面滑动示意图

与质点集中法类似，刚体法的运动轨迹也必须满足运动平衡方程，如式（8.5a），此外还需要考虑旋转运动的运动平衡关系，如式（8.5b）：

$$\sum \boldsymbol{F} = m \cdot \frac{\mathrm{d}^2 \boldsymbol{x}}{\mathrm{d}t^2} \tag{8.5a}$$

$$\sum \boldsymbol{M} = I \cdot \frac{\mathrm{d}\boldsymbol{\omega}}{\mathrm{d}t} \tag{8.5b}$$

式中，$\boldsymbol{M}$ 为旋转矢量；I 为块体的转动惯量；$\boldsymbol{\omega}$ 为角速度矢量。

在刚体法中，运动块体具有一定的形状、半径 R 和惯性矩 I，块体在表面上的运动被认为是摩擦滚动，如图 8.12。采用类似于 Azzoni 等（1995）提出的公式，假设球体在坡面上作无滑动滚动，则 $\boldsymbol{V}$ 和 $\boldsymbol{\omega}$ 之间的几何相容性为

$$\frac{\mathrm{d}\boldsymbol{\omega}}{\mathrm{d}t} = \frac{1}{R} \cdot \frac{\mathrm{d}\boldsymbol{V}}{\mathrm{d}t} \tag{8.6}$$

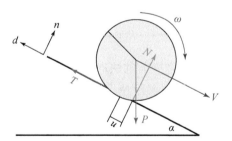

图 8.12　刚体运动示意图

此时作用于块体的合外力 F 包括：块体重力 P、滚动摩擦力 T 和法向反力 N，并考虑到球体与坡面接触的半径为 u，则式（8.5）可以改写为

$$\sum \boldsymbol{F} = \boldsymbol{T} + \boldsymbol{P} + \boldsymbol{N} = m \cdot \frac{\mathrm{d}^2 \boldsymbol{x}}{\mathrm{d}t^2} \tag{8.7a}$$

$$I \cdot \frac{\mathrm{d}w}{\mathrm{d}t} = -\boldsymbol{T} \cdot R + \boldsymbol{N} \cdot u \tag{8.7b}$$

与质点集中法类似，定义一由局部空间参考系（n, h, d）定义的平面，如图 8.11，

并且 $V_n = 0$，联立式（8.7a）和式（8.7b）可得式（8.8）：

$$\begin{cases} \dfrac{\mathrm{d}V_h}{\mathrm{d}t} = A \cdot k_r \cdot g \cdot \cos\alpha \cdot \dfrac{V_h}{\|\boldsymbol{V}\|} \\[2mm] \dfrac{\mathrm{d}V_d}{\mathrm{d}t} = A \cdot k_r \cdot g \cdot \cos\alpha \cdot \dfrac{V_d}{\|\boldsymbol{V}\|} - A \cdot g \cdot \sin\alpha \\[2mm] \|\boldsymbol{V}\| = \sqrt{V_h^2 + V_d^2} \\[2mm] k_r = \dfrac{u}{R} \\[2mm] A = \dfrac{m}{m + \dfrac{I}{R^2}} = \dfrac{m}{m + \dfrac{f \cdot m \cdot R^2}{R^2}} = \dfrac{1}{f} \end{cases} \tag{8.8}$$

式中，k_r 为滚动摩擦系数；A 的值取决于块体的形状、质量和大小；f 为形状参数，块体为球体时 $f = 0.4$，为圆柱体时 $f = 0.5$。

8.3.3.3 碰撞过程

岩石块体与坡面的碰撞是非常复杂的过程，不仅存在运动状态的改变（速度矢量）而且伴随着能量损失。为了便于分析，通常将斜坡表面和岩石块体简化为刚体，不存在变形，也即将瞬时碰撞过程简化为只有速度的改变和能量的损失，石块或是坡面不存在变形。因此，可以通过引入法向恢复系数（R_n）和切向恢复系数（R_t）来描碰撞过程的速度改变和能量损失。

1. 质点集中法

$$R_n = -\frac{v_n^-}{v_n^+} \tag{8.9}$$

$$R_t = -\frac{v_t^-}{v_t^+} \tag{8.10}$$

式中，v_n^+、v_t^+ 分别为块体在坡面上碰撞前的法向速度、切向速度；v_n^-、v_t^- 分别为滚石在坡面上碰撞后的法向速度、切向速度和实际速度；R_n、R_t 分别为法向恢复系数和切向恢复系数。

表8.1 和表8.2 为铁道部运输局推荐的法向和切向恢复系数取值。

表 8.1　法向恢复系数

法向恢复系数 R_n	坡面特征
0.37 ~ 0.42	光滑而坚硬的表面或铺砌面，如光滑的基岩面或人行道
0.33 ~ 0.37	多数为基岩和砾岩区的斜面
0.30 ~ 0.33	硬土边坡
0.28 ~ 0.30	软土边坡

表 8.2　切向恢复系数

切向恢复系数 R_t	坡面特征
$0.87 \sim 0.92$	光滑而坚硬的表面和铺砌面，如光滑的基岩或人行道
$0.83 \sim 0.87$	多数为基岩和无植被的斜坡面
$0.82 \sim 0.85$	多数为有少量植被的斜坡面
$0.80 \sim 0.83$	植被覆盖的斜坡和有稀少植被的土质边坡
$0.78 \sim 0.82$	灌木覆盖的土质边坡

2. 刚体法

与集中质量法类似，刚体运动法中仍然将碰撞简化为无变形的瞬时过程，只有速度的改变和能量损失，不存在变形。同样通过引入法向恢复系数（R_n）和切向恢复系数（R_t）来描碰撞过程的速度改变和能量损失。不同的是，刚体法必须考虑旋转分量对碰撞的影响。

假定法向恢复系数与入射转速 ω 无关，则反射法向速度 v_n^- 与入射法向速度 v_n^+ 的关系与质点集中法相同，见式（8.9）。

根据旋转几何关系，可知反射旋转角速度与反射切向速度存在如下关系：

$$\omega = \frac{V_{tr}}{R} \tag{8.11}$$

式中，V_{tr} 是旋转线速度；ω 为角速度；R 为半径。

反射切向速度是入射切向速度和入射旋转角速度的函数：

$$V_{tr} = \sqrt{\frac{R^2 \cdot (I \cdot \omega^2 + m \cdot V_t^2) \cdot FF \cdot SF}{I + m \cdot R^2}} \tag{8.12}$$

式中，$FF = R_t + \dfrac{1 - R_t}{1.2 + \left(\dfrac{V_t - R \cdot \omega}{k_1}\right)^2}$；$SF = \dfrac{R_t}{1 + \left(\dfrac{V_n}{k_2 \cdot R_n}\right)}$；固定经验参数取 $k_1 = 6.096 \text{m/s}$；$k_2 = 76.2 \text{m/s}$。

8.3.4　三维概率模型

三维确定性模型中，所有的参数（包括恢复系数、摩擦系数、石块初始参数）都是固定的，并且相同初始状态的落石的运动轨迹是也是固定的，这与真实情况相差甚远。在三维确定性模型的基础上，三维概率模型通过引入随机数（random number）来反应由块体形状不规则、真实地形起伏不定引起的落石块体运动的随机性（Volkwein et al., 2011）。在三维概率模型中，相同初始状态的落石的运动轨迹可能会发生较大变化。三维概率模型的目的是为了更真实地反应落石地运动过程，它将落石随机运动的因素以随机数的形式引入计算过程，采用概率的方法给块体与地面接触时的物理参数进行赋值。与确定性模型相比，概率模型中的石块在与坡面的每一次接触中，其恢复系数、摩擦系数以及速度矢量都可以发生一定程度的改变，从而使落石轨发生偏转。概率模型可分为随机运动模型与能量耗散模型，其中随机运动模型主要用于使落石轨迹随机化，而能量耗散模型则是为了表现落石与地面发生碰撞并破碎的过程。

8.3.4.1　随机运动模型

随机运动模型的随机变量主要包括：①落石起点；②落石尺寸；③初速度；④摩擦系数；⑤恢复系数 R_n 和 R_t；⑥回弹角 θ_V 和 θ_T。

1. 落石起点

当划定一个落石源区后（线性或者面域），落石可以从源区均匀下落或者是从随机位置下落。

2. 落石尺寸

真实情况下的不同落石的体积和质量是不同的，因此可通过随机让每个落石在给定范围内（$-\delta$，$+\delta$）调整其体积和质量，以表现不稳定块体的分布随机性：

$$M_P = M_D \pm \Delta M = M_D \cdot (1 \pm \delta) \tag{8.13}$$

式中，M_P 为概率模型中的落石质量；M_D 为确定性模型中的落石质量。

δ 为随机参数并且服从正态分布：

$$\delta = \mu_s + \sigma_s \cdot N(0,1) \tag{8.14}$$

式中，μ_s 为材料参数的平均值；σ_s 为标准偏差；$N(0,1)$ 为标准正态分布函数。

3. 初速度

一定条件下，地震、爆破或者人为因素会导致落石块体具有一定的初速度（但通常情况下落石初速度为0）：

$$v_{(i)P} = v_{(i)D} + \Delta v_{(i)} = v_{(i)D} \cdot (1+\delta) \tag{8.15}$$

式中，$v_{(i)P}$ 为概率模型中沿某个坐标轴的落石初速度分量；$v_{(i)D}$ 为确定性模型中的落石初速度分量。

4. 摩擦系数及恢复系数

当落石做滚动或滑动运动时，地表微小的干扰（如沙砾石、树枝）和地表微小凸起或者凹陷会导致落石的运动状态发生改变。可以通过对摩擦系数及恢复系数进行微小的修正以表示这种运动状态改变：

$$\begin{cases} R_{nP} = R_{nD} \pm \Delta R_n = R_{nD} \cdot (1 \pm \delta) \\ R_{tP} = R_{tD} \pm \Delta R_t = R_{nt} \cdot (1 \pm \delta) \\ f_P = f_D \pm \Delta f = f_D \cdot (1 \pm \delta) \end{cases} \tag{8.16}$$

式中，R_{nP}，R_{tP}，f_P 为概率模型中的垂直恢复系数、切向恢复系数和滑动/滚动摩擦系数；R_{nD}，R_{tD}，f_D 为确定性模型中的垂直恢复系数、切向恢复系数和滑动/滚动摩擦系数；ΔR_n、ΔR_t、Δf 为随机运动模型中引入的垂直恢复系数、切向恢复系数和滑动/滚动摩擦系数改变量。

5. 回弹角 θ_V 和 θ_T

在落石块体与地面的碰撞过程中，地表微小干扰不仅会造成回弹速度大小的改变，还会导致速度方向改变。对应于 4. 中恢复系数的值的微小修正，回弹速度的方向也应进行对应的修正，如图 8.13 所示。

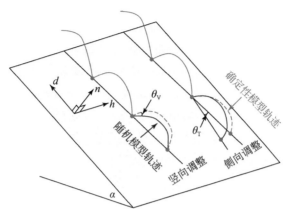

图 8.13　回弹方向修正示意图
其中 θ_V 为竖向调整角度，θ_T 为侧向调整角度

8.3.4.2　能量耗散模型

落石在运动过程中由于速度过快，会发生以下几种额外的能量耗散过程：①某些大型落石块体内部存在大量裂隙和节理，在运动过程中这些块体通常会发生破碎并消耗部分动能；②落石对坡面的冲击造成坡面变形，石块的动能转化为地面的弹性势能；③落石运动过程中撞击到其他石块，造成能量转移。虽然恢复系数也体现了能量的耗散，但恢复系数仅取决于地表土壤性质，而能量耗散模型中的能量耗散过程与落石速度密切相关，通常在落石速度较快时才发生。因此，能量耗散模型的目的是为了反映这种随速度增加而增加的能量耗散过程。在该模型中，当速度增加时，法向恢复系数 R_n 减小，并且落石弹跳高度比标准模型低（因为耗散的能量更多），特别是在高速状态下：

$$R_n(V_n) = \frac{R_n}{1 + \left(\dfrac{|V_{n(i)}|}{K}\right)^2} \tag{8.17}$$

式中，$R_n(V_n)$ 为能量耗散模型中的法向恢复系数；R_n 为法向速度 V_n 的函数；K 为能量耗散系数，K 的值为 $R_n(V_n)$ 等于 $\dfrac{R_n}{2}$ 时的落石瞬时速度。

8.4　块体失稳风险与拦挡措施

块体失稳风险（即落石风险）分析包括现场调查、历史资料分析、运动模拟、特征值计算等步骤，其目的是定性或定量评价块体失稳的运动区域（run-out area）、运动速度、运动能量、弹跳高度、运动时间以及可能造成的破坏规模以及程度，以方便决策者采取合适的方针进行应对（Fell et al.，2008）。

8.4.1　块体失稳风险分析

常用的块体失稳风险（落石风险）评价方法可分为三类：敏感性分析（susceptibility analysis）、灾害分析（hazard analysis）以及危险性分析（risk analysis）。从敏感性分析到灾害分析再到危险性分析，所需的实测资料与参数逐渐增多，对落石的风险评价也更加全面。落石的启动及运动过程均具有较大的随机性，因此对于落石运动过程通常用"可能性"（probability）来表征，即落石更有可能进入某个区域或不太可能进入某个区域。其次，用"强度"（intensity）来表征落石的速度、能量、弹跳高度等运动特征，强度越大，则落石可能造成的危害越大（Ferrari et al.，2016）。

在敏感性分析中，主要考虑落石可能的空间分布以及强度大小。灾害分析是在敏感性分析的基础上，还需要考虑落石发生的频率，用以定量表征其启动时间的随机性。危险性分析则是在灾害分析的基础上，还需要考虑受到落石威胁的个体（人、车、建筑）遭遇落石的时间概率和空间概率，并定量计算落石可能造成的损失（Fell et al.，2008）。

1. 敏感性分析

落石敏感性指在特定区域遭遇落石灾害的可能性。落石敏感性分析描述了该区域受未来可能的落石灾害的影响，是对特定区域内潜在的或观察到的落石的分类、规模（即体积）和空间分布的定量或定性评估（Antoniou and Lekkas，2010）。落石敏感性分析主要表明的是该区域受到落石灾害的趋势。敏感性还可以包括对落石事件的运动距离和强度（如速度或能量）的估计。

定量的落石敏感性分析可采用下列模型：

$$S_R = V_R + SF_R + H_R \tag{8.18}$$

式中，S_R表示落石敏感性（rockfall susceptibility）；V_R为落石速度（rockfall velocity）；SF_R为落石空间频率或密度（rockfall spatial frequency）；H_R为落石高度（rockfall height）。

2. 灾害分析

落石灾害是指在预定的时间内，在给定的区域内，发生一定数量（体积）或强度（能量）的落石事件的概率（或者可能性），其中应包含落石的空间分布、强度以及时间频率。其中，落石灾害的时间频率是指：在什么时间会发生多大量级的灾害。落石的时间频率通常用"发生概率"来定义。相比敏感性分析，落石灾害分析应包含对指定区域真实的落石频率和量级的分析，这需要充分的落石历时资料的调查与统计（Guzzetti et al.，2003）。

国际上常用的落石灾害定量分析模型为

$$H_{R(X,j,i)} = P(M_{(i)}) \cdot P(X_j \mid M_{(i)}) \tag{8.19}$$

式中，$P(M_{(i)})$为发生指定量级（magnitude）i的落石的可能性；$P(X_j \mid M_{(i)})$为量级为i，强度为j的落石到达X位置的可能性；$H_{R(X,j,i)}$为量级为i，强度为j的落石对X位置的灾害程度（hazard degree）。

如果将落石发生的可能性$P(M_{(i)})$与已有的落石时间频率$TF_{R(i)}$结合，式（8.19）可

改写为

$$H_R = \sum_i TF_{R(i)} \cdot (SF_{R(i)} + V_{R(i)} + H_{R(i)}) = \sum_i TF_{R(i)} \cdot S_{R(i)} \qquad (8.20)$$

式中，$TF_{R(i)}$ 为量级为 i 的落石的时间频率；$SF_{R(i)}$、$V_{R(i)}$、$H_{R(i)}$、$S_{R(i)}$ 为量级为 i 的落石空间频率、运动速度、弹跳高度、落石敏感性。

3. 危险性分析

落石危险性分析表征的是落石灾害对生命、财产或环境的不利影响的损伤概率和严重程度。它被定义为落石发生后对周围环境造成的受损结果或潜在受损结果，通常用损失、收益、损害、伤害或死亡来定性或定量地表示。根据 Corominas 等（2014），单一落石情况下的风险（risk）计算如下：

$$R_{R(T,X,j,i)} = P(M_{(i)}) \cdot P(X_j \mid M_{(i)}) \cdot P(T \mid X_j) \cdot V_{ij} \cdot C \qquad (8.21)$$

式中，$R_{R(T,X,j,i)}$ 为目标物在 X 位置受到量级为 i，强度为 j 的落石的危险性（rockfall risk）；$P(T \mid X_j)$ 为目标物在发生强度为 j 的落石时到达 X 位置的概率；V_{ij} 为受灾个体对于量级为 i，强度为 j 的落石的易损性（Vulnerability）；C 为受灾个体的经济指标（价格等）。

基于落石灾害分析，式（8.21）可改写为

$$R_{R(T,X,j,i)} = \sum_i TF_{R(i)} \cdot S_{R(i)} \cdot P(T \mid X_j)_{(i)} \cdot V_{ij} \cdot C_i \qquad (8.22)$$

8.4.2 基于灾害分析的被动防护设计

对于岩质边坡块体失稳的防治，一般原则是"以防为主，以治为辅"，防与治相结合并且要以人为本。目前主要的防治措施主要可分为主动防护和被动防护两大类（侯天兴等，2015）。

1. 主动防护

主动防护技术旨在先发制人，在落石或崩塌灾害发生之前，清除或是控制住破坏形变的危岩，从而遏制住灾害的发生。主要包括支撑、锚固、注浆、封填或嵌补岩腔、主动防护网等防护手段。与被动防护技术相比，主动防护需要精确掌握边坡上不稳定块体的分布，强调"一对一"，也就需要要对每个不稳定块进行一次处理。但由于不稳定块体分布广且随机，多处在高陡边坡，主动防护措施施工难度大，成本较高。主动防护通常用于无法采用被动防护措施的部位，如高陡的公路边坡以及大型开挖工程，如水电站坝肩开挖。

2. 被动防护

被动防护技术的主要思路是，不在源区对失稳块体进行处置，而是在其运动过程中对进行拦截，确保其不能进入居住区、公路或施工区域。被动防护主要包括拦石墙、拦石堤、钢筋石笼网、避让带以及柔性系统等。与主动防护系统相比，被动防护系统的运行工况更复杂，因为失稳块体的运动是随机过程，其方向、速度、弹跳高度均不能准确确定。其次，在中途拦截失稳块体时通常会受到巨大的冲击，这对防护系统的抗冲击性和耐久性提出更高要求。

本节以某高频率落石区域为例，通过落石灾害分析法来进行被动防护系统设计（Jiang

et al., 2020)。

8.4.2.1　落石灾害分析

1. 研究背景

某残留的滑坡后缘由于其表面破碎，在降雨作用下经常发生块体失稳（即落石），对下方的施工区形成严重威胁，图 8.14（a）为该区域某次落石事件的照片。

图 8.14　某残留滑坡后缘落石灾害
（a）落石灾害现场图；（b）三维激光点云数据；（c）数字地面模型

本次研究基于三维落石模拟，分析落石灾害的时间分布、空间分布及严重程度，并进行恰当的落石被动防护系统设计，以达到保护施工区的目的。

2. 三维模型

图 8.14（b）为利用三维激光扫描技术对落石区域进行扫描后获取的三维点云数据（point cloud data）。三维点云数据是通过激光获取的空间物理的离散的点集合，通常包含物体表面的空间坐标（x, y, z），反射率（reflectance）以及颜色（color）等。基于 Delaunay 三角网法，可以把离散的三维点云构建成不规则三角网（TIN）或数字地面模型（DTM），如图 8.14（c）所示。

3. 落石历史资料分析

2017 年和 2018 年，该区域共观察到了约 22 次明显的落石事件，其中规模较大的落石（崩塌）约 9 次，其余为规模较小的落石事件。落石主要发生于每年雨季，说明该区域的落石诱发因素主要为降雨入渗。根据统计结果（图 8.15），如果只考虑 2018 年的落石事件，大规模落石在雨季发生的时间频率为 0.278，小规模落石的时间频率为 0.722，因此在后续灾害分析时，应根据该时间频率对落石灾害进行计算。

4. 三维落石模拟

基于不规则三角网或数字地面模型，采用三维落石运动模型可对落石进行三维模拟，并得到落石的运动参数包括空间频率、落石速度、落石能量、弹跳高度、运动轨迹、停止区域和碰撞区域。

在初始模拟时，落石块体的尺寸、密度、形状、时间频率以及对应的量级需要根据落石历时资料进行确定，确定性模型中的物理参数（恢复系数、摩擦系数）和概率模型中的

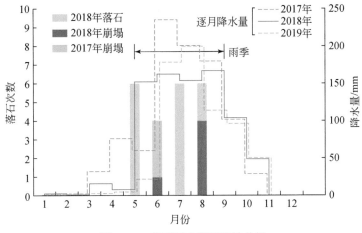

图 8.15　落石历史资料统计分析

修正参数（θ_V、θ_T、δ、K）则是根据经验确定。根据初始模拟结果,将落石运动轨迹、停止区域和碰撞区域与实测的落石事件进行比较,如果偏差较大,则修改以上参数再次进行模拟,直至模拟结果与实测结果达到一定的匹配程度,这一过程被称为三维反分析法（3D back analysis）,如图 8.16 中"落石模拟"部分。

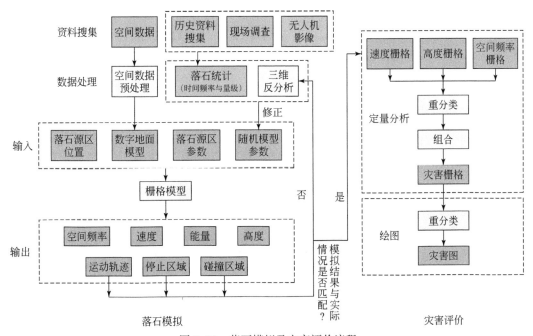

图 8.16　落石模拟及灾害评价流程

5. 落石灾害分析

在获取了最佳匹配的落石模拟结果后,就可以进行落石灾害评价,如图 8.16 中"灾害评价"部分。将落石的速度栅格、高度栅格、空间频率栅格按一定标准（表 8.3）进行重分类并组合,就得到了落石的速度栅格、高度栅格、空间分布栅格以及灾害栅格,如

图 8.17。落石灾害栅格表征了落石在运动范围内的危害程度。

表 8.3　落石特征值及灾害程度划分标准

项目	等级	值	备注
空间频率（密度）	1	0%～0.1%	非常低
	2	0.1%～0.2%	低
	3	0.2%～0.5%	中等
	4	0.5%～1%	高
	5	>1%	非常高
高度	1	1～0.5m	非常低：滚动或滑动
	2	0.5～3m	低：落石能被3m高柔性网拦截
	3	3～5m	中等：落石能被5m高柔性网拦截
	4	5～20m	高：落石很难被被动防护措施拦截
	5	>20m	非常高：落石几乎不可能被拦截
速度	1	0.1～5m/s	非常低：滚动或滑动
	2	5～10m/s	低：滚动、滑动或弹跳
	3	10～20m/s	中等：体积小于2m³的落石能被强度为2200kJ的柔性网拦截
	4	20～40m/s	高：体积小于1m³的落石能被强度为3600kJ的柔性网拦截
	5	>40m/s	非常高：落石几乎不可能被柔性网拦截
灾害	非常低	3～6	
	低	7～8	
	中等	9～10	灾害=时间频率×（空间频率+高度+速度）
	高	11～12	
	非常高	13～15	

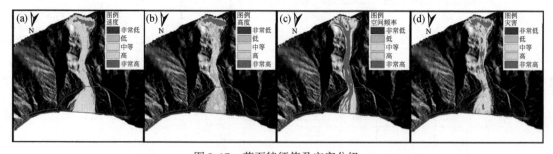

图 8.17　落石特征值及灾害分级

（a）落石速度分级；（b）落石高度分级；（c）落石空间频率分级；（d）落石灾害分级

8.4.2.2　防护网设计

在完成落石灾害分析后，即可针对落石灾害进行被动防护系统的设计。根据现场地形条件限制，本次设计采用柔性防护系统中的被动防护网进行防护。采用被被动防护网拦截落石是首先应考虑如何拦截，其次考虑拦截所需要的防护网强度。

决定防护网是否能拦截落石的主要因素有两个：①防护网的高度；②防护网的安装位置。考虑到稳定性，防护网的安装高度并不能无限制增高，因此，单个防护网的拦截能力（判断是否能拦截住）始终是有限的。所以，被动防护系统多数情况是采用多组防护网同时拦截，如何确定防护网的安装位置就成了主要问题。本节利用落石灾害分析结果，基于成本-效率比，提出一种定量评价防护网拦截落石能力的方法，以满足被动防护系统选址的需要。

1. 初拟防护网位置

根据现场地形和以往工程经验，初拟多个待测试的防护网安装位置，如图 8.18 所示，本次研究共设置了 12 处待测试的防护网。

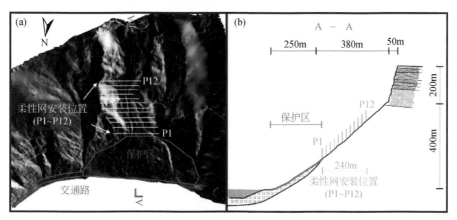

图 8.18　防护网位置初拟

2. 对初拟防护网进行防护模拟

初拟防护网安装位置后，分别对每处防护网单独进行数次落石模拟，每次模拟时均采用不同的防护网高度，并对每次模拟结果进行落石灾害分析。

根据灾害分析结果，定量计算出落实拦截率 RIR（rockfall interception ratio）和飞逸落石能量率 EROR（energy ratio of overflying rockfall），RIR 和 EROR 的计算公式如下：

$$RIR = \frac{N_{Ra}}{N_{Rb}} \tag{8.23}$$

$$EROR = \frac{E_o}{E_t} \tag{8.24}$$

式中，RIR 为落石拦截率；N_{Ra} 为被动网上方的落石数量，即越过被动网的落石；N_{Rb} 为被动网下方的落石数量，即被拦截的落石；EROR 为飞逸落石能量率；E_o 为飞跃防护网后并进入保护区的落石总能量；E_t 为所有落石的总能量之和。

RIR 表明了被动网对落石的拦截效率，它由保护系统的位置和高度决定。对于相同的保护高度，不同安装位置的防护网通常具有不同的 RIR 值。然而，RIR 并不能直接用于评估飞逸落石（即飞越被动网的落石）的运动及其可能造成的损害。一般来说，飞越落石块必须有足够的能量和弹跳高度才能飞越防护系统，并且，部分飞逸落石块体会因能量耗尽而停在斜坡上，而另一些则会继续沿斜坡向下移动，直至进入保护区。因此，用 EROR 来描述落石块体的剩余能量和潜在危险，如图 8.19 所示。

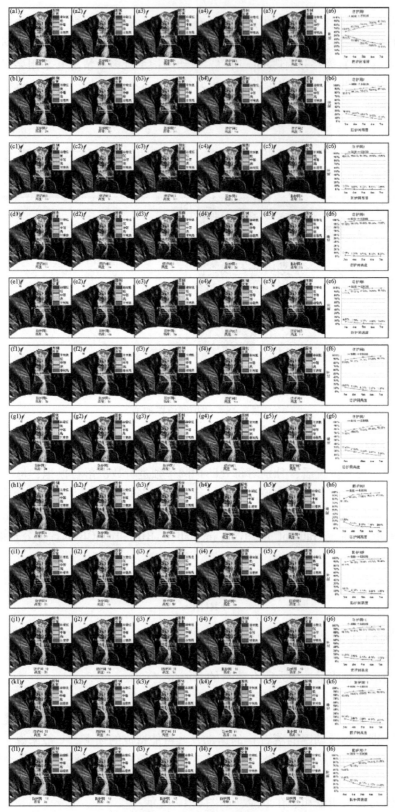

图 8.19 落石模拟结果

共计 60 次, 12 组, 每组 5 次

3. 防护网安装参数定量评价

根据现场情况以及受保护物的特点，防护网定量评价的标准不尽相同。本节采用考虑被动防护网的成本−效率特性来对防护网的高度和安装位置进行综合的定量评价，如图 8.20 所示。

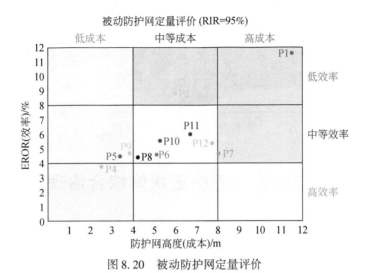

图 8.20　被动防护网定量评价

防护网的拦截率 RIR 被设定为 95%，即要求每个防护网至少要达到 95% 的拦截率；横坐标为防护网高度，在防护宽度一定的条件下，防护网高度与防护网的面积成正比，因此可用防护网高度代表防护网的成本；纵坐标为飞逸落石能量率 EROR，其值表征飞逸的落石对保护区造成的潜在破坏程度，EROR 越高，则说明防护网的防护效率越低。

图 8.20 表明，防护网单独安装在 P4 的成本−效率比是最好的，单独安装在 P1 处是最差的。

4. 被动防护系统设计实例

如图 8.20 所示，基于对单个防护网的成本−效率比的分析，可以筛选出最佳的几处防护网安装位置（P4、P5、P3、P9），在进行被动防护系统设计时，应优先考虑在这些地方安装被动防护网。现采用两种被动防护系统方案进行进一步分析：①防护网安装在 P1（高度待定）、P4（高度 4m）和 P9（高度 4m）；②防护网安装在 P1（高度待定）、P4（高度 4m）和 P5（高度 4m）。然后进行落石模拟，根据最终进入保护区的逃逸落石的弹跳高度确定各方案中 P1 的高度，结果如图 8.21 所示。

由图 8.21 可得，方案 1 中，P1 只需要安装 2m 高的被动防护网即可达到保护目的，而方案 2 中 P1 需要 6m 高才能完全拦截落石。这是因方案 2 中 P4 和 P5 的位置相邻，一些极端的落石（弹跳高度极高）会飞过同时飞过密集的被动防护系统，说明密集分布的被动式防护系统的防护效果要小于分散式的被动防护系统。

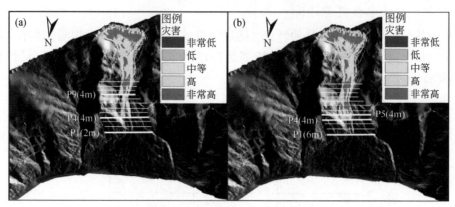

图 8.21　两种防护方案比较

8.5　岩质边坡不稳定块体综合治理技术

对于开挖边坡或者环境边坡的不稳定块体，均需要采取一定的措施进行治理，以保护下方建筑、人员、车辆以及公路或其他设施的安全。根据治理措施的施工部位不同，可分为坡面治理技术，浅表层治理技术以及深层治理技术。其中浅表层治理技术主要针对小规模的失稳块体；而深层治理技术则针对崩塌、滑坡等大型灾害（杨玉川等，2015）。

8.5.1　坡面治理技术

1. 坡面清撬

在进行大规模边坡治理之前，首先应清理坡面浮土和松动块石，为施工平台脚手架搭设作业提供安全保证（黄健和巨能攀，2012）。当支护的边坡均为高陡边坡时，无法采用机械来清理坡面，因此对坡面的清理只能靠人工进行。坡面浮土和松动块石的人工清理主要是通过人工吊大绳挂安全带，手持撬棍、铁锹等工具清除坡面较小的松动块石和浮土，如图 8.22 所示。

图 8.22　坡面清撬施工

为了确保施工安全，施工过程要求作业人员必须配备安全可靠的防护设备，并且安全绳要有可靠的附着点，同时必须附设一条附绳，起到双保险，确保人身安全，其随身携带的排险工具要轻便且利于操作（封志勇等，2005）。

2. 柔性防护系统

柔性防护系统包括主动防护网与被动防护网两类，其主要特征是将延展性强的刚绞绳编制成网，利用柔性网对落石块体进行拦挡（Zhao et al.，2020），其主要特点是：①施工难度小、工期短；②使用期限长、成本较低；③同时具有柔性和高强度；④自身质量轻、收缩性强，防护效果好；⑤不破坏原始边坡稳定和表层植被，比较环保。

柔性防护系统按其作用方式的不同分为主动防护（披覆）系统与被动防护（拦截）系统两种形式，如图 8.23 所示。主动防护系统通常由钢丝绳网、塑格栅网、支撑绳以及拉锚系统等构成，防护的机理是：通过固定在锚杆和支撑绳上的钢丝绳网、塑格栅网对边坡危岩形成连续支撑，并对钢丝绳网施加一定的预应拉力，使其充当岩石破坏过程中阻止变形位移的预应力，从而对滚石危害起到防护效果。被动防护系统由柔性钢绳网、支撑绳、减压环、钢柱和拉锚结构几部分组成。防护的原理大致是：利用自身高柔性、高强度以及吸收能量大的优势，将滚石岩块的冲击动能吸收和转化为自身的变形能，从而达到对滚石的拦截目的。

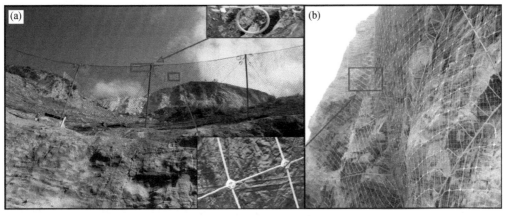

图 8.23　柔性防护系统
（a）被动防护网；（b）主动防护网

3. 挡墙支护及锚筋束

柔性防护系统中的被动防护网在防御小尺度落石块体时表现良好，但基本无法防护较规模较大或者尺寸较大的落石块体。针对这个情况，通常采用混凝土挡墙替代被动防护网，如图 8.24 所示，其主要优点是强度高。混凝土挡墙的缺点也非常明显，由于需保证其自身稳定性，混凝土挡墙的基础需要一定的埋深与宽度，造成成本以及施工难度的急剧增加。

除了采用被动的防护措施，工程上常用回填混凝土、增加锚筋束和框格梁等主动支护技术（图 8.25）对其进行表层综合加固，从块体失稳源头进行治理，相比主动防护网，这些技术的主要优势是强度大，劣势是在垂直陡峭的边坡上施工难度极大。

图 8.24　混凝土挡墙

图 8.25　表层综合加固技术
（a）锚筋束；（b）框格梁

8.5.2　浅表层治理技术

1. 锚杆护坡技术

根据锚固方式不同，锚杆加固方式可分为机械锚固和黏结锚固两类。锚固装置或锚杆杆体和孔壁接触，靠摩擦力起锚固作用的锚杆，属于机械锚固型锚杆；锚杆杆体部分或全长利用树脂、砂浆、快硬水泥等胶结材料将锚杆杆体和锚杆孔壁黏结固定在一起，靠黏结力起锚固作用的锚杆属于黏结锚固型锚杆。根据是否施加预应力，锚杆可分为非预应力锚杆与预应力锚杆，如图 8.26 所示。非预应力锚杆利用杆体本身阻碍边坡产生滑动。预应力锚杆则在非预应力锚杆的基础上对潜在滑动面施加挤压力，增强了结构面的抗剪强度（何思明，2004）。

在锚杆施工完成后，应对锚杆注浆情况进行无损检测现场剖管密实度验证，并需进行相应的拉拔试验等手段来检验锚杆施工质量，如图 8.27 所示。当锚杆进行过拉拔试验后，对锚杆的端头必须进行及时处理，避免发生事故。虽然锚杆护坡施工工艺相对较复杂，但其锚杆护坡效果比较显著，且比常用护坡技术挂网抹灰护坡方法更加经济。

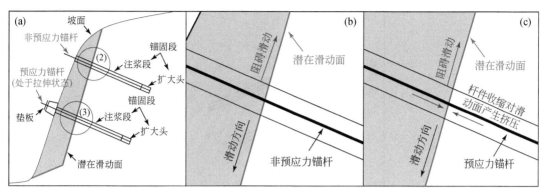

图 8.26　锚杆加固示意图

（a）（非）预应力锚杆安装示意图；（b）非预应力锚杆工作机理；（c）预应力锚杆工作机理

图 8.27　锚杆的拉拔试验

2. 喷锚支护

喷锚支护结构由锚杆、钢筋网喷射砼面层和被锚固的岩体三者组合而成。喷锚支护是借高压喷射水泥混凝土和打入岩层中的金属锚杆的联合作用加固岩层，是使锚杆、混凝土喷层和岩体形成共同作用的体系，防止岩体松动、分离。锚杆的一端锚固于滑动面以外的稳定岩体中，另一端锚固于喷射砼面层结构上从而利用锚固端来稳定（孙河川等，2004）。锚杆和喷射混凝土形成的稳定面板加固层，使滑动面以外的被锚固的松动岩体处于稳定状态，如图 8.28 所示。喷射的混凝土可以填充边坡表面的节理、裂隙和孔洞当中，使岩质边坡表面整体黏聚力得到提高。并且形成具有一定岩石厚度的钢筋混凝土面板，最终由喷锚形成的联合传力系统来提高边坡的整体稳定。

喷锚支护首先要确定钢筋网与锚杆、钢支撑及其他锚固部位连接牢固，并且钢筋网在喷射过程中不能发生移动。钢筋网常常被加工成网片，这样有利于挂网安装，并且使用前要清除污锈。在实际操作过程中，往往要根据支护围岩面的实际地形铺设钢筋网，一般都是先喷一层混凝土之后再挂网（张震等，2006）。为了减少钢筋网在喷射混凝土过程中发生震动，采用多点连接及保障锚固深度来确保钢筋网与锚杆或锚钉头连接牢靠。为了使钢筋网背面的混凝土密实，可以适当缩短喷头到受喷面的距离或调整相应的喷射角

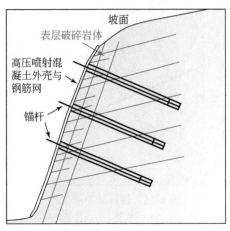

图 8.28　喷锚支护示意图

度。图 8.29 为喷锚支护现场照片。

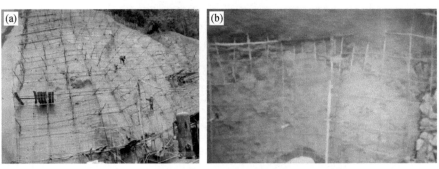

图 8.29　喷锚支护现场

(a) 挂网施工；(b) 喷混凝土

8.5.3　深层治理技术

1. 超前固结灌浆技术

对于较为破碎的，处于卸荷拉裂区域且风化严重的岩体，在锚索钻进过程中，可能遇到塌孔、掉块、漏风、大裂隙、强研磨性等复杂情况。因此对成孔机具、工艺的要求远高于常规，不仅造孔困难，施工成本也急剧增加。目前，对破碎岩体造孔比较成熟有效的基本方法：一是跟管钻进；二是利用水泥浆液进行超前固结改善地层，再进行正常钻进（张泽鹏等，2006）。

改善地层采用超前固结灌浆处理，待凝后再扫孔继续钻进。超前固结灌浆采用对心喷射钻具下至需灌浆部位，对心旋转、喷射灌注，灌浆利用浆液自重，采用自流式无表压灌浆以控制灌浆量过大，且能有效固结钻孔顶壁围岩使其稳固不掉块塌孔。

2. 预固结灌浆及锚索施工

锚索是通过外端固定于坡面，另一端锚固在滑动面以内的稳定岩体中穿过边坡滑动面的预应力钢绞线。与锚杆相比，锚索为滑动面提供反向的支撑力较小，但其受拉能力更强，可以通过施加更大的预应力将破碎岩体更紧密地挤压在一起，提高滑动面上的抗滑阻力，增大抗滑摩擦阻力，以提高岩体的整体性，从根本上改善岩体的力学性能，有效地控制岩体的位移，达到支护效果（李剑等，2020）。

而预应力锚索施工包括下面两个部分：预应力锚索下索、预应力锚索张拉，如图 8.30（a）、（b）所示。锚索在原始边坡上施工，锚索成孔较为困难，锚索孔吸浆量较大，并且由于岩体破碎，可能会出现塌孔、卡钻等问题。因此在保证工程质量的情况下，尽量地减少工程投资，可以采用预固结灌浆的方式（加沙、推水泥球以及灌喷浆料等措施）对岩体进行强化，保证锚索施工的正常进行，如图 8.30（c）。为了能够得到较为合理的预固结灌浆参数及施工工艺，必须在施工过程中进行预固结灌浆试验。

图 8.30　锚索施工示意图
（a）锚索下索；（b）锚索张拉；（c）锚索孔加预固结沙

针对边坡预应力锚索下索，在成孔检测合格以后，进行锚索下索，下索采用人工进行。而对于边坡预应力锚索张拉，常采用液压千斤顶常将锚索按 1.1 倍设计吨位进行张拉（白兴平等，2006）。锚索施工后可能会有锚墩岩体承载力不够或者锚固段岩石较差等所引起的应力损失，因此应及时掌控相应区域应力损失情况，并做好相应的分析，确定后续锚索施工参数及验收标准（王浩等，2014）。另外，可以采用声波检测法及锚索孔全景图像法，从而对预固结灌浆效果及预应力锚索最终的成孔效果进行检测。

3. 特殊部位防护技术

针对环境边坡治理还有一些特殊的设备或者建筑物（如导流洞、泄洪洞等），为保证其使用安全，就采用了一些特殊防护，如采用工字钢形成顶棚或者棚洞，如图 8.31 所示。

针对特殊部位的治理，往往需考虑建筑物的重要等级并结合工程的特点，从而选择经济合理的支护方式，其形式相对比较灵活。

图 8.31　特殊的设备防护设备
(a) 工字钢顶棚；(b) 以及棚洞

8.6　本 章 小 结

在地质构造以及地震作用下，岩体受结构面切割形成许多块体，并在一定条件下会发生块体失稳，形成落石灾害。其特点是分布范围广、随机性高、突发性强、运动速度快、破坏能力大。防治岩质边坡块体失稳的前提是对灾害风险进行合理的分析与评价，并以此为根据进行灾害防治决策。落石灾害的风险分析需要对落石的运动特点有全面的认识，定量的风险分析首先需要对块体失稳的可能性进行系统评估，然后对失稳块体的源区进行准确判断，并在此基础上利用二维或三维的落石运动模型对可能发生的落石灾害进行定量计算，最后通过一定的标准对落石灾害进行等级划分。针对高风险区域，可采取主动或被动防护系统进行减灾处理。主动防护系统能从源区根除块体失稳的风险，但其适用范围仅限于施工条件良好的区域，而被动防护系统的目的则是在中途对失稳块体进行拦截，这要求对落石的运动特征有较为准确的认识。根据位置不同，落石灾害防护系统包括表面、浅层以及深层措施。其中浅层、表层的措施通常用于防护小规模落石灾害，而深层防护措施主要针对崩塌、滑坡等大型地质灾害。

第9章　结论与展望

9.1　主要结论

我国西南地区地形地貌独特、地质结构复杂，斜坡浅部岩体较为破碎、风化卸荷严重，在降雨、地震及冰川融雪等外部因素的作用下，极易触发滑坡灾害，而其中的岩质滑坡由于分布广泛、规模巨大且具有隐蔽性、突发性等特点，所造成的危害更加巨大。加之，近年来随着"西部大开发"、"一带一路"和"川藏铁路"等国家战略的实施，一大批交通、水电与生命线工程已相继在西南地区开工建设。在复杂脆弱的地质环境中修建大型工程，一方面面临频发的地质灾害带来的安全威胁；另一方面，工程建设扰动也会诱发复杂的岩质边坡安全与稳定问题。

本书立足于西南特殊的工程地质背景，依托向家坝、锦屏Ⅰ级等水电工程边坡/滑坡工程以及2018年金沙江白格滑坡等特大滑坡灾害，在前人相关研究成果基础上，采用野外调查、室内试验、现场监测、理论分析以及数值模拟等方法对岩质边坡稳定评价与安全治理进行研究，成果总结如下：

（1）岩质边坡中结构面的分布、力学特性及其组合特征决定了边坡岩体的工程地质性质和力学性状，同时也构成了各类边坡工程地质问题的重要控制因素。本书首先基于结构面性状和规模特征，研究了结构面的表面形态、填充状况、水文地质条件、软弱夹层等因素对结构面物理力学性能的影响；系统性总结归纳了结构面分类和质量评价方法，介绍了基于三维激光扫描的震损边坡岩体质量评价技术，在此基础上介绍了基于 Mohr-Coulomb 准则、Hoek-Brown 强度准则的岩体结构面强度参数估算方法；同时分析了岩质边坡失稳的几种主要模式，为边坡稳定分析奠定了基础。

（2）岩质边坡稳定性分析与计算是评价边坡安全性、预测边坡失稳风险最主要手段。本书首先基于结构面强度参数准确值难以确定，并且在不同条件下存在一些不确定性和随机性的特点，介绍了边坡可靠性分析方法，并且建立了基于平面失稳和楔形失稳两种典型失稳模式的岩质边坡可靠性计算方法；进一步，在边坡稳定性计算的二维极限平衡法的基础上，基于 Morgenstern-Price 的条间力假定，建立了边坡三维极限平衡分析方法，并且开发了相关算法程序，该方法理论体系严密，能满足6个平衡条件且考虑了所有的条间剪力，给出的安全系数更为可靠合理，且该法采用的直接迭代法计算效率高，具有较大的实用价值。

（3）岩质边坡的失稳破坏机制非常复杂，地质环境、水文活动以及人类活动干扰等因素的长期作用在边坡强度劣化及滑坡孕育过程中起着关键作用。本书结合大量工程边坡开挖加固及滑坡灾害应急治理的工程实践，通过现场调查、理论分析、室内物理模型试验和数值计算相结合的手段，揭示了地质环境、水文活动以及人类活动干扰等因素的长期作用在边坡岩体强度劣化及滑坡孕育过程中所起的作用；在此基础上，研究了降雨、库水位波动以及地震动力作用下岩质斜坡失稳机理，为滑坡的稳定性评价、预警预报和滑坡防治措施的制定提供了理论依据。

（4）边坡岩体内部存在的裂隙、节理、断层等不良地质缺陷是造成边坡变形破坏和失稳的主要原因，工程补强加固是提高边坡稳定性、降低灾害风险最直接有效的方法。本书在大量工程实践的基础上，系统梳理了清坡、挂网、喷锚等浅表层处置措施及灌浆、预应力锚索、抗剪洞等深层补强加固的力学机理。在边坡浅表层处置方面，主要探讨了开挖边坡或者环境边坡表层孤块石、危岩体的失稳模式，重点研究了三维滚石运动概率路径模拟，并且形成了块体失稳风险评价和拦挡措施优化设计方法，在此基础上进一步归纳总结了边坡浅表层综合治理措施。在边坡深层补强加固方面，重点研究了基于 Hoek-Brown 强度准则的灌浆效果评价方法和基于传压原理的边坡安全系数计算方法，并结合锦屏 I 级左岸坝肩特高边坡和长河坝环境边坡的处置实例，说明了岩质边坡补强加固与稳定提升的效果。

9.2　创新与展望

岩质边坡的变形破坏演变过程不仅取决于外部的诱发因素，更取决于岩体内部不连续结构面的发育情况，这给岩质边坡稳定性分析与工程治理带来了巨大的挑战。本书结合大量工程实践经验，围绕岩体结构面这一影响岩质边坡稳定的本质因素，采用现场调查、理论分析、原位监测、室内模型试验、数值计算等手段，从现象到机理系统性研究了岩质边坡稳定评价与安全治理关键技术，取得的主要创新成果如下：

（1）提出了基于三维激光扫描的震损边坡岩体质量评价方法，研究了基于 Mohr-Coulomb 准则、Hoek-Brown 强度准则的岩体结构面强度参数估算方法，为边坡稳定性计算和治理方案设计的相关岩体力学参数选取提供了科学依据；

（2）建立了基于结构面强度参数不确定性的岩质边坡平面破坏和楔形破坏可靠性计算方法；

（3）基于 Morgenstern-Price 的条间力假定，建立了边坡三维极限平衡分析方法，并且开发了相关算法程序，该方法能满足 6 个平衡条件且考虑了所有的条间剪力，给出的安全系数更为可靠合理，且该法采用的直接迭代法计算效率高，具有较大的实用价值；

（4）研究了岩质边坡强度劣化与失稳特性，揭示了补强加固与稳定提升的力学机理，并建立了基于 Hoek-Brown 强度准则的灌浆效果评价方法和基于传压原理的边坡安全提升计算方法；

（5）构建了三维滚石运动概率路径模拟方法，并且形成了块体失稳风险评价和拦挡措施优化设计方法。

边/滑坡工程是岩土工程领域最常见、最复杂的问题之一，无论从科学研究还是工程实践均有很多需要继续探索的地方。尤其是近年来，受全球气候变化及活跃地质构造活动的影响，滑坡灾害问题尤为突出。本书已完成的工作丰富了岩质边坡稳定性评价与安全治理问题的研究成果，但仍有大量工作值得开展进一步的研究与思考。

（1）工程附存环境更加复杂。随着"西部大开发"、"一带一路"、"西电东输"和"川藏铁路"等国家战略的实施，工程项目逐渐向青藏高原腹地及其周边的西南地区拓展，其工程环境特殊、复杂、脆弱，强卸荷、冻融循环、高应力、活跃构造活动等内外动力使得岩质边坡工程更加复杂，为工程建设和安全带来更大的挑战。

（2）水岩耦合、多场耦合问题突出。随着大批水电工程的运营、极端降雨或冻融循环等扰动，库区滑坡、岩体劣化失稳等灾害问题越来越突出。与土质边坡相比，岩质边坡结构面的非均匀性，水岩耦合、多场耦合问题突出，由此导致了更加复杂的渗流场，提升了分析的难度。

（3）基于近场动力学理论的岩质滑坡孕育演化全过程模拟技术。岩质斜坡的失稳破坏过程非常复杂，涉及水力耦合、材料劣化、时效变形、滑坡冲击破碎及碎屑化运动的动力灾变全过程。基于近场动力学和有限元相结合的数值计算方法，构建水力耦合多尺度时效损伤耦合模型，开发模拟滑坡运动演化全过程的多尺度数值分析平台，再现特大岩质滑坡从形成、运动到堆积的动力全过程，对于揭示岩质斜坡的动力灾变过程机理和提升工程安全防控技术具有重要科学和工程意义。

（4）非接触监测技术的应用与拓展。岩质边坡失稳破坏具有隐蔽性、突发性和巨大的破坏性，准确、快速地获取滑坡区的地质地形信息，及时掌握其变形演化情况，可为应急抢险和工程防治措施的制定提供科学依据。西南地区独特的地形地貌条件给传统的现场调查和监测工作带来极大的挑战。传统散布的调查方法和接触式监测技术效率较低、采集数据量和覆盖范围有限，难以快速、全面掌握岩体结构面发育情况，揭示边坡三维整体变形响应情况；接触式监测技术也难以在边坡不稳定或危险区域实施，而往往这些区域是监测的重点。无人机、三维激光扫描、地基合成孔径雷达等非接触量测技术在三维空间信息无接触获取、边坡三维整体变形监测方面具有明显优势，有望为岩质边坡灾变过程分析与机理研究提供新的解决途径。

参 考 文 献

白兴平, 巨广宏, 贺咏梅. 2006. 黄河拉西瓦水电站坝区天然高边坡特征及其治理. 中国地质灾害与防治学报, 17 (4): 6-10.

白志华, 李万洲, 李海波, 等. 2018. 红石岩震损高陡边坡工程岩体质量评价. 工程地质学报, 26 (5): 1155-1161.

柴贺军, 刘浩吾, 王忠. 2001. 改进的进化遗传算法在软弱结构面力学参数选取中的运用. 成都理工学院学报, 28 (4): 421-424.

常士骠. 1983. 裂隙岩体围岩稳定性评价和喷锚机理–三论山体压力. 岩土工程学报, 5 (2): 88-100.

陈昌富, 朱剑锋. 2010. 基于 Morgenstern-Price 法边坡三维稳定性分析. 岩石力学与工程学报, 29 (7): 1473-1480.

陈刚. 2007. 云南省兰坪县某滑坡稳定性分析与评价. 昆明: 昆明理工大学.

陈杰, 黄博. 2013. 沙沱水电站抗滑体及抗剪洞开挖爆破振动控制技术. 水利水电施工, (1): 4-6.

陈金宇, 杜泽生. 2011. 煤矿巷道维修中注浆对初次支护的作用分析. 煤炭科学技术, 39 (10): 11-13, 17.

陈强, 李耀庄. 2007. 边坡稳定的可靠度分析与评价. 路基工程, (1): 1-2.

陈骏, 范刚, 周家文. 2020. 复杂滑坡三维离散建模方法及其在茂县滑坡中的应用. 工程地质学报, 28 (4): 793-802.

陈胜宏, 万娜. 2005. 边坡稳定分析的三维剩余推力法. 武汉大学学报 (工学版), 38 (3): 69-73.

陈祥, 孙进忠, 张杰坤, 等. 2009. 岩块卸荷效应与工程岩体质量评价. 土木建筑与环境工程, 31 (6): 53-59.

陈欣, 付建军, 赵海斌, 等. 2011. 有限差分强度折减法中融合蒙特卡洛思想的边坡可靠性分析. 长江科学院院报, 28 (4): 36-40.

陈旭荣. 1991. 灌浆水泥的研究. 长江科学院院报, (1): 44-51.

陈在铁. 2007. 高拱坝安全评价方法比较. 水利水电科技进展, 27 (3): 9-13.

陈祖煜, 弥宏亮, 汪小刚. 2001. 边坡稳定三维分析的极限平衡方法. 岩土工程学报, 23 (5): 525-529.

陈祖煜. 2000. 中国水利发电工程 (工程地质卷). 北京: 中国水利出版社.

陈祖煜. 2003. 土质边坡稳定分析—原理、方法、程序. 北京: 中国水利水电出版社.

程宏光, 吴明亮. 2020. 赤平投影法在岩质边坡稳定性分析中的应用. 西部资源, (4): 117-119.

丁金刚. 2003. 岩体分类法确定岩体宏观力学参数. 工程设计与研究, (6): 7-10.

丁瑜, 杨奇, 夏振尧. 2014. 共面非贯通裂缝断裂–剪切破坏与强度分析. 三峡大学学报 (自然科学版), 36 (5): 51-55.

杜景灿, 陆兆溱. 1999. 加权位移反演法确定岩体结构面的力学参数. 岩土工程学报, 21 (2): 209-212.

杜太亮, 张永兴, 谢强, 等. 2006. 结构面倾角对岩质边坡位移影响的分析. 山地学报, 24 (1): 105-109.

范文, 俞茂宏, 李同录, 等. 2000. 层状岩体边坡变形破坏模式及滑坡稳定性数值分析. 岩石力学与工程学报, 19 (S1): 983-986.

封志勇, 邓建华, 赵青. 2005. 基于岩质边坡稳定性治理的生态恢复浅析. 中国地质灾害与防治学报, 16 (2): 102-104.

冯树仁, 丰定祥, 葛修润, 等. 1999. 边坡稳定性的三维极限平衡分析方法及应用. 岩土工程学报, 21 (6): 657-661.

冯文昌, 王共元, 杨斯杰, 等. 2020. 长期水作用下岩石软化系数的测定. 煤炭技术, 39 (01): 23-25.

葛家良.2006. 化学灌浆技术的发展与展望. 岩石力学与工程学报, 25（S2）：3384-3392.

谷德振.1979. 岩体工程地质力学基础. 北京：科学出版社.

顾晓强, 陈龙珠.2007. 边坡稳定分析的三维极限平衡法. 上海交通大学学报, 41（6）：970-973, 977.

郭明伟, 葛修润, 李春光, 等.2010. 边坡和坝基抗滑稳定分析的三维矢量和法及其工程应用. 岩石力学
    与工程学报, 29（1）：8-20.

郭素芳.2008. 危岩体的分类及其危险性评价——以大渡河黄金坪水电站地下厂房后山高边坡危岩体为例.
    成都：成都理工大学.

韩冰.2016. 雅安地区滑坡灾害监测预警研究. 北京：中国地质大学（北京）.

郝明辉, 党玉辉, 邢会歌, 等.2013. 水泥-化学复合灌浆在断层补强中的应用效果评价. 岩石力学与工
    程学报, 32（11）：2268-2274.

何思明.2004. 预应力锚索作用机理研究. 成都：西南交通大学.

侯天兴, 杨兴国, 黄成, 等.2015. 基于冲量定理的滚石对构筑物冲击力计算方法. 岩石力学与工程学
    报, 34（S1）：3116-3122.

胡光韬.1995. 滑坡动力学. 北京：地质出版社.

胡国兵.2009. 水泥、水玻璃浆液在锦屏工程涌水封堵中的应用. 人民长江, 40（21）：32-34.

胡厚田, 赵晓彦.2006. 中国红层边坡岩体结构类型的研究. 岩土工程学报, 28（6）：689-694.

胡卸文, 黄润秋.1996. 澜沧江某电站岩体质量分类中的力学参数选取探讨. 工程地质学报, 4（2）：
    7-13.

黄洪波.2003. 层状岩质边坡的稳定性分析. 杭州：浙江大学.

黄健, 巨能攀.2012. 滑坡治理工程效果评估方法研究. 工程地质学报, 20（2）：189-194.

黄润秋, 李为乐.2009. 汶川地震触发崩塌滑坡数量及其密度特征分析. 地质灾害与环境保护, 20（3）：
    1-7.

黄润秋, 李渝, 生严明.2017. 斜坡倾倒变形的工程地质分析. 工程地质学报, 25（5）：1165-1181.

黄润秋, 张倬元, 王士天.1991. 高边坡稳定性研究现状及发展展望. 地球科学进展, 6（1）：26-31.

黄润秋, 赵建军, 巨能攀, 等.2007. 汤屯高速公路顺层岩质边坡变形机制分析及治理对策研究. 岩石力
    学与工程学报, 26（2）：239-246.

黄润秋.2012. 岩石高边坡稳定性工程地质分析. 北京：科学出版社.

黄生根, 庞德聪, 吴明磊.2020. 锚固结构荷载传递机理离散元模拟研究. 铁道工程学报, 37（1）：
    12-17.

黄运飞, 冯静.1992. 计算工程地质学. 北京：兵器工业出版社.

吉锋.2008. 顺层边坡硬性结构面强度参数及工程技术研究–以广巴高速公路顺层边坡为例. 成都：成都
    理工大学.

吉林, 赵启林, 冯兆祥, 等.2003. 软弱夹层与结构面的力学参数反演. 水利学报, 34（11）：107-111.

贾伟.2014. 基于极限平衡法和强度折减法的边坡稳定性分析. 云南冶金, 43（4）：1-6.

蒋瑶, 吴中海, 李家存, 等.2014.2010 年玉树 7.1 级地震诱发滑坡特征及其地震地质意义. 地质学报,
    88（6）：1157-1176.

金德濂.2000. 水利水电工程边坡的工程地质分类（上）. 西北水电,（1）：10-15, 67.

康志亮, 周顺田, 朱永生, 等.2020. 基于赤平投影方法的周宁抽蓄电站边坡块体破坏模式识别. 人民珠
    江, 41（3）：59-65.

李安洪, 周德培, 冯君.2009. 顺层岩质路堑边坡破坏模式及设计对策. 岩石力学与工程学报, 28（S1）：
    2915-2921.

李典庆, 张圣坤, 周建方.2002. 计算结构可靠度改进的 JC 法. 机械设计, 19（3）：48-50.

李东升 . 2006. 基于可靠度理论的边坡风险评价研究 . 重庆：重庆大学 .

李海萍 . 2009. 拉西瓦水电站左岸 HF3、HF7 抗剪洞开挖施工技术 . 青海电力，28 (S1)：55-58.

李建林 . 2013. 边坡工程 . 重庆：重庆大学出版社 .

李剑，陈善雄，余飞，等 . 2020. 预应力锚索加固高陡边坡机制探讨 . 岩土力学，41 (2)：707-713.

李荣伟，侯恩科 . 2007. 边坡稳定性评价方法研究现状与发展趋势 . 西部探矿工程，19 (3)：4-7.

李世文 . 2006. 边坡稳定的可靠性分析方法的研究 . 呼和浩特：内蒙古工业大学 .

李术才，张伟杰，张庆松，等 . 2014. 富水断裂带优势劈裂注浆机制及注浆控制方法研究 . 岩土力学，
　　35 (3)：744-752.

李同录，王艳霞，邓宏科 . 2003. 一种改进的三维边坡稳定性分析方法 . 岩土工程学报，25 (5)：
　　611-614.

李云鹏，杨治林，王芝银 . 2000. 顺层边坡岩体结构稳定性位移理论 . 岩石力学与工程学报，19 (6)：
　　747-750.

黎满林，宋玲丽，刘翔 . 2014. 大岗山拱坝整体稳定性数值分析 . 人民长江，45 (22)：54-57.

连镇营，韩国诚，孔宪京 . 2001. 强度折减有限元法研究开挖边坡的稳定性 . 岩土工程学报，23 (4)：
　　407-411.

梁宁慧，瞿万波，曹学山，等 . 2008. 边坡结构面参数反演的免疫遗传算法 . 煤炭学报，33 (9)：
　　977-981.

林晓峰 . 2015. 边坡稳定性分析方法综述 . 建材发展导向（下），(7)：8-9.

刘彬，聂德新 . 2006. 断层泥强度参数与含水率关系研究 . 岩土工程学报，28 (12)：2164-2167.

刘鸿，周德培，王志斌 . 2012. 压力分散型锚索锚固机制模型试验研究 . 岩石力学与工程学报，31 (S1)：
　　3075-3081.

刘甲美，王涛，石菊松，等 . 2017. 四川九寨沟 Ms7.0 级地震滑坡应急快速评估 . 地质力学学报，
　　23 (5)：639-645.

刘建华，朱维申，李术才 . 2006. 岩土介质三维快速拉格朗日数值分析方法研究 . 岩土力学，27 (4)：
　　525-529.

刘立鹏，姚磊华，陈洁，等 . 2010. 基于 Hoek-Brown 准则的岩质边坡稳定性分析 . 岩石力学与工程学报，
　　29 (S1)：2879-2886.

刘明维，傅华，吴进良 . 2005a. 岩体结构面抗剪强度参数确定方法的现状及思考 . 重庆交通学院学报，
　　24 (5)：65-67.

刘明维，何沛田，钱志雄，等 . 2005b. 岩体结构面抗剪强度参数试验研究 . 重庆建筑，(6)：42-46.

刘明维，何平，钱志雄，等 . 2007. 岩质边坡结构面实用分类方法研究 . 地下空间与工程学报，3 (5)：
　　811-817.

刘卫华 . 2008. 高陡边坡危岩体稳定性、运动特征及防治对策研究 . 成都：成都理工大学 .

刘文平，时为民，孔位学，等 . 2005. 水对三峡库区碎石土的弱化作用 . 岩土力学，26 (11)：
　　1857-1861.

刘兴宗，唐春安，孙润 . 2019. 蓄水期大岗山右岸抗剪洞加固及其效果分析 . 长江科学院院报，36 (11)：
　　104-109.

刘亚群，李海波，李俊如，等 . 2009. 基于 Hoek-Brown 准则的板岩强度特征研究 . 岩石力学与工程学报，
　　28 (S2)：3452-3457.

卢坤林，朱大勇，杨扬 . 2012. 边坡失稳过程模型试验研究 . 岩土力学，33 (3)：778-782.

卢增木，陈从新，左保成，等 . 2006. 对影响逆倾层状边坡稳定性因素的模型试验研究 . 岩土力学，
　　27 (4)：629-632，647.

路为，白冰，陈从新．2011．岩质顺层边坡的平面滑移破坏机制分析．岩土力学，32（S2）：204-207．

吕汉江．2008．裂隙岩体注浆浆液运移动力学机理与影响因素研究．北京：煤炭科学研究总院．

吕庆．2006．边坡工程灾害防治技术研究．杭州：浙江大学．

马克，唐春安，李连崇，等．2013．基于微震监测与数值模拟的大岗山右岸边坡抗剪洞加固效果分析．岩石力学与工程学报，32（6）：1239-1247．

欧阳畿．1998．水电工程地质中的结构面力学性质研究．云南水利发电，6（3）：32-38．

潘别桐，黄润秋．1994．工程地质数值法．北京：地质出版社．

潘健，马勇，高珏．2013．基于泰勒级数法的边坡稳定性分析方法．汕头大学学报（自然科学版），28（2）：65-73．

彭宁，拙梁毅．1984．喷锚支护对花岗岩破坏的防护作用．岩石力学与工程学报，13（4）：327-337．

彭宁波．2014．锚固岩质边坡地震动力响应及锚固机理研究．兰州：兰州大学．

戚顺超．2013．基于临界稳定状态的边坡稳定分析．杭州：浙江大学．

漆祖芳，姜清辉，唐志丹，等．2012．锦屏Ⅰ级水电站左岸坝肩边坡施工期稳定分析．岩土力学，33（2）：531-538．

齐云龙，周勇，黄栋，等．2010．地震和降雨作用下的边坡稳定性分析．科学技术与工程，10（26）：6569-6572．

瞿生军．2017．西藏如美水电站右岸坝肩边坡岩体质量及变形破坏模式研究．成都：成都理工大学．

任姗姗，尚岳全，何婷婷，等．2013．边坡虹吸排水数值模拟方法及应用．岩石力学与工程学报，32（10）：2022-2027．

申翃．2004．土性统计参数及土坡稳定性可靠度分析研究．武汉：武汉理工大学．

沈传新．2012．楼房山滑坡稳定性分析及防治工程研究．兰州：兰州交通大学．

盛佳，李向东．2009．基于 Hoek-Brown 强度准则的岩体力学参数确定方法．采矿技术，9（2）：12-14．

盛建龙．2001．岩体结构面力学特征及地下工程结构稳定性的研究．武汉：武汉理工大学．

司富安，贾国臣，高玉生，等．2010．不均匀及不连续结构面抗剪强度模拟试验研究．水利水电技术，41（2）：75-79．

孙广忠．1988．岩体结构力学．北京：科学出版社．

孙河川，张鏖，施仲衡．2004．喷锚支护与隧道自承拱的机理．岩土工程学报，26（4）：490-494．

孙红月，熊晓亮，尚岳全，等．2014．边坡虹吸排水管内空气积累原因及应对措施．吉林大学学报（地球科学版），44（1）：278-284．

唐世雄，么玉鹏，刘鑫．2020．地震滑坡的形成机制及中美欧地震拟静力计算方法比较．西南公路，（1）：41-45．

陶振宇，唐方福，张黎明．1992．节理与断层岩石力学．武汉：中国地质大学出版社．

涂杰文．2015．抗滑桩加固滑坡体地震反应离心机模型试验及分析．哈尔滨：哈尔滨工业大学．

王恭先，徐峻岭，刘光代，等．2004．滑坡学与滑坡防治技术．北京：中国铁道出版社．

王浩，林一夫，吴栋梁，等．2014．复杂路堑高边坡病害治理效果模糊层次评价．工程地质学报，2014，22（5）：936-943．

王火利．2002．现代灌浆理论综述．江西水利，6（2）：77-82．

土继华．2006．降雨入渗条件下土坡水土作用机理及其稳定性分析与预测预报研究．长沙：中南大学．

王堃宇．2018．基于三维激光扫描技术的岩土工程动静态监测．天津：天津大学．

王胜，祝华平，黄润秋，等．2009．锦屏Ⅰ级水电站煌斑岩脉化学复合灌浆试验研究．探矿工程（岩土钻掘工程），36（11）：60-64．

王泳嘉，邢纪波．1991．离散单元法及其在岩土力学中的应用．沈阳：东北工学院出版社．

文雪峰，李传奇，马娟 . 2014. 可靠度理论在降雨入渗边坡工程中的应用——以元磨高速 K253 + （400 ~ 560）边坡为例 . 昆明冶金高等专科学校学报，30（5）：52-56.

巫德斌，徐卫亚 . 2005. 基于 Hoek-Brown 准则的边坡开挖岩体力学参数研究 . 河海大学学报（自然科学版），33（1）：89-93.

吴宝和 . 2003. 地表水和地下水对岩质边坡稳定性影响及防渗措施 . 中国地质灾害与防治学报，14（3）：143-144.

吴顺川，金爱兵，高永涛 . 2006. 基于广义 Hoek-Brown 准则的边坡稳定性强度折减法数值分析 . 岩土工程学报，28（11）：1975-1980.

吴振君，王水林，葛修润 . 2010. LHS 方法在边坡可靠度分析中的应用 . 岩土力学，31（4）：1047-1054.

伍佑伦，许梦国 . 2002. 根据工程岩体分级选择岩体力学参数的探讨 . 武汉科技大学学报，25（1）：22-23，27.

夏元友，陈泽松，顾金才，等 . 2010. 压力分散型锚索受力特点的室内足尺模型试验 . 武汉理工大学学报，32（3）：33-37.

向波，周立荣，马建林 . 2008. 基于岩体结构面分级的抗剪强度确定法 . 岩石力学与工程学报，27（S2）：3547-3552.

谢小帅，陈华松，肖欣宏，等 . 2019. 水岩耦合下的红层软岩微观结构特征与软化机制研究 . 工程地质学报，27（5）：966-972.

邢亚子，李连崇，钟波波，等 . 2017. 大岗山水电站边坡抗剪岩–洞相互作用研究 . 地下空间与工程学报，13（5）：1345-1353.

徐磊，任青文 . 2007. 分形节理抗剪强度尺寸效应的数值试验 . 采矿与安全工程学报，24（4）：405-408.

徐盛林 . 2011. 风化岩质边坡失稳模式与支档结构 . 长沙：中南大学 .

徐卫亚，喻和平，谢守益，等 . 2000. 清江水布垭水电站地下厂房岩体质量评价及反馈设计研究 . 工程地质学报，8（2）：191-196.

徐卫亚，周家文，邓俊晔，等 . 2007b. 基于 Dijkstra 算法的边坡极限平衡有限元分析 . 岩土工程学报，29（8）：1159-1172.

徐卫亚，周家文，石崇，等 . 2007a. 极限平衡分析中加固力对岩质边坡稳定性的影响 . 水利学报，38（9）：1056-1065.

徐卫亚，周家文，石崇，等 . 2008. 滑石板顺层岩质高边坡稳定性及加固措施研究 . 岩石力学与工程学报，27（3）：1423-1435.

许传华，方定町，朱绳武 . 2002. 边坡稳定性分析中程岩体抗剪强度参数选取的神经网络方法 . 岩石力学与工程学报，21（6）：858-862.

许强，陈建君，冯文凯，等 . 2009. 斜坡地震响应的物理模拟试验研究 . 四川大学学报（工程科学版），41（3）：266-272.

许强，李为乐，董秀军，等 . 2017. 四川茂县叠溪镇新磨村滑坡特征与成因机制初步研究 . 岩石力学与工程学报，36（11）：2613-2629.

许强 . 2020. 对滑坡监测预警相关问题的认识与思考 . 工程地质学报，28（2）：360-374.

许文达 . 2004. 基于蒙特卡洛–有限元法的边坡可靠度分析 . 福州大学学报（自然科学版），32（1）：73-77.

杨宝全，张林，徐进，等 . 2015. 高拱坝坝肩软岩及结构面强度参数水岩耦合弱化效应试验研究 . 四川大学学报（工程科学版），47（2）：21-27.

杨双锁，张百胜 . 2003. 锚杆对岩土体作用的力学本质 . 岩土力学，24（S2）：279-282.

杨玉川，黄成，邢会歌，等 . 2015. 高陡环境边坡综合治理施工技术 . 工程地质学报，23（Suppl.）：

333-340.

杨玉川, 杨兴国, 邢会歌, 等. 2014. 基于传压原理的喷锚支护边坡稳定性分析方法. 中国农村水利水电, (11): 101-104, 108.

姚耀武, 陈东伟. 1994. 土坡稳定可靠度分析. 岩土工程学报, 16 (2): 80-87.

殷坤龙. 2004. 滑坡灾害预测预报. 武汉: 中国地质大学出版社.

殷跃平. 2009. 汶川八级地震滑坡特征分析. 工程地质学报, 17 (1): 29-38.

尤春安, 战玉宝. 2005. 预应力锚索锚固段的应力分布规律及分析. 岩石力学与工程学报, 24 (6): 925-928.

于贵, 朱宝龙, 索玉文. 2017. 孔道弯曲条件下拉力型锚索锚固段受力特征模型试验研究. 工程地质学报, 25 (3): 740-746.

袁进科. 2008. 水泥改性与新型固结灌浆材料研究. 成都: 成都理工大学.

张常亮, 李同录, 李萍. 2007. 三维边坡稳定性分析的解析算法. 中国地质灾害与防治学报, 18 (1): 99-103.

张铎, 吴中海, 李家存, 等. 2013. 国内外地震滑坡研究综述. 地质力学学报, 19 (3): 225-241.

张帆宇. 2007. 积石峡水电站坝后 I 号滑坡演化过程及稳定性研究. 兰州: 兰州大学.

张季如, 唐保付. 2002. 锚杆荷载传递机理分析的双曲函数模型. 岩土工程学报, 24 (2): 188-192.

张均锋, 王思莹, 祈涛. 2005. 边坡稳定分析的三维 Spencer 法. 岩石力学与工程学报, 24 (19): 3434-3439.

张立, 刘建华, 夏栋舟. 2011. 降雨入渗下软岩边坡可靠度分析及其加固措施. 交通科学与工程, 27 (1): 30-36.

张连震, 张庆松, 刘人太, 等. 2017. 考虑浆液黏度时空变化的速凝浆液渗透注浆扩散机制研究. 岩土力学, 38 (2): 443-452.

张鲁渝. 2005. 一个用于边坡稳定分析的通用条分法. 岩石力学与工程学报, 24 (3): 496-501.

张奇华. 2008. 考虑力矩平衡的二维剩余推力法. 岩土工程学报, 30 (9): 1393-1398.

张社荣, 贾世军, 郭怀志. 1999. 岩石边坡稳定的可靠度分析. 岩土力学, 20 (2): 57-61.

张永防, 张朝林. 1999. 湘黔线 K93 路堑滑坡虹吸排水工点的试验研究. 路基工程, (4): 26-30.

张玉成, 杨光华, 张玉兴. 2007. 滑坡的发生与降雨关系研究. 灾害学, 22 (1): 82-85.

张月征, 纪洪广, 侯昭飞. 2014. 基于莫尔-库伦强度理论的岩石冲击危险性判据. 金属矿山, (11): 138-142.

张泽鹏, 朱凤贤, 黄放军, 等. 2006. 复杂地质条件下高边坡加固设计与综合治理研究——以梅河高速公路某高边坡治理为例. 中山大学学报 (自然科学版), 45 (4): 44-48.

张震, 王健, 魏峰先, 等. 2006. 山体超高岩质边坡治理实例分析. 防灾减灾工程学报, 24 (4): 463-467.

张倬元. 1981. 工程地质分析原理. 北京: 地质出版社.

赵洪波, 冯夏庭. 2003. 位移反分析的进化支持向量机研究. 岩石力学与工程学, 22 (10): 1618-1622.

赵建军. 2007. 公路边坡稳定性快速评价方法及应用研究. 成都: 成都理工大学.

赵寿刚, 兰雁, 沈细中, 等. 2006. 蒙特卡罗法在土质边坡可靠性分析中的应用. 人民黄河, 28 (5): 65-66, 73.

郑宏, 周创兵. 2009. 三维边坡稳定性的整体分析法及其工程应用. 中国科学 (E 辑: 技术科学), 39 (1): 23-28.

郑宏. 2007. 严格三维极限平衡法. 岩石力学与工程学报, 26 (8): 1529-1537.

郑桐, 刘红帅, 袁晓铭, 等. 2016. 锚索抗滑桩地震响应的离心振动台模型试验研究. 岩石力学与工程学报，35（11）：2276-2286.

郑秀华 . 2002. 水泥-水玻璃浆材在灌浆工程中的应用 . 水文地质工程地质，第 2 期：59-61.

郑颖人，陈祖煜，王恭先，等 . 2010. 边坡与滑坡工程治理 . 北京：人民交通出版社 .

郑玉辉 . 2005. 裂隙岩体注浆浆液与注浆控制方法的研究 . 长春：吉林大学 .

中华人民共和国住房和城乡建设部 . 2009. 水利水电工程地质勘察规范（GB 50487-2008）. 北京：中国
　　计划出版社 .

中华人民共和国住房和城乡建设部 . 2014. 建筑边坡工程技术规范（GB 50330-2013）. 北京：中国建筑
　　工业出版社出版 .

中华人民共和国住房与城乡建设部 . 2015. 工程岩体分级标准（GB/T 50218-2014）. 北京：中国计划出
　　版社 .

钟林君 . 2010. 锦屏 I 级水电站建基岩体结构特征分析 . 成都：成都理工大学 .

周德培，张建经，汤涌 . 2010. 汶川地震中道路边坡工程震害分析 . 岩石力学与工程学报，29（3）：
　　565-576.

周火明，盛谦，陈殊伟 . 2004. 层状复合岩体变形试验尺寸效应的数值模拟 . 岩石力学与工程学报，
　　23（2）：289-292.

周家文，陈明亮，李海波，等 . 2019. 水动力型滑坡形成运动机理与防控减灾技术 . 工程地质学报，
　　27（5）：1131-1145.

周家文，徐卫亚，邓俊晔，等 . 2008. 降雨入渗条件下边坡的稳定性分析 . 水利学报，39（9）：
　　1066-1073.

周家文，徐卫亚，石安池 . 2006. 高边坡开挖变形的非线性时间序列预测分析 . 岩石力学与工程学报，
　　25（S1）：2795-2800.

周家文，徐卫亚，石崇 . 2007. 基于 3DEC 的节理岩体边坡地震影响下的楔体稳定性分析 . 岩石力学与工
　　程学报，26（S1）：3402-3409.

周家文，徐卫亚，孙怀昆 . 2009. 古水水电站工程区域堆积体边坡工程地质分析 . 工程地质学报，
　　17（4）：489-495.

周江平 . 2009. 锦屏 I 级水电站特高边坡施工的安全控制 . 人民长江，40（18）：99-100.

周礼，范宣梅，许强，等 . 2020. 金沙江白格滑坡运动过程特征数值模拟与危险性预测研究 . 工程地质学
　　报，27（6）：1395-1404.

周莲君，彭振斌，何忠明，等 . 2009. 结构面剪切特性的试验与数值模拟分析 . 科技导报，27（4）：
　　31-35.

周晓宇，陈艾荣，马如进 . 2012. 滚石柔性防护网耗能规律数值模拟 . 长安大学学报（自然科学版），
　　32（6）：59-66.

朱大勇，丁秀丽，钱七虎 . 2007. 一般形状边坡三维极限平衡解答 . 岩土工程学报，29（10）：
　　1460-1464.

朱维申，何满潮 . 1995. 复杂条件下围岩稳定性与岩体动态施土力学 . 北京：科学出版社 .

朱维申，任伟中 . 2001. 船闸边坡节理岩体锚固效应的模型试验研究 . 岩石力学与工程学报，20（5）：
　　720-725.

朱维申，张玉军，任伟中 . 1996. 系统锚杆对三峡船闸高边坡岩体加固作用的块体相似模型试验研究 . 岩
　　土力学，17（2）：1-6.

庄端阳，唐春安，梁正召，等 . 2017. 基于微震能量演化的大岗山右岸边坡抗剪洞加固效果研究 . 岩土工
　　程学报，39（5）：868-878.

邹金锋，李亮，杨小礼 . 2006. 劈裂注浆扩散半径及压力衰减分析 . 水利学报，37（3）：314-319.

左保成, 陈从新, 刘小巍, 等 . 2005. 反倾岩质边坡破坏机理模型试验研究 . 岩石力学与工程学报, 24 (19): 3505-3511.

Alonso E E. 1976. Risk analysis of slope and its application to slopes in Canadian sensitive clays. Géotechnique, 26 (3): 453-472.

Antoniou A A, Lekkas E. 2010. Rockfall susceptibility map for athinios port, Santorini Island, Greece. Geomorphology, 118 (1-2): 152-166.

Baecher GB, Christian JT. 2003. Reliability and Statistics in Geotechnical Engineering. New York: Wiley.

Barton N, Bandis S. 1980. Some effects of scale on the shear strength of joints. International Journal of Rock Mechanics and Mining Sciences & Geomechanics Abstracts, 17 (1): 69-73.

Barton N, Lien R, Lunde J. 1974. Engineering classification of rock masses for the design of tunnel support. Rock Mechanics, 6 (4): 189-236.

Bieniawski Z T. 1973. Engineering classification of jointed rock masses. Transactions of South African Institution of Civil Engineers, 15 (12): 335-344.

Bishop A W. 1955. The use of the slip circle in the stability analysis of slopes. Géotechnique, 5 (1): 7-17.

Booker J R, Small J C. 1977. Finite element analysis of primary and secondary consolidation. International Journal of Solids and Structures, 13 (2): 137-149.

Brideau M A, Yan M, Stead D. 2009. The role of tectonic damage and brittle rock fracture in the development of large rock slope failures. Geomorphology, 103 (1): 30-49.

Cambiaghi A, Schuster R L. 1989. Landslide damming and environmental protection—a case study from northern Italy// Proceedings of the 2nd International Symposium on Environmental Geotechnology, Shanghai: 381-385.

Chen M L, Lv P F, Zhang S L, et al. 2018. Time evolution and spatial accumulation of progressive failure for Xinhua slope in the Dagangshan reservoir, Southwest China. Landslides, 15 (3): 565-580.

Chen Z Y, Morgenstern N R. 1983. Extensions to the generalized method of slices for stability analysis. Canadian Geotechnical Journal, 20 (1): 104-119.

Chen Z Y, Yin J H, Wang Y J. 2006. The three-dimensional slope stability analysis: recent advances and a forward look. ASCE Geotechnical Special Publication, Advances in Earth Structures: Research to Practice: 1-42.

Cheng Y M, Yip C J. 2007. Three-Dimensional asymmetrical slope stability analysis extension of Bishop's, Janbu's, and Morgenstern-Price's techniques. Journal of Geotechnical and Geo-environmental Engineering, 133 (12): 1544-1555.

Clague J J, Stead D. 2012. Landslides: Types, Mechanisms and Modeling. USA: Cambridge University Press.

Corominas J, Van Westen C, Frattini P, et al. 2014. Recommendations for the quantitative analysis of landslide risk. Bulletin of Engineering Geology and the Environment, 73: 209-263.

Duncan C W, Chris M. 2004. Rock Slope Engineering: Fourth Edition. Florida: CRC Press.

Dunning S A, Massey C I, Rosser N J. 2009. Structural and geomorphological features of landslides in the Bhutan Himalaya derived from Terrestrial Laser Scanning. Geomorphology, 103 (1): 17-29.

Duzgun H S B, Yucemen M S, Karpuz C. 2003. A methodology for reliability-based design of rock slopes. Rock Mechanics and Rock Engineering, 36: 95-120.

Eberhardt E, Stead D, Coggan J S. 2004. Numerical analysis of initiation and progressive failure in natural rock slopes—the 1991 Randa rockslide. International Journal of Rock Mechanics and Mining Sciences, 41 (1): 69-87.

Fanos A M, Pradhan B. 2018. Laser scanning systems and techniques in rockfall source identification and risk assessment: a critical review. Earth Systems and Environment, 2 (2): 163-182.

Fell R, Corominas J, Bonnard C, et al. 2008. Guidelines for landslide susceptibility, hazard and risk zoning for land-use planning. Engineering Geology, 102: 99-111.

Ferrari F, Giacomini A, Thoeni K. 2016. Qualitative rockfall hazard assessment: a comprehensive review of current practices. Rock Mechanics and Rock Engineering, 49 (7): 2865-2922.

Francesca B, Ivan C, Paolo M, et al. 2014. A field experiment for calibrating landslide time-of-failure prediction functions. International Journal of Rock Mechanics and Mining Sciences, 67: 69-77.

Ganji A, Jowkarshorijeh L. 2012. Advance first order second moment (AFOSM) method for single reservoir operation reliability analysis: a case study. Stochastic Environmental Research and Risk Assessment, 26: 33-42.

Gao F Q, Stead D. 2014. The application of a modified Voronoi logic to brittle fracture modelling at the laboratory and field scale. International Journal of Rock Mechanics and Mining Sciences, 68: 1-14.

Gens A, Hutchinson J N, Cavounidis S. 1988. Three dimensional analysis of slides in cohesive soils. Géotechnique, 38 (1): 1-23.

GeoSlope International Ltd. 2007. Slope/W user's guide for slope stability analysis, version 2007. Calgary, Alberta, Canada.

Ghazvinian A H, Taghichian A, Hashemi M, et al. 2010. The Shear Behavior of Bedding Planes of WeakNess Between Two Different Rock Types with High Strength Difference. Rock Mechanics and Rock Engineering, 43 (1): 69-87.

Goodman R E, Bray J W. 1976. Toppling of rock slopes. Specialty Conference on Rock Engineering for Foundation and Slopes, Colorado: 201-234.

Goodman R E. 1980. Introduction to rock mechanics. New York: Wiley.

Grasselli G, Wirth J, Egger P. 2002. Quantitative three-dimensional description of a rough surface and parameter evolution with shearing. International Journal of Rock Mechanics and Mining Sciences, 39 (6): 789-800.

Griffiths D V, Lane P A. 1999. Slope stability analysis by finite elements. Geotechnique, 43 (3): 387-403.

Griffiths D V, Marquez R M. 2007. Three-dimensional slope stability analysis by elasto-plastic finite elements. Géotechnique, 57 (6): 537-546.

Guzzetti F, Reichenbach P, Ghigi S. 2004. Rockfall hazard and risk assessment along a transportation corridor in the Nera valley, central Italy. Environmental Management, 34 (2): 191-208.

Guzzetti F, Reichenbach P, Wieczorek G F. 2003. Rockfall hazard and risk assessment in the Yosemite Valley, California, USA. Natural Hazards and Earth System Sciences, 3: 491-503.

Hatzor Y H, Levin M. 1997. The shear strength of clay-filled bedding planes in limestones—back-analysis of a slope failure in a phosphate mine, Israel. Geotechnical & Geological Engineering, 15: 263-282.

Hervás J, Bobrowsky P. 2009. Mapping: Inventories, Susceptibility, Hazard and Risk//Sassa, K., Canuti, P., . (eds) Landslides - Disaster Risk Reduction. Springer, Berlin, Heidelberg: 321-349.

Hiroyuki N. 1990. Discussions on reservoir landslide. Bulletin of Soil and Water Conservation, 10 (1): 53-64

Hoek E, Bray J W, Boyd J M. 1973. The stability of a rock slope containing a wedge resting on two intersecting discontinuities. Quarterly Journal of Engineering Geology and Hydrogeology, 6 (1): 1-55.

Hoek E, Bray J W. 1981. Rock Slope Engineering. London: the Institution of Mining and Metallurgy.

Hoek E, Brown E T. 1997. Practical estimates of rock mass strength. International Journal of Rock Mechanics and Mining Sciences, 34 (8): 1165-1186.

Hoek E, Caranza-Torres C T, Corcum B. 2002. Hoek-Brown failure criterion. Proceeding of the North American

Rock Mechanics, Toronto, Canada: 267-273.

Hu Q J, Shi R D, Zheng L N, et al. 2017. Progressive failure mechanism of a large bedding slope with a strain-softening interface. Bulletin of Engineering Geology and the Environment, 77: 69-85.

Huang C C, Tsai C C, Chen Y H. 2002. Generalized method for three-dimensional slope stability analysis. Journal of Geotechnical and Geoenvironmental Engineering, 128 (10): 836-848.

Huang C C, Tsai C C. 2000. New method for 3D and asymmetrical slope stability analysis. Journal of Geotechnical and Geoenviromental Engineering, 126 (10): 917-927.

Hungr O, Salgado F M, Byrne P M. 1989. Evaluation of a three-dimensional method of slope stability analysis. Canadian Geotechniacal Journal, 26 (4): 679-686.

Janbu, N. 1957. Earth pressures and bearing capacity calculations by generalized procedure of slices. Proceedings of the Fourth International Conference on Soil Mechanics and Foundation Engineering, Butterworths, London: 207-212.

Jeager J C. 1971. Friction of rocks and stability of rock slope. Géotechnique, 21 (2): 97-134.

Jennings J E. 1970. A mathematical theory for the calculation of the stability of open cast mines. Proceedings of Symposium on the Theoretical Background to the Planning of Open Pit Mines, Johannesburg: 87-102.

Jeong- gi U. 1997. Accurate Quantification OF Rock Joint Roughness and Development of A New Peak Shear Strength Criterion. USA: University of Arizona.

Jiang N, Li H B, Liu M S, Zhang J Y, Zhou J W. 2020. Quantitative hazard assessment of rockfall and optimization strategy for protection systems of the Huashiya cliff, southwest China. Geomatics, Natural Hazards and Risk, 11 (1): 1939-1965.

Jiang S H, Li D Q, Zhang L M, Zhou C B. 2014. Slope reliability analysis considering spatially variable shear strength parameters using a non- intrusive stochastic finite element method. Engineering Geology, 168: 120-128.

Kemeny J. 2005. Time- dependent drift degradation due to the progressive failure of rock bridges along discontinuities. International Journal of Rock Mechanics and Mining Sciences, 42 (1): 35-46.

Kourosh M A. Mosrafa S, Heydari S M. 2011. Uncertainty and reliability analysis applied to slope stability: a case study from Sungun Copper Mine. Geotechnical and Geological Engineering, 29: 581-596.

Kuhlemeyer R L, Lysmer J. 1973. Finite element method accuracy for wave propagation problems. ASCE Soil Mechanics and Foundation Division Journal, 99 (5): 421-427.

Ladanyi B, Archambault G. 1970. Simulation of the shear behavior of a jointed rock mass. Proceedings of the 11th US Symposium on Rock Mechanics and Rock Engineering, Berkeley: 1-54.

Lam L, Fredlund D G. 1993. A general limit equilibrium model for three- dimensional slope analysis. Canadian Geotechnical Journal, 30 (6): 905-919.

Lan H, Martin C D, Lim C H. 2007. Rockfall analyst: a GIS extension for three- dimensional and spatially distributed rockfall hazard modeling. Computers & Geosciences, 33 (2): 262-279.

Laura G, Strada C. 2015. The role of rockfall protection barriers in the context of risk mitigation: the case of the Autonomous Province of Bolzano. In: Lollino G, Manconi A, Guzzetti F, Culshaw M, Bobrowsky P, Luino F. (eds) Engineering Geology for Society and Territor. Springer, Cham: 97-400.

Leshchinsky D, Huang C C. 1992. Generalized three dimensional analysis of slope stability. Journal of Geotechnical Engineering, 118 (11): 1748-1764.

Li A J, Merifield R S, Lyamin A V. 2010. Three- dimensional stability charts for slopes based on limit analysis methods. Canadian Geotechniacal Journal, 47 (12): 1316-1334.

Li H B, Li X W, Li W Z, et al. 2019a. Quantitative assessment for the rockfall hazard in a post-earthquake high rock slope using terrestrial laser scanning. Engineering Geology, 248: 1-13.

Li H B, Li X W, Ning Y, et al., 2019b. Dynamical process of the hongshiyan landslide induced by the 2014 ludian earthquake and stability evaluation of the back scarp of the remnant slope. Bulletin of Engineering Geology and the Environment, 78 (3): 2081-2092.

Li H B, Qi S C, Chen H, et al. 2019c. Mass movement and formation process analysis of the two sequential landslide dam events in Jinsha River, Southwest China. Landslides, 16 (11): 2247-2258.

Li H B, Yang X G, Sun H L, et al. 2019d. Monitoring of displacement evolution during the pre-failure stage of a rock block using ground-based radar interferometry. Landslides, 16 (9): 1721-1730.

Li H B, Qi S C, Yang X G, et al. 2020. Geological survey and unstable rock block movement monitoring of a post-earthquake high rock slope using terrestrial laser scanning. Rock Mechanics and Rock Engineering, 53: 4523-4537.

Li L, Chu X S. 2012. The location of critical reliability slip surface in soil slope stability analysis. Procedia Earth and Planetary Science, 5: 146-149.

Li L, Wang Y, Cao ZJ. 2014. Probabilistic slope stability analysis by risk aggregation. Engineering Geology, 176: 57-65.

Li Y J, Hicks M A, Nuttall J D. 2015. Comparative analyses of slope reliability in 3D. Engineering Geology, 196: 12-23.

Liu Z X, Dang W G. 2014. Rock quality classification and stability evaluation of undersea deposit based on M-IRMR. Tunneling and Underground Space Technology, 40 (2): 95-101.

L'Heureux J S, Vanneste M, Rise L, et al. 2013. Stability mobility and failure mechanism for landslides at the upper continental slope off Vesterålen, Norway. Marine Geology, 346 (1): 192-207.

Morgenstern N R, Price V E. 1965. The analysis of the stability of general slip surfaces. Géotechnique, 15 (1): 79-93.

Muhunthan B, Shu S, Sasiharan N, et al. 2005. Analysis and design of wire mesh/cable net slope protection. U. S. Department of Transportation, Research Report.

Olmedo I, Bourrier F, Bertrand D, et al. 2015. Felled Trees as a Rockfall Protection System: Experimental and Numerical Studies. In: Lollino G. et al. (eds) Engineering Geology for Society and Territory. Springer, Cham: 1889-1893.

Park H J, West T R, Woo I. 2005. Probabilistic analysis of rock slope stability and random properties of discontinuity parameters, Interstate Highway 40, Western North Carolina, USA. Engineering Geology, 79: 230-250.

Patton F D. 1966. Multiple modes of shear failure in rock. First Congress of International Society of Rock Mechanics, Libsbon, Portugal: 509-513.

Peila D, Pelizza S, Sassudelli F. 1998. Evaluation of Behaviour of Rockfall Restraining Nets by Full Scale Tests. Rock Mechanics and Rock Engineering, 31 (1): 1-24.

Petterson K E. 1955. The early history of circular sliding surfaces. Géotechnique, 5: 275-296.

Ping F, Lajtai E Z. 1998. Probabilistic treatment of the sliding wedge with EzSlide. Engineering Geology, 50 (1-2): 153-163.

Prudencio M, Van Sint Jan M. 2007. Strength and failure modes of rock mass models with non-persistent joints. International Journal of Rock Mechanics and Mining Sciences, 44 (6): 890-902.

Qi S C, Vanapalli S K. 2016. Influence of swelling behavior on the stability of an infinite unsaturated expansive soil slope. Computers and Geotechnics, 76: 154-169.

Revilla J, Castillo E. 1977. Calculus of variations applied to stability of slopes. Geotechnique, 14 (4): 68.

Riemer W. 1992. Landslides and reservoirs (keynote paper). Proceedings of the 6th International Symposium on Landslides, Rotterdam, A. A. Balkema: 1373-2004.

Sarma S K. 1973. Stability analysis of embankments and slopes. Géotechnique, 23 (3): 423-433.

Sasiharan N, Muhunthan B, Badger TC, et al. 2006. Numerical analysis of the performance of wire mesh and cable net rockfall protection systems. Engineering Geology, 88 (1-2): 121-132.

Seidel J P, Haberfield C M. 1995. Towards an understanding of joint roughness. Rock Mechanics and Rock Engineering, 28 (2): 69-92.

Shadunts K S, Matsii S I. 1997. Interaction between pile rows and sliding soil. Soil Mechanics and Foundation Engineering, 34 (2): 35.

Shen Y J, Yan R X, Yang G S, et al. 2017. Comparisons of evaluation factors and application effects of the new $[BQ]_{GSI}$ system with international rock mass classification systems. Geotechnical and Geological Engineering, 35 (6): 2523-2548.

Shooshpasha I, Amirdehi H A. 2015. Evaluating the stability of slope reinforced with one row of free head piles. Arabian Journal of Geosciences, 8 (4): 2131-2141.

Shuzui H. 2001. Process of slip-surface development and formation of slip-surface clay in landslides in tertiary volcanic rocks, Japan. Engineering Geology, 61: 199-220.

Stark T D, Eid H T. 1998. Performance of three-dimensional slope stability methods in practice. Journal of Geotechnical and Geoenviromental Engineering, 124 (11): 1049-1060.

Stead D, Wolter A. 2015. A critical review of rock slope failure mechanisms: The importance of structural geology. Journal of Structural Geology, 74: 1-23.

Volkwein A, Schellenberg K, Labiouse V, et al. 2011. Rockfall characterisation and structural protection - a review. Natural Hazards and Earth System Sciences, 11 (9): 2617-2651.

Wang Z Y, Yang Z F, Li Y P. 1998. Research on displacement criterion of structural deformation and failure for bedding rock slope. Scientia Geologica Sinica, 7 (2): 217-224.

Wen BP, Aydin A. 2005. Mechanism of a rainfall-induced slide-debris flow: constraints from microstructure of its slip zone. Engineering Geology, 78: 69-88.

Xing H G, Yang X G, Dang Y H, et al. 2014. Experimental study of epoxy resin repairing of cracks in fractured rocks. Polymers & Polymer Composites, 22 (5): 459-466.

Xu L, Dai F C, Chen J, et al. 2015. Analysis of a progressive slope failure in the Xiangjiaba reservoir area, Southwest China. Landslides, 11: 55-66.

Xu Q, Fan X M, Huang R Q, et al. 2010. A catastrophic rockslide-debris flow in Wulong, Chongqing, China in 2009: background, characterization, and causes. Landslides, 7: 75-87.

Xu Q, Liu H X, Ran J X, et al. 2016. Field monitoring of groundwater responses to heavy rainfalls and the early warning of the Kualiangzi landslide in Sichuan Basin, southwestern China. Landslides, 13: 1-16.

Xu ZJ, Zheng JJ, Bian XY, Liu Y. 2013. A modified method to calculate reliability index using maximum entropy principle. Journal of Central South University, 20, 1058-1063.

Yang ZG, Li TC, Dai ML. 2009. Reliability analysis method for slope stability based on sample weight. Water Science and Engineering, 2, 78-86.

Yong R N, Alonso E, Tabba M M, et al. 1977. Application of Risk Analysis to the Prediction of Slope Stability. Canadian Geotechniacal Journal, 14: 540-553.

Zhang F, Damjanac B, Huang H. 2013. Coupled discrete element modeling of fluid injection into dense granular media. Journal of Geophysical Research: Solid Earth, 118 (6): 2703-2722.

Zhang Q, Li P, Wang G, et al. 2015. Parameters optimization of curtain grouting reinforcement cycle in Yonglian tunnel and its application. Mathematical Problems in Engineering, 12: 1-15.

Zhang S, Xu Q, Hu Z M. 2016. Effects of rainwater softening on red mudstone of deep-seated landslide, Southwest China. Engineering Geology, 204: 1-13.

Zhang S, Zhu Z H, Qi S C, et al. 2018. Deformation process and mechanism analyses for a planar sliding in the Mayanpo massive bedding rock slope at the Xiangjiaba Hydropower Station. Landslides, 15 (10): 2061-2073.

Zhang X. 1988. Three dimensional stability analyses of concave slopes in plan view. Journal of Geotechnical Engineering, 114 (6): 658-671.

Zhao L, Yu Z X, Liu Y P, et al. 2020. Numerical simulation of responses of flexible rockfall barriers under impact loading at different positions. Journal of Constructional Steel Research, 167: 105-953.

Zhou J W, Cui P, Yang X G. 2013. Dynamic process analysis for the initiation and movement of the Donghekou landslide-debris flow triggered by the Wenchuan earthquake. Journal of Asian Earth Sciences, 76: 70-84.

Zhou J W, Jiao M Y, Xing H G. 2017. A reliability analysis method for rock slope controlled by weak structural surface. Geosciences Journal, 21 (3): 453-467.

Zhou J W, Li H B, Lu G D, et al. 2020. Initiation mechanism and quantitative mass movement analysis of the 2019 Shuicheng catastrophic landslide. Quarterly Journal of Engineering Geology and Hydrogeology, doi: 10. 1144/qjegh2020-052.

Zhou J W, Xu F G, Yang X G. 2016. Comprehensive analyses of the initiation and landslide-generated wave processes of the 24 June 2015 Hongyanzi landslide at the Three Gorges Reservoir, China. Landslides, 13 (3): 589-601.

Zhou J W, Xu W Y, Yang X G. 2010. The 28 October 1996 landslide and analysis of the stability of the current Huashiban slope at the Liangjiaren Hydropower Station, Southwest China. Engineering Geology, 114 (1-2): 45-56.

Zhou Y, Qi S C, Wang L, et al. 2020. Instability analysis of a quaternary deposition slope after two sudden events of river water fluctuations. European Journal of Environmental and Civil Engineering, doi: 10. 1080/19648189. 2020. 1763849.